普通高等教育系列教材

HTML5 移动 Web 开发技术

主　编　夏　辉　杨伟吉

副主编　王晓丹　于海洋　张丽娜

参　编　刘　澍　吴　鹏

机 械 工 业 出 版 社

现今，HTML5 已经成为互联网的热门话题之一。2011 年以来，HTML5 发展迅速，相关互联网公司如 Google、苹果、微软、Mozilla 及 Opera 的最新版本浏览器都纷纷支持 HTML5 标准规范。在桌面端 Web 技术领域，HTML5 标准已经开始威胁 Adobe 公司的 Flash 在 Web 应用中的统治地位。然而，在移动端 Web 技术领域，由于 HTML5 标准才刚刚起步，但随着 HTML5 和 CSS3 的逐渐发展，其强大的特性在移动 Web 应用中得到了非常好的体现。

本书主要讲述如何利用 HTML5 的相关技术开发移动 Web 网站和 Web App。本书主要分为以下几部分：第一，主要讲述 Web 技术的发展及 HTML5 标准在移动 Web 技术中的应用；第二，主要讲述 HTML5 的基本标签、新功能及新特性在移动设备浏览器中的使用方法；第三，主要介绍 JavaScript、CSS3 及比较流行的移动开发框架 jQuery Mobile，并配备丰富的实例作为实践；第四，主要结合 HBuilder 框架库和 HTML5 技术构建进行讲解，旨在帮助读者将 HTML5 技术运用于实践之中。

本书既可作为高等学校计算机软件技术课程的教材，也可作为管理信息系统开发人员的技术参考书。

本书配套授课电子课件，需要的教师可登录 www.cmpedu.com 免费注册，审核通过后下载，或联系编辑索取。微信：15910938545。电话：010-88379739。

图书在版编目（CIP）数据

HTML5 移动 Web 开发技术 / 夏辉，杨伟吉主编 . —北京：机械工业出版社，2018.3（2025.1 重印）
普通高等教育系列教材
ISBN 978-7-111-59727-8

Ⅰ. ①H⋯　Ⅱ. ①夏⋯　②杨⋯　Ⅲ. ①超文本标记语言-程序设计-高等学校-教材　Ⅳ. ①TP312.8

中国版本图书馆 CIP 数据核字（2018）第 081608 号

机械工业出版社（北京市百万庄大街 22 号　邮政编码 100037）
策划编辑：郝建伟　　责任编辑：郝建伟
责任校对：张艳霞　　责任印制：刘　媛

涿州市殷润文化传播有限公司印刷

2025 年 1 月第 1 版第 7 次印刷
184mm×260mm · 21.5 印张 · 524 千字
标准书号：ISBN 978-7-111-59727-8
定价：65.00 元

电话服务　　　　　　　　　　　　网络服务
客服电话：010-88361066　　　　　机 工 官 网：www.cmpbook.com
　　　　　010-88379833　　　　　机 工 官 博：weibo.com/cmp1952
　　　　　010-68326294　　　　　金 书 网：www.golden-book.com
封底无防伪标均为盗版　　　　机工教育服务网：www.cmpedu.com

前　言

百年大计，教育为本。习近平总书记在党的二十大报告中强调"教育、科技、人才是全面建设社会主义现代化国家的基础性、战略性支撑"，首次将教育、科技、人才一体安排部署，赋予教育新的战略地位、历史使命和发展格局。需要紧跟新兴科技发展的动向，提前布局新工科背景下的计算机专业人才的培养，提升工科教育支撑新兴产业发展的能力。

Web 开发是计算机、软件类相关专业必修的专业课之一。

HTML5 作为移动互联网前端的主流开发语言，目前还没有一个前端的开发语言能取代其位置，所以说，无论做手机网站还是手机 App 应用，前端的样式都是用 HTML5 开发的。通过手机与计算机上网的使用率来看，目前通过手机上网的用户远远高于计算机端，这些数据都足以证明未来移动互联网的发展前景非常好。使用 HTML5 进行开发有很多优势，这些优势正好顺应了互联网发展的需求，跨平台、开发周期短、投入小、实时更新、摆脱平台约束，这些都恰好解决了未来发展中一部分企业开发的迫切需求。所以，HTML5 开发一定会在未来扮演一个很重要的角色。

本书围绕 HTML5 移动应用开发基础和移动 App 编程技巧进行编写，在内容的编排上力争体现新的教学思想和方法。本书内容遵循"从简单到复杂""从抽象到具体"的原则。书中通过在各个章节中穿插示例的方法，讲解了 HTML5 移动应用开发从入门到实际应用所必备的知识。HTML、CSS 和 JavaScript 都是计算机专业的基础课，也是 HTML5 移动应用开发课程的基础。学生除了要在课堂上学习程序设计的理论方法，掌握编程语言的语法知识和编程技巧外，还要进行大量的课外练习和实践操作。为此，本书每章都配备了课后习题和一个案例。除此之外，每章还安排了实验，可供教师实验教学使用。

本书共 10 章。第 1 章是移动互联网时代 HTML5 概述。第 2 章介绍移动开发工具和开发框架，重点介绍了 HTML5 移动应用开发的主流开发工具，只有了解了这些开发工具才能更高效、快捷地进行移动开发。第 3 章介绍移动开发常用的 HTML5 标签，这些标签都是在 HTML 移动开发中常用的。第 4 章介绍 HTML5 高级开发标签，主要讲解 HTML5 的新增标签和移动开发最流行标签，如 Canvas 标签等。第 5 章介绍 HTML5 表单设计。第 6 章介绍 CSS3 样式，对常见样式的标签属性、选择器等重点内容进行了介绍。第 7 章介绍 JavaScript 基础，主要讲解 JavaScript 的使用方法。第 8 章介绍移动框架 jQuery Mobile。第 9 章介绍 HBuilder 开发工具，主要介绍一种流行的免费开源移动开发工具 HBuilder。第 10 章讲解了一个综合案例，通过这个综合案例可以加深读者对移动开发应用的认识。本书利用 HBuilder 开发工具，使用 jQuery Mobile 框架，进行设计应用开发。

本书内容全面，案例新颖，针对性强。书中所介绍的实例都是在 Windows 10 操作系统下调试运行通过的。每章都有与本章知识点相关的案例和实验，以帮助读者顺利完成开发任务。从应用程序的设计到发布，读者都可以按照书中所讲述的内容来实施。

本书由夏辉整体策划，夏辉、杨伟吉、王晓丹、于海洋、张丽娜、刘澍和吴鹏负责全书的编写工作，由吴鹏博士主审；刘杰教授、李航教授为本书的策划和编写提供了有益的帮助和支持，对本书初稿在教学过程中存在的问题也提出了宝贵的意见；书中还借鉴了相关参考文献中的原理知识和资料，在此一并表示感谢。

本书配有电子课件、课后习题答案、每章节的案例代码和实验代码，以方便教学和自学参考使用，如有需要请到网站 http://www.scse.sdu.edu.cn 中下载。

由于时间仓促，书中难免存在不妥之处，敬请广大读者谅解，并提出宝贵意见。

编　者

目 录

第1章　移动互联网时代 HTML5 概述

移动互联网发展越来越快，HTML5 的应用也越来越广泛，经过这些年的发展，HTML5 在互联网公司和开发者心目中已经占据了很重的分量。在移动互联网时代，唯一能在手机和计算机上同时打开的语言网页就是 HTML5 了。另外，能够展现出 App 效果、兼容性强的手机网页也只有 HTML5 才能做到。HTML5 在移动互联网时代被普遍看好，并被各大互联网公司广泛推广，成为了能与 App 一决高下的移动互联网的展现形式。

本章主要介绍了移动互联网 Web 技术的发展历程，HTML5 的发展历程、新特性和跨平台性，以及 HTML5 技术在移动开发中的应用。

1.1　移动互联网 Web 技术发展

随着智能手机的普及、5G 时代的到来和各种应用的推出，互联网已从桌面 PC 走向手机和其他移动设备，移动互联网和有线互联网融合的速度逐渐加快。移动互联网让人们在上下班途中、外出旅行、等候及户外休闲娱乐时均能便捷地享受互联网服务，给人们的工作和生活带来了极大的便利。

移动互联网（Mobile Internet，MI）是一种通过智能移动终端，采用移动无线通信方式获取业务和服务的新兴业务，包含终端、软件和应用三个层面。终端层包括智能手机、平板电脑、电子书、MID 等；软件层包括操作系统、中间件、数据库和安全软件等；应用层包括休闲娱乐类、工具媒体类、商务财经类等不同应用与服务。

移动互联网与传统互联网最大的不同是随时随地和充分个性化。移动用户可随时随地方便地接入无线网络，实现无处不在的通信。移动互联网的个性化表现为终端、网络和内容、应用的个性化。互联网内容和应用个性化表现在采用社交网络服务、博客（Blog）、聚合内容（RSS）、Widget 等 Web2.0 技术与终端个性化和网络个性化相互结合，使个性化效应极大释放。

2001 年秋，互联网公司泡沫破灭是互联网的一个转折点，但互联网先驱 O'Reilly 公司副总裁戴尔·多尔蒂（Dale Dougherty）注意到，互联网此时更重要，新的应用程序和网站开始规律性地涌现，幸存的互联网公司有着共同特征。为区别于之前的互联网，Web 2.0 由此诞生。Web 系统结构示意图如图 1-1 所示。

用户使用通用的 Web 浏览器，通过接入网络（网站的接入则是互联网）连接到 Web 服务器。用户发出请求，服务器根据请求的 URL 地址连接，找到对应的网页文件并发送给用户，两者对话的"官方语言"是 HTTP。网页文件是用文本描述的，为 HTML/XML 格式，在用户浏览器中的解释器把这些文本描述的页面恢复成图文并茂、有声有影的可视页面。

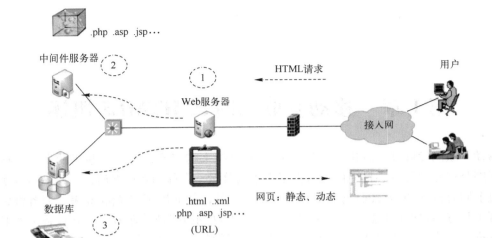

图 1-1　Web 系统结构示意图

Web 2.0 这一概念是在 2004 年由 O'Reilly Mdeia 公司和 Media Live 国际公司举办的首届 Web 2.0 会后得到普及的。由于受数字 2.0 的影响,该术语曾成为争论的主题。数字 2.0 并不是指万维网(World Wide Web)的一个新版本,而是 Web 软件开发者和 Web 用户应当采用的新方法。Web 2.0 意味着 Web 站点的发展方向和新的应用模式,是一系列技术的提升。

1. Web2.0 产生的背景

Web2.0 产生的背景可以归结为以下三个方面。

1)互联网发展从量变到质变。全球的网民数量与日俱增,根据 2016 年 1 月的第 37 次中国互联网络发展状况统计报告的数据,2015 年 12 月我国网民人数为 6.88 亿,同 1997 年的 62 万网民人数相比,网民人数是当初的 1109.68 倍。当网民数量急剧增加时,互联网的使用就从原来的少数人使用的工具,变成了大众集体参与的工具,即量变引发质变。随着 Web 2.0 的出现又使网民数量进一步增加。

2)互联网用户的需求逐步增加,并呈现出不同年龄、不同职业的需求不同的个性化现象。当用户的性别、年龄或职业等基础情况不同时,对互联网使用的要求也有很大的不同,因此需要互联网可以适应不同类型人群的需求。

3)各种互联网技术的出现与 Web 2.0 相互提供了技术支撑。例如博客、RSS、XML、SNS 等技术实现了各种信息的相互交流与传播,逐步形成了今天的社交网络。

目前对 Web 2.0 还没有统一的定义,专家、学者以及相关组织从不同的角度给出了不同的关于 Web 2.0 的定义及其解释。Web 2.0 概念的提出者 Tim 认为:"Web 2.0 是有效利用消费者的自助服务和算法上的数据管理,便能够将触角延伸至整个互联网,延伸至各个边缘而不仅仅是中心,延伸至长尾而不仅仅是头部"。IBM 的社区网络分析师 Dario 认为 Web 2.0 是一个架构在知识上的环境,人与人之间交互而产生的内容,经由服务向导的架构中的程序,在这个环境被发布、管理和使用。

2. Web 2.0 的特点

Web 2.0 是在 Web 1.0 的基础上发展起来的,在模式与特点等多方面两者都存在不同。例如在页面风格方面,Web 1.0 的结构相对负杂,页面比较繁冗,而 Web 2.0 的页面非常简洁，风格流畅；在个性化程度方面，Web 1.0 是大众化的，而 Web 2.0 是突显自我的，个性化非常强；在用户体验方面，Web 1.0 的参与度很低，用户是被动接受的，而 Web 2.0 是以互动的形式让用户高度参与和接受的；在内容创建和开发方面，Web 1.0 是由专业的网站开发者进行开发和管理，而 Web 2.0 可以由任何对其感兴趣的人进行开发和管理。

通过以上的对比和分析可以看出，Web 2.0 的显著特点就是开放、自由和合作。因此，可以从以下几个方面概括 Web 2.0 的特点：

1）从大众分类方面。由用户个人对信息进行自由分类，分类标签是公开共享的，而且允许用户集体进行分类和查找信息。

2）从丰富的用户体验方面。Web 内容更具动态性，能够及时响应用户的输入信息。

3）从用户的参与性方面。去除了中心化，互联网成为了一个信息发布、信息共享和信息交流的平台，任何用户都可以在其上进行信息的浏览、发布和评论。

4）从信息的组成和协同方面。Web 2.0 的服务是面向需求的，内容可以通过各种渠道进行发布。在信息的组织上采用的是自组织系统创作，充分利用和发挥了集体的力量。

5）从集成性方面。把分散的、独立的开发者们开发的自治系统和网站进行汇集和聚合。

3. Web 2.0 的主要应用

Web 2.0 模式和理念的实现是由多种技术作为支撑的，而且随着用户需求的不断变化与发展，出现了很多新的技术，已有的技术也会快速更新。

Web 2.0 的主要应用有以下几个方面。

（1）Blog（博客）

Blog 最初的名字为 "Weblog"，后来被缩写为 "Blog"。Blog 是一种由个人或群体管理、定期或不定期地发布新内容的网页；一般情况下，博客内容根据发表时间的倒序形式排列。Blog 是一种典型的 Web2.0 模式，体现了用户的个性化。

（2）Wiki（维基）

Wiki 是一种采用 "多人协作" 模式的超文本写作系统。它是一种使用者不需要知道 HTML，但仍然能编辑出具有许多 HTML 特征的网页的网站。1995 年坎宁安设计了第一个 Wiki，其意图是建立一个协作式的超文本数据库，方便社群交流。

（3）RSS（Really Simple Syndication）

RSS，即简易信息聚合，起源于网景公司的推（Push）技术，是一种描述同步网站内容的格式，用于共享新闻和其他 Web 内容的数据交换规范，是目前使用最广泛的 XML 应用。RSS 搭建了信息即时传播平台，使每个用户都成为潜在的信息提供者。

（4）网摘

网摘，即社会化书签，是一种收藏、分类、排序、分享互联网信息资源的方式。使用它存储网址和相关信息列表，使用标签（Tag）对网址进行索引，使网址资源有序分类，使网址及相关信息的社会性分享成为可能，在分享的人为参与的过程中网址的价值被评估，通过群体的参与使人们挖掘有效信息的成本得到控制，通过知识分类机制使具有相同兴趣的用户更容易彼此分享信息和进行交流，网摘站点还呈现出社团聚集的现象。

（5）SNS（Social Networking Services）

SNS，即社会性网络服务，主要作用是为一群拥有相同兴趣、爱好和互动的用户创建一种在线社区，将这部分用户聚集到一个小组内。这一服务往往是基于互联网，并为用户提供各种联系、交流的工具。SNS 为用户的信息交流与知识共享提供了新的途径。目前较为知名的社会网络站点包括 Facebook、Twitter、豆瓣、人人网等。

（6）P2P（Peer to Peer）

P2P，即对等网络，通过直接交换来共享计算机资源和服务，在应用层形成的网络称为对等网络。在 P2P 网络环境中，成千上万台彼此连接的计算机都处于对等的地位，整个网络一般不依赖专用的集中服务器。网络中的每一台计算机既能充当网络服务的请求者，又对其他计算机的请求做出响应，提供资源和服务。

（7）IM（Instant Messaging）

IM（即时通信）是一种允许用户在互联网上进行私人实时通信的系统服务，即传递文字、语音、视频等多种信息流。目前常用的即时通信软件包括 QQ、MSN Messenger、微信等。

4. Web 2.0 的主要技术

Web 2.0 的各种应用涉及到很多技术，其中最核心的技术包括 XML 和 AJAX。

1）XML（Extensible Markup Language，可扩展标记语言）是一种用于标记电子文件使其具有结构性的标记语言。它可以用来标记数据、定义数据类型，允许用户对自己的标记语言进行定义；适合万维网传输，提供统一的方法来描述和交换独立于应用程序或供应商的结构化数据。

2）AJAX（Asynchronous JavaScript + XML）并不是一种新的技术，而是几种已经在各自领域运用效果良好的技术的结合。

随着 Web 2.0 技术的不断进步，人们越来越习惯从互联网上获得所需的应用与服务，同时将自己的数据在网络上共享与保存。个人计算机渐渐不再是为用户提供应用、保存用户数据的中心，它蜕变成为接入互联网的终端设备。

1.2 HTML5 概述

在移动互联网初期，由于苹果手机 App 模式一枝独秀，HTML5 几乎被排挤出局。随着互联网公司超级 App 的崛起，传统 App 模式变得不那么重要，大部分互联网公司开始支持 HTML5 的 Web App 模式。

本节主要介绍 HTML5 的诞生和发展历程，以及它的新特性和跨越浏览器的特性。

1.2.1 HTML5 的诞生和发展

1. HTML5 的诞生

自从第一个网站诞生开始，互联网一直处于快速发展中，对 Web 技术的要求也是越来越高。HTML 作为网页的文本标记格式语言，也必须适应这样的变化。虽然现在大多数的网站页面都是基于 HTML 的，为了长远发展，需要不断改进，从而满足新的需求。

面临着 XML、XHTML 的竞争压力，一群来自于 Chrome、Opera 等公司的 HTML 爱好者决定成立一个组织来发展 HTML，WHATWG 应运而生。随着 Web 2.0 的到来，他们决定完善 HTML 的一些缺陷，添加一些新的功能，让网站拥有更多的动态性。随着 HTML 的发展，

HTML 逐渐成为网页语言的主流。

此后，万维网联盟（World Wide Web Consortium，W3C）重新介入 HTML，并发布了一些新的规范。2008 年，W3C 发布了 HTML5 的工作草案。HTML5 的新特性和动态性让各大互联网公司蠢蠢欲动，迫不及待地投身到基于 HTML5 的产品开发中去。随着开发中问题的反馈，HTML5 也在不断完善，并迅速融入到 Web 开发中去。目前主流的浏览器都添加了对 HTML5 新特性的解析。

2014 年 10 月底，W3C 宣布 HTML5 规范正式定稿，从 2008 年到 2014 年底，HTML 从起草、发展到定稿，已经被大多数 Web 开发人员所认可。随着移动设备硬件的提升，HTML5 在移动应用的开发中性能差的诟病也逐渐消除。2012 年全身投入 HTML5 应用开发并宣布失败的 Facebook，现在又重新开始了新的开发研究。HTML5 的标志如图 1-2 所示。

图 1-2　HTML5 标志

2. HTML5 的发展

自诞生以来，HTML5 一共经历了两个阶段，分别是 Web 增强和移动互联网，下面分别进行介绍。

（1）Web 增强

Web 体验的丰富增强主要表现在以下 3 个方面。

1）Web App：HTML5 新增了离线存储、更丰富的表单（如 Input type = date）、JS 线程、socket、标准扩展 embed，以及很多 CSS3 新语法。

2）流媒体：HTML5 新增了 audio 和 video。

3）游戏：HTML5 新增了 canvas 和 webgl。

在 HTML5 标准的升级过程中，苹果和 Google 也同时看到了浏览器市场重新洗牌的机会，他们一边参与 HTML5 规范的制定，一边在浏览器产品上发力。苹果公司首先开始大力发展 Safari，建立 WebKit 开源项目，Mac、iOS 和 Windows 多平台齐发力；Google 起初是赞助 Mozilla 开发 Firefox，后来自己开发了 v8 引擎，合并 WebKit，于 2008 年正式推出 Chrome。"IE 的私有规范 + Flash 不是标准，我们才是标准"这样的口号在新一代浏览器大战中打响，IE 瞬间成为垄断的代表，甚至成了阻碍 Web 发展的重要因素（当时 IE 6 已数年未更新，并且丝毫不惧 Firefox 的发展）。

微软此时也推出了一系列既不完全支持规范又互相不兼容的 IE 7、IE 8、IE 9 和 IE 10，彻底失去了开发者的心。

Adobe 的 Flash 被遏制，与 Web 霸主的位子擦肩而过；IE 的私有标准被遏制，并且造成 IE 市场份额不断下滑，直到 IE 最新的移动版本开始支持 WebKit 私有语法。

（2）移动互联网

随着 Chrome 和 Safari 的快速发展，同时也伴随着 IE + Flash 的衰落，HTML5 进入了下一个时代——移动互联网。

HTML5 的跨平台优势在移动互联网时代被进一步凸显。HTML5 是唯一一个可以应用于 PC、Mac、iPhone、iPad、Android 和 Windows Phone 等主流平台的跨平台语言。此时，人们纷纷开始研究和开发基于 HTML5 的跨平台手机应用。

W3C 此时成立了 DeviceAPI 工作组，为 HTML5 扩展了 Camera、GPS 等手机特有的 API，

但是，移动互联网初期的迭代太快了，手机 OS 在不停地扩展硬件 API，陀螺仪、距离感应器、气压计……每年手机 OS 都有大版本更新。而 W3C 作为一个数百家会员单位共同决策的组织，从标准草案的提出到达成一致是一个非常复杂的过程，跟不上移动互联网初期的快速迭代。

PhoneGap 的出现让开发者们看到了新的希望。他们期待 PhoneGap 不停扩展 API 来补充浏览器的不足。Adobe 收购 PhoneGap 后，又发现它的商用性不足，而且开源使得 Adobe 无法像 Flash 那样获取商业利益，因此把 PhoneGap 送给了 Apache，改名为 Cordova。现在，Cordova 的使用模型是"原生工程师 + HTML5 工程师"一起协作完成 App。

随着 Facebook 加入 W3C，并成立了 MobileWeb 工作组。MobileWeb 这个工作组的重要目标就是让 HTML5 开发的网页应用实现原生应用的体验。然而，事与愿违，2012 年，Facebook 放弃了 HTML5。

Facebook 为何放弃 HTML5？主要原因是当时基于 HTML5 真的做不出好的移动 App。对比 Twitter 等竞争对手的原生 App，Facebook 的 HTML5 版本实在无法让用户满意。例如，Push 功能，到现在 HTML5 的推送和原生的推送体验差距依然巨大。原生工程师可以轻松实现摇一摇、二维码、语音输入和分享到朋友圈等功能。究其原因，Facebook 没有掌握关键点——手机浏览器内核。如果浏览器不跟上，制定的所有标准草案都不能实现。

浏览器在手机上表现的是什么呢？Google、Chrome 性能虽高，但 Android 上的浏览器却并非 Chrome，而是用 WebKit 改出来的一个 Android 浏览器；同时，iOS 上不允许其他浏览器引擎上架 App Store，而且其他使用 Safari 引擎的应用也无法调用苹果自己的 JavaScript 加速引擎 Nitro。苹果和 Google 对 HTML5 做出了种种限制。

总之，在移动互联网的初期，原生应用生态系统占主流。

在 2014 年 10 月底，W3C 宣布 HTML5 正式定稿。随着 HTML5 标准定稿，属于 HTML5 的时代到来了。

1.2.2　HTML5 新特性

HTML5 提供了许多新的规范，对页面的布局、多媒体的展示等多个方面进行了改进，主要体现在以下几个方面。

1. 新的文档类型（New Doctype）

目前许多网页还在使用 XHTML 1.0，并且要在第一行像下面这样声明文档类型。

```
<!DOCTYPE html PUBLIC " -//W3C//DTD XHTML 1.0 Transitional//EN"
"http://www.w3.org/TR/xhtml1/DTD/xhtml1 - transitional.dtd">
```

在 HTML5 中，以上声明方式将失效。下面是 HTML5 中的声明方式。

```
<!DOCTYPE html>
```

2. 脚本和链接无须 type（No More Types for Scripts and Links）

在 HTML4 或 XHTML 中，用下面的几行代码来给网页添加 CSS 和 JavaScript 文件。

```
<link rel = "stylesheet" href = "path/to/stylesheet.css" type = "text/css" />
<script type = "text/javascript" src = "path/to/script.js"> </script>
```

而在 HTML5 中，不再需要指定类型属性。因此，代码可以简化如下。

```
< link rel = " stylesheet"  href = " path/to/stylesheet. css" / >
< script src = " path/to/script. js" > </script >
```

3. 语义 header 和 footer （The Semantic Header and Footer）

在 HTML4 或 XHTML 中，用下面的代码来声明 header 和 footer。

```
< div id = " header" >
…
</div >
…
< div id = " footer" >
…
</div >
```

在 HTML5 中，有两个可以替代上述声明的元素，这可以使代码更简洁。

```
< header >
…
</header >
< footer >
…
</footer >
```

4. hgroup

在 HTML5 中，有许多新引入的元素，hgroup 就是其中之一。假设网站名下面紧跟着一个子标题，可以用 < h1 > 和 < h2 > 标签来分别定义。然而，这种定义没有说明这两者之间的关系。而且， < h2 > 标签的使用会带来更多问题，特别在该页面上还有其他标题的时候。

在 HTML5 中，可以用 hgroup 元素来将它们分组，这样就不会影响文件的大纲。

```
< header >
< hgroup >
< h1 > Recall Fan Page </h1 >
< h2 > Only for people who want the memory of a lifetime. </h2 >
</hgroup >
</header >
```

5. 标记元素（Mark Element）

可以把标记元素当作高亮标签，而且被这个标签修饰的字符串应当与用户当前的行动相关。比如说，当在某博客中搜索 "Open your Mind" 时，可以利用 JavaScript 将搜索到的词组用 < mark > 修饰一下。

```
< h3 > Search Results </h3 >
< p > They were interrupted,just after Quato said, < mark > "Open your Mind" </mark > . </p >
```

6. 图形元素（Figure Element）

在 HTML4 或 XHTML 中，下面的这些代码被用来修饰图片的注释。

```
< img src = " path/to/image" alt = " About image" / >
< p > Image of Mars. </p >
```

然而，上述代码没有将文字和图片内在联系起来。因此，HTML5 引入了 < figure > 元素。当和 < figcaption > 结合起来后，可以语义化地将注释和相应的图片联系起来。

```
< figure >
< img src = "path/to/image" alt = "About image" / >
< figcaption >
    < p > This is an image of something interesting. < /p >
< /figcaption >
< /figure >
```

7. 重新定义 < small > （Small Element Redefined）

在 HTML4 或 XHTML 中， < small > 元素已经存在。然而，却没有如何正确使用这一元素的完整说明。在 HTML5 中， < small > 被用来定义小字，如网站底部的版权状态，根据 HTML5 对此元素新的定义， < small > 可以正确地诠释这些信息。

8. 占位符（Placeholder）

在 HTML4 或 XHTML 中，用 JavaScript 给文本框添加占位符。例如，可以提前设置好一些信息，当用户开始输入时，文本框中的文字就消失。

而在 HTML5 中，新的 Placeholder 就简化了这个问题。

9. 必要属性（Required Attribute）

HTML5 中的新属性 required 指定了某一输入是否必需。有下列两种方法可以声明这一属性。

```
< input type = "text" name = "someInput" required >
< input type = "text" name = "someInput" required = "required" >
```

当文本框被指定必需时，如果空白的话表格就不能提交。下面是一个如何使用的例子。

```
< form method = "post" action = "" >
< label for = "someInput" > Your Name： < /label >
< input type = "text" id = "someInput" name = "someInput" placeholder = "Douglas Quaid"
required >
< button type = "submit" > Go < /button >
< /form >
```

在上面的例子中，如果输入内容为空且表格被提交，输入框将被高亮显示。

10. 自动聚焦属性（Autofocus Attribute）

同样，HTML5 的解决方案减少了对 JavaScript 的需要。如果一个特定的输入应该是"选择"或"聚焦"，默认情况下，采用自动聚焦属性。

```
< input type = "text" name = "someInput" placeholder = "Douglas Quaid" required autofocus >
```

11. 音频支持（Audio Support）

目前，需要依靠第三方插件来渲染音频。然而在 HTML5 中， < audio > 元素被引进，可支持音频。

```
< audio autoplay = "autoplay" controls = "controls" >
    < source src = "file. ogg" / >
    < source src = "file. mp3" / >
    < a href = "file. mp3" > Download this file. < /a >
< /audio >
```

使用 < audio > 元素时请注意包含两种音频格式。FireFox 需要 .ogg 格式的文件，而 Webkit 浏览器则需要 .mp3 格式的。IE 是不支持的，且 Opera 10 及以下版本只支持 .wav 格式。

12. 视频支持（Video Support）

HTML5 中不仅有 < audio > 元素，而且还有 < video > 元素。然而，与 < audio > 类似，HTML5 中并没有指定视频解码器，由浏览器来决定。Safari 和 Internet Explorer 9 支持 H. 264 格式的视频，Firefox 和 Opera 则支持开源 Theora 和 Vorbis 格式。因此，指定 HTML5 的视频时，必须提供这两种格式。

```
< video controls preload >
< source src = " cohagenPhoneCall. ogv" type = " video/ogg;codecs ='vorbis,theora'" / >
< source src = " cohagenPhoneCall. mp4" type = " video/mp4;'codecs ='avc1. 42E01E,mp4a. 40. 2'"
/ >
< p > Your browser is old. < ahref = " cohagenPhoneCall. mp4" > Download this video instead. < /a >
< /p >
< /video >
```

13. 视频预载（Preload Attribute in Videos Element）

当用户访问页面时，这一属性使得视频得以预载。为了实现这个功能，可以在 < video > 元素中加上 preload 或者只是 preload。

```
< video preload >
```

14. 显示控制条（Display Controls）

如果使用视频预载中的代码，视频显示的仅是一张图片，没有控制条。为了渲染出播放控制条，必须在 < video > 元素内指定 controls 属性。

```
< video preload controls >
```

15. 正规表达式（Regular Expressions）

在 HTML4 或 XHTML 中，需用一些正规表达式来验证特定的文本。而在 HTML5 中，新的 pattern 属性能够在标签处直接插入一个正规表达式。

```
< form action = " " method = " post" >
< label for = " username" > Create a Username: < /label >
    < input type = " text"
    name = " username"
    id = " username"
    placeholder = "4 < >10"
    pattern = " [ A - Za - z ] {4,10} "
    autofocus
    required >
< button type = " submit" > Go < /button >
< /form >
```

【例 1-1】一个简单的 HTML5 播放视频的例子。

```
< html >
    < body >
        < video width = "320" height = "240" controls = "controls" >
        < source src = "/i/movie. ogg" type = "video/ogg" >
```

```
            < source src = "/i/movie. mp4" type = "video/mp4" >
            Your browser does not support the video tag.
        </ video >
    </ body >
</ html >
```

这段代码的执行结果如图 1-3 所示。

图 1-3　一个简单的示例

1.2.3　跨越浏览器的 HTML5

在传统桌面平台，不管对于用户还是厂商，浏览器都是非常重要的工具和互联网入口。由于没有移动平台的孤岛效应，浏览器的入口地位就显得格外明显。现在，PC 终端的主流浏览器主要有以下 5 种。

1. Internet Explorer 浏览器

Internet Explorer 是微软公司推出的一款网页浏览器，原称为 Microsoft Internet Explorer（6 版本以前）和 Windows Internet Explorer（7、8、9、10、11 版本），简称 IE。在 IE 7 以前，中文直译为"网络探路者"，但在 IE 7 以后官方便直接俗称"IE 浏览器"。

2015 年 3 月，微软确认将放弃 IE 品牌。在 Windows 10 中 IE 被 Microsoft Edge 取代了。微软于 2015 年 10 月宣布 2016 年 1 月起停止支持老版本 IE 浏览器。

2016 年 1 月 12 日，微软公司宣布停止对 IE 8/9/10 这 3 个版本的技术支持，用户将不会再收到任何来自微软官方的 IE 安全更新；作为替代方案，微软建议用户升级到 IE 11 或者改用 Microsoft Edge 浏览器。

从 IE 10 起，IE 浏览器能很好地支持 HTML5。

2. Chrome 浏览器

Google Chrome 是由 Google 公司开发的网页浏览器。该浏览器是基于其他开源软件而撰写的，包括 WebKit，目标是提升稳定性、速度和安全性，创造出简单且有效率的使用者界面。软件名称来自于称作 Chrome 的网络浏览器 GUI。Chrome 支持 W3C 最新的 Web 协议和 HTML5，且表现良好。

3. Firefox 浏览器

Mozilla Firefox，中文俗称"火狐"（正式缩写为 Fx 或 fx，非正式缩写为 FF），是一个自由及开放源代码的网页浏览器，使用 Gecko 排版引擎，支持多种操作系统，如 Windows、Mac OS X 及 GNU/Linux 等。该浏览器提供了两种版本：普通版和 ESR（Extended Support Release，延长支持）版，ESR 版本是 Mozilla 专门为那些无法或不愿每隔 6 周就升级一次的企业打造的。Firefox ESR 版的升级周期为 42 周，而普通 Firefox 的升级周期为 6 周。

根据 2013 年 8 月浏览器统计数据，Firefox 在全球网页浏览器的市场占有率为 76% ～ 81%，用户数在各网页浏览器中排名第三。自 Firefox 29 起，浏览器界面有很大程度的改变。

由于该浏览器开放了源代码，因此还有一些第三方编译版供使用。如 pcxFirefox、苍月浏览器和 tele009 等。根据英国防病毒公司 Sophos 的最新调查数据显示，Firefox 连续 3 年成为互联网用户最受信赖的浏览器。

Firefox 很多年前就支持 HTML5，而且自动升级，对 HTML5 支持性最好。

4. Safari 浏览器

Safari 是苹果计算机的操作系统 Mac OS X 中的浏览器，用来取代之前的 Internet ExplorerforMac。Safari 使用了 KDE 的 KHTML 作为浏览器的计算核心。该浏览器已支持 Windows 平台，但是与运行在 Mac OS X 上的 Safari 相比，有些功能丢失。Safari 也是 iPhone 手机、iPodTouch 和 iPad 平板电脑中 iOS 指定的默认浏览器。

Safari 同样也支持 HTML5。

5. Opera 浏览器

Opera 浏览器是一款由挪威 Opera Software ASA 公司制作的支持多页面标签式浏览的网络浏览器，是跨平台浏览器，可以在 Windows、Mac 和 Linux 这 3 个操作系统平台上运行。Opera 浏览器创建于 1995 年 4 月。2016 年 2 月确定被奇虎 360 和昆仑万维收购。

Opera 浏览器支持 W3C 标准和 HTML5。

Opera 还有手机应用版本，例如，在 WindowsMobile 和 Android 手机上安装的 OperaMobile 和 Java 版 OperaMini。2006 年 Opera 与 Nintendo 签下合约，提供 NDS 及 Wii 游乐器 Opera 浏览器软件。Opera 浏览器支持多语言，包括简体中文和繁体中文。

在移动终端常用的浏览器中，除了上面介绍过的应用于 iPhone 手机、iPodTouch 和 iPad 平板电脑中 iOS 指定的默认浏览器 Safari，在 WindowsMobile 和 Android 手机上安装的 OperaMobile 和 Java 版 OperaMini 外，常用的还有以下 3 种移动终端的浏览器，它们都支持 HTML5。

1）UCWEB 手机浏览器。UC 浏览器（原名 UCWEB，2009 年 5 月正式更名为 UC 浏览器）是一款把"互联网装入口袋"的主流手机浏览器，由优视科技（原名优视动景）公司研制开发。兼备 cmnet、cmwap 等联网方式，速度快而稳定，具有视频播放、网站导航、搜索、下载和个人数据管理等功能。

2）百度手机浏览器。百度手机浏览器由百度公司研发，产品采用太空小熊形象，提供超强智能搜索，整合百度优质服务。产品提供网盘服务，UI 界面时尚，极速内核，强劲动力。通过增强内核和几十项技术改进，支持手机端和计算机端的页面浏览，提供多项特色功能，让人们在手机上也能方便地使用原汁原味的计算机页面。

3）手机 QQ 浏览器。手机 QQ 浏览器是腾讯科技基于手机等移动终端平台推出的一款适合 WAP 和 WWW 网页浏览的软件，速度快，性能稳定，可以让用户畅享移动互联网在线生活。

1.3　HTML5 在移动开发中的应用

本节将分别介绍 PC 终端的 Web 开发技术、移动终端的开发技术，以及 HTML5 在移动终端开发中的优势和今后的发展前景。

1.3.1　Web 前端开发技术简介

Java Web 是用 Java 技术来解决相关 Web 互联网问题的技术总和。Web 包括 Web 服务器和 Web 客户端两部分。Java 在客户端的应用有 Java Applet，不过使用得很少；Java 在服务器端的应用非常丰富，如 Servlet、JSP 和第三方框架等。Java 技术对 Web 领域的发展注入了强大的动力。

Java 的 Web 框架虽然各不相同，但基本都遵循特定的思路：使用 Servlet 或者 Filter 拦截请求，采用 MVC 的思想设计架构，按约定或者利用 XML、Annotation 实现配置，运用 Java 面向对象的特点实现请求和响应的流程，以及支持 JSP、Freemarker 和 Velocity 等视图。Web 开发的 PC 端主要技术有以下几个。

1. JavaScript

JavaScript 是一种基于对象和事件驱动并具有相对安全性的客户端脚本语言。同时也是一种广泛用于客户端 Web 开发的脚本语言，常用来给 HTML 网页添加动态功能，例如，响应用户的各种操作。它最初由网景公司（Netscape）的 Brendan Eich 设计，是一种动态、弱类型、基于原型的语言，内置支持类。

JavaScript 语言与 Java 语言在语法上比较相似，但随着对 JavaScript 的深入了解，将会发现，它们其实是两种不同语言。

2. jQuery

jQuery 是一个兼容多浏览器的 JavaScript 框架，核心理念是"Write Less，Do More"（写得更少，做得更多）。

jQuery 在 2006 年 1 月由美国人 John Resig 在纽约的 barcamp 发布，吸引了来自世界各地的众多 JavaScript 高手加入，由 Dave Methvin 率领团队进行开发。如今，jQuery 已经成为最流行的 JavaScript 框架，在世界前 10000 个访问最多的网站中，有超过 55% 在使用 jQuery。

jQuery 是免费、开源的，使用 MIT 许可协议。jQuery 的语法设计可以使开发者的操作更加便捷，例如，操作文档对象、选择 DOM 元素、制作动画效果、事件处理、使用 Ajax 及其他功能。除此以外，jQuery 提供 API 让开发者编写插件。其模块化的使用方式使开发者可以很轻松地开发出功能强大的静态或动态网页。

3. MySQL

MySQL 是一个开放源码的小型关联式数据库管理系统，开发者为瑞典 MySQL AB 公司。

MySQL 被广泛应用在 Internet 的中小型网站中。由于其体积小、速度快、总体拥有成本低，尤其是开放源码这一特点，使许多中小型网站选择 MySQL 作为网站数据库。

自从 Oracle 公司收购了 MySQL，就发行了 MySQL 的企业版（不再免费）。

4. MVC

MVC 即模型—视图—控制器，是 Xerox PARC 在 20 世纪 80 年代为编程语言 Smalltalk - 80 发明的一种软件设计模式，已被广泛使用。还被推荐为 Sun 公司 J2EE 平台的设计模式，并且受到越来越多的使用 ColdFusion 和 PHP 的开发者的欢迎。

MVC 是一种设计模式，它强制性地使应用程序的输入、处理和输出分开。MVC 应用程序被分成 3 个核心部件：模型、视图、控制器，三者各自处理自己的任务。

（1）模型

模型表示企业数据和业务规则。在 MVC 的 3 个部件中，模型拥有最多的处理任务。例如，它可以用像 EJBs 和 ColdFusion Components 这样的构件对象来处理数据库。

被模型返回的数据是中立的，也就是说模型与数据格式无关，这样一个模型就能为多个视图提供数据。由于应用于模型的代码只需写一次就可以被多个视图重用，所以减少了代码的重复性。

（2）视图

视图是用户看到并与之交互的界面。对老的 Web 应用程序来说，视图就是由 HTML 元素组成的界面，在新的 Web 应用程序中，HTML 依旧在视图中扮演着重要角色，但一些新的技术层出不穷，包括 Macromedia Flash，以及像 XHTML、XML/XSL 和 WML 等一些标识语言和 Web Services。如何处理应用程序的界面变得越来越有挑战性。MVC 一个大的好处是能为应用程序处理很多不同的视图，在视图中没有真正的处理发生，不管这些数据是联机存储的还是一个雇员列表。视图只是一种输出数据并允许用户操纵的方式。

（3）控制器

控制器接收用户的输入并调用模型和视图去完成用户的需求。所以当单击 Web 页面中的超链接和发送 HTML 表单时，控制器本身不输出任何信息和做任何处理。它只是接收请求并决定调用哪个模型构件去处理请求，然后确定用哪个视图来显示模型处理返回的数据。

综上所述，MVC 的处理过程是首先由控制器接收用户的请求，并决定应该调用哪个模型来进行处理，然后模型用业务逻辑来处理用户的请求并返回数据，最后控制器用相应的视图格式化模型返回的数据，并通过表示层呈现给用户。

5. JDBC

JDBC（Java DataBase Connectivity，Java 数据库连接）是一种用于执行 SQL 语句的 Java API，可以为多种关系数据库提供统一访问，由一组用 Java 语言编写的类和接口组成。

JDBC 为工具/数据库开发人员提供了一个标准的 API，据此可以构建更高级的工具和接口，使数据库开发人员能够用纯 Java API 编写数据库应用程序，同时，JDBC 也是一个商标名。

有了 JDBC，向各种关系数据发送 SQL 语句就成为一件很容易的事了。换而言之，有了 JDBC API，就不必为访问 Sybase 数据库专门写一个程序，为访问 Oracle 数据库又专门写一个程序，或为访问 Informix 数据库再编写另一个程序等，程序员只需用 JDBC API 写一个程序即可，它可向相应数据库发送 SQL 调用。同时，将 Java 语言和 JDBC 结合起来，可以使程序员不必为不同的平台编写不同的应用程序，只需写一遍程序就可以让它在任何平台上运行，这也是 Java 语言"编写一次，处处运行"的优势。

6. DBUtils

CommonDbutils 是操作数据库的组件，对传统操作数据库的类进行二次封装，可以把结果集转化成 List。传统操作数据库的类是指 JDBC。DBUtils 是 Java 编程中的数据库操作实用工具，小巧且简单实用，其特点如下。

1）对于数据表的读操作，它可以把结果转换成 List、Array 或 Set 等 Java 集合，便于程序员操作。

2）对于数据表的写操作，也变得很简单（只需写 SQL 语句）。

3）可以使用数据源，使用 JNDI、数据库连接池等技术来优化性能——重用已经构建好的数据库连接对象，而不像 PHP、ASP 那样，费时费力地不断重复构建和重构这样的对象。

1.3.2　移动 Web 应用发展

移动设备的用户越来越多，所以面向移动终端的 Web 应用技术也越来越多。随着 Web 应用的逐渐发展，移动终端的开发技术主要有 HTML、JavaScript 和 CSS 等。

1. HTML

超文本标记语言是标准通用标记语言下的一个应用，也是一种规范、标准，通过标记符号来标记要显示的网页中的各个部分。网页文件本身是一种文本文件，通过在文本文件中添加标记符，可以告诉浏览器如何显示其中的内容（如文字如何处理、画面如何安排和图片如何显示等）。浏览器按顺序阅读网页文件，然后根据标记符解释和显示其标记的内容，对书写出错的标记将不指出其错误，且不停止其解释执行过程，编制者只能通过显示效果来分析出错原因和出错部位。但需要注意的是，对于不同的浏览器，对同一标记符可能会有不完全相同的解释，因而可能会有不同的显示效果。

2014 年 10 月 28 日，W3C 推荐标准 HTML5。

2. JavaScript

JavaScript 是一种直译式脚本语言，是一种动态类型、弱类型、基于原型的语言，内置支持类型。它的解释器被称为 JavaScript 引擎，为浏览器的一部分，是广泛用于客户端的脚本语言。JavaScript 最早在 HTML 网页上使用以增加网页的动态功能。

1995 年，JavaScript 由 Netscape 公司的 Brendan Eich 在网景导航者浏览器上首次设计实现。因为 Netscape 与 Sun 合作，Netscape 管理层希望它外观看起来像 Java，因此取名为 JavaScript。但实际上它的语法风格与 Self 及 Scheme 较为接近。为了取得技术优势，微软推出了 JScript，CEnvi 推出了 ScriptEase，与 JavaScript 一样均可在浏览器上运行。为了统一，且 JavaScript 兼容于 ECMA 标准，因此也称为 ECMAScript。

JavaScript 是一种属于网络的脚本语言，已经被广泛用于 Web 应用开发，常用来为网页添加各式各样的动态功能，为用户提供更加流畅、美观的浏览效果。通常，JavaScript 脚本是通过嵌入在 HTML 中来实现自身功能的。它的特点主要体现在以下 4 个方面。

1）它是一种解释性脚本语言（代码不进行预编译）。

2）主要用来向 HTML 页面添加交互行为。

3）可以直接嵌入 HTML 页面，但写成单独的 JS 文件这样有利于结构和行为的分离。

4）跨平台特性，在绝大多数浏览器的支持下，可以在多种平台下运行（如 Windows、Linux、Mac、Android 和 iOS 等）。

JavaScript 脚本语言同其他语言一样，有其自身的基本数据类型、表达式、算术运算符及程序的基本程序框架。JavaScript 提供了 4 种基本的数据类型和两种特殊数据类型来处理数据和文字；变量提供了存放信息的地方，表达式则可以完成较复杂的信息处理。

3. CSS

层叠样式表（Cascading Style Sheets，CSS）是一种用来表现 HTML 或 XML 等文件样式的计算机语言。CSS 不仅可以静态地修饰网页，还可以配合各种脚本语言动态地对网页各元素进行格式化。

CSS 能够对网页中元素位置的排版进行像素级精确控制，几乎支持所有的字体字号样式，拥有对网页对象和模型样式编辑的能力。

CSS 为 HTML 标记语言提供了一种样式描述，定义了其中元素的显示方式。CSS 在 Web 设计领域是一个突破。利用它可以实现只需修改一个小的样式，便能更新与之相关的所有页面元素。总体来说，CSS 具有以下几个特点。

（1）丰富的样式定义

CSS 提供了丰富的文档样式外观，以及设置文本和背景属性的能力；允许为任何元素创建边框，设置元素边框与其他元素间的距离，以及元素边框与元素内容间的距离；允许随意改变文本的大小写方式、修饰方式及其他页面效果。

（2）易于使用和修改

CSS 可以将样式定义在 HTML 元素的 <style> 属性中，也可以将其定义在 HTML 文档的 <header> 部分，还可以将样式声明在一个专门的 CSS 文件中，以供 HTML 页面引用。总之，CSS 样式表可以将所有的样式声明统一存放，进行统一管理。

另外，可以将相同样式的元素进行归类，使用同一个样式进行定义，也可以将某个样式应用到所有同名的 HTML 标签中，还可以将一个 CSS 样式指定到某个页面元素中。如果要修改样式，只需在样式列表中找到相应的样式声明进行修改即可。

（3）多页面应用

CSS 样式表可以单独存放在一个 CSS 文件中，这样就可以在多个页面中使用同一个 CSS 样式表。CSS 样式表理论上不属于任何页面文件，在任何页面文件中都可以引用。这样就可以实现多个页面风格的统一。

（4）层叠

简单地说，层叠就是对一个元素多次设置同一个样式，并使用最后一次设置的属性值。例如，对一个站点中的多个页面使用了同一套 CSS 样式表，而某些页面中的某些元素想使用其他样式，就可以针对这些样式单独定义一个样式表应用到页面中。这些后来定义的样式将对前面的样式设置进行重写，在浏览器中看到的将是最后一次设置的样式效果。

（5）页面压缩

在使用 HTML 定义页面效果的网站中，往往需要大量或重复的表格和 font 元素形成各种规格的文字样式，这样做的后果就是会产生大量的 HTML 标签，从而使页面文件的大小增加。而将样式的声明单独放到 CSS 样式表中，可以大大地减小页面的体积，这样也会大大提高页面加载的速度。另外，CSS 样式表的复用更大程度地缩减了页面的体积，减少了下载的时间。

1.3.3　HTML5 移动端开发前景和优势

随着 HTML5 的广泛应用，在移动端也得到了较为广泛的应用。在很多场合下，使用 HTML5 可以代替 APP 的功能。尤其是在二维码、手机网站及微信公众号的开发中，HTML5 技术应用越来越多。HTML5 在移动端开发的优势主要体现在以下 5 个方面。

1）开发成本较低，这里体现在两方面。首先 HTML5 入门较为容易，而且有很多的 JavaScript 框架可以调用，开发量不太大，就可以做出很多复杂的界面效果；其次，熟悉 Web 开发的人员都可以进行使用，人力成本比较低。所以使用 HTML5 来开发，其成本低、开发周期短。

2）屏幕适配好，能够以一套代码和资源适配多种手机屏幕。

3）编写一次，处处运行。统一的代码能够运行在不同系统的设备上。

4）对屏幕旋转处理比较好，不用对屏幕旋转进行太多处理。

5）可接入微信等其他公众平台，打开方便。

HTML5 的发展前景是非常好的。HTML5 对 Android 和 iOS 系统都支持。它的主要开发方向是使用高端浏览器的高端移动设备，所以可以用来开发 Android 系统的 App。同时，HTML5 可以用来开发离线应用，离线应用就是把需要的资源先缓存到本地，下次再查看时无须连网。

HTML5 开发 App 能提供更快、更简便的服务，代码可高度重用，服务发布方便。在动画和游戏应用方面、地理定位方面的 App 应用正在崛起，而 HTML5 的技术优势正是在这些方面。因此，未来采用 HTML5 开发 App，将会大量减少代码量，应用软件也会具有更高的用户体验。

本章小结

在移动互联网时代，HTML5 作为一个标志性的旗帜呈现在人们的面前，它的发展过程是一波三折，但最终还是带着它的新特性和跨浏览器限制走向了成功。HTML5 在移动端开发中的地位和作用已经不可被替代。

本章从移动互联网 Web 技术的发展历程的开始介绍，讲述了 HTML5 的诞生和发展历程、HTML5 的新特性，以及多浏览器支持的特点。为了更好地展现 HTML5 在移动开发中的应用，从 Web 前端开发技术和移动 Web 开发技术两个方面介绍了 HTML5 在开发中使用的主要技术。最后，从 HTML5 在移动终端的开发优势出发它的发展前景进行了展望。

实践与练习

1. 简述 HTML5 的新特性。
2. 简述移动 Web 终端的主要开发技术。
3. 简述 Web 前端开发的主要技术。
4. 简述都有哪些浏览器支持 HTML5。
5. 操作题：使用 HTML5 编写一个显示 "Hello World！" 的 Web 页面。

实验指导

Web 就是万维网（WWW 即 World Wide Web），确切地讲是一种服务，这种服务一般是通过互联网（Internet）进行的。Web 提供的服务是为全世界的人提供信息，这些信息使用一种被称为超文本的方式进行组织（组织得就像一页页的文档，所以又把这些超文本形象地称为网页或 Web 页）和传递，HTML 就是编写网页时所使用的语言。

HTML 是一种标记语言，是设计 Web 页面的基础。它标记一些用尖括号 < > 包围起来的单词（如 < body > < head > 等，关于它们的确切含义将在后面介绍）。这些带尖括号的单词往往成对出现，如 < body > 和 < /body > 。HTML 文档最大的特点就是整个文档要表达的内容均由这些尖括号标记进行结构化。每一对尖括号包围的部分在 HTML 中又称为元素。比如由 < body > < /body > 包围的部分就称为 body 元素。元素之中还可以嵌套其他元素。HTML 文档之所以是结构化文档，就是因为 HTML 文档是由一个个元素嵌套组成的 。

网页是用 HTML 语言编写而成的，由网络浏览器下载并翻译成人们看到的五颜六色的页面。大多数网页允许浏览器查看它的 HTML 源代码，也可以把它们下载到本地。

实验目的和要求

- 使用浏览器下载网页，并观察网页源代码。
- 掌握如何使用文件头元素。
- 掌握页面属性的设置。
- 掌握有关 HTML 文本编排的元素的使用。

实验 1　使用浏览器下载和查看网页源代码

网页的本质是超级文本标记语言。网络浏览器中的 Internet Explore 和 Netscape 都可让网页访问者查看网页源代码。

题目　下载和查看网页源代码

1. 任务描述

分别使用 IE 浏览器和 NetScape 浏览器下载网页，并查看网页源代码。

2. 任务要求

1）使用 IE 浏览器下载网页源代码。

2）使用 NetScape 浏览器下载网页源代码。

3. 知识点提示

本任务主要用到以下知识点：网页是用 HTML 语言编写的结构化文本，它将多种资源连接起来。网络浏览器中最有名的有两个：一个是微软的 Internet Explore ，另一个是网景的 Netscape，它们均可让网页访问者查看网页源代码。

4. 操作步骤提示

1）双击桌面图标 ，运行 Internet Explore。在地址栏中输入 URL，如 www. sohu. com，然后按〈Enter〉键。如果计算机已经连接了互联网，则浏览器将会链接到"搜狐"网。

2）选择"文件"→"另存为"命令，弹出"保存"对话框，询问保存的地址和文件名。

3）输入保存的文件名和保存类型（这里使用默认），选择要保存的目录。单击"保存"按钮，开始将该网页保存到本地。这样，以后即使不连接互联网，也可以查看该网页，当然，该网页的内容也不会更新了。

4）找到刚才保存网页的目录，会看到刚才保存的 HTML 文件，另外还有一个文件夹，文件夹名和 HTML 文件相同或带有一个扩展名". files"。打开文件夹，其中有很多图形文件，还有一些其他文件。这些文件都是该网页中使用到的资源。如果删除或者给文件夹更改了名称，再浏览该网页时将显示不出原有的效果。

5）回到浏览器中，还是在该网页上，选择"查看"→"源文件"命令，将会打开一个记事本。

6）记事本中的代码就是 HTML 代码。在记事本中复制全部的代码，然后另存为 HTML 文件。这样可以达到保存网页的目的，但是可能没有图片等网页中链接到的资源文件。

7）在 IE 中还有另外一个办法可以查看源文件，在网页正文窗口中的文字或空白位置右击，在弹出的快捷菜单中选择"查看源文件"命令。

下面在 NetScape 中重复以上工作。

8）从桌面或程序中运行 Netscape 6.0，Netscape 6.0 的图标是 **N**。在地址栏中输入 URL，还是 http://www.sohu.com，按〈Enter〉键。在 Netscape 6.0 中打开"搜狐"网首页。

9）在 netscape 中保存网页，选择 File→Save As 命令，其余过程同步骤 2）和步骤 3）。

10）在 netscape 中查看源代码，选择 View→Page Source 命令，或者在 NetScape 网页页面右击，在弹出的快捷菜单中选择 view page source 命令，其过程同步骤 6）和步骤 7）。

实验 2　快速制作简单网页

HTML 作为一种 Web 上的出版语言，有其独特的语法。它的基本语法单位称为"元素"，通常由 3 部分组成，即开始标记、内容和结束标记。一个 HTML 文档可以看成由以下 3 个部分构成：版本说明、文档头部和文档体。

题目　给网页设置文档头

1. 任务描述

给网页指定标题，输入网页的作者和关键字。

2. 任务要求

1）设置网页的标题。

2）设置网页的作者和关键字。

3. 知识点提示

本任务主要用到以下两个知识点。

1）< head > 元素包含了与当前文档相关的信息，如文档的标题、关键字（如果该文档希望被搜索引擎搜索到，这部分信息很重要），以及一些和文档内容无关仅对文档本身进行说明的数据信息；

2）< title > 元素可以为网页添加标题。

4. 操作步骤提示

直接编写 HTML 文档代码。

第2章 移动开发工具和开发框架

本章主要讲解移动开发工具和开发框架的知识。所谓开发工具，就是用于提供程序开发环境的应用程序，也称为 IDE（Integrated Development Environment），一般包括代码编辑器、编译器、调试器和图形用户界面等工具，是一个集成了代码编写功能、分析功能、编译功能和调试功能等为一体的开发软件服务平台。"工欲善其事，必先利其器"，找到一个好的移动开发工具，可以起到事半功倍的效果。现在可以使用的移动开发工具有很多，它们特点各异，本书主要介绍 HBuilder、Sublime Text、Atom、WebStorm 和 VScode。所谓开发框架，就是一个可复用的软件架构解决方案，规定了应用项目的体系结构，阐明了体系结构中各层次之间的关系，定义好内部资源的责任分配及流程，表现为统一接口、抽象类及实例间协作的方法。在开发过程中之所以要用到框架，是因为框架定义好了设计领域中所有公共部分的内容，对于开发人员来说，只要关注特定的应用即可，这样会极大地提高开发效率。本章中主要介绍的移动开发框架有 jQuery Mobile、Sencha Touch 和 Junior 等。

2.1 使用 HTML5 开发移动端应用程序

所谓移动端应用程序，就是在移动端设备上使用的程序，现在主流的移动端设备是指智能手机和平板电脑。智能手机按其操作系统可主要分为 Android 系统、iOS 系统和 Windows Phone 等。Android 系统是一种基于 Linux 内核开源码的操作系统，由 Google 公司和开放手机联盟领导及开发。iOS 是由苹果公司开发的移动操作系统，主要用在苹果系统的智能手机上。Windows Phone 是由微软公司开发的手机操作系统。当然，还有其他的移动操作系统，例如塞班、黑莓等。在平板电脑方面，也主要以 Android 系统、iOS 系统和 Windows Phone 系统为主。对于一般用户来说，移动端设备的主要区别就是屏幕大小和分辨率，在开发程序过程中要认真考虑这两个方面。下面详细讨论屏幕大小和分辨率问题。

1. 屏幕大小

移动设备的屏幕大小一般以英寸为单位，1 英寸 = 2.54 厘米，比如说一个 4.7 英寸的手机，其分辨率为 1280×768 像素，其中 4.7 英寸是指这个手机屏幕的对角线是 4.7 英寸，它的屏幕长宽比为 $1280/768 = 1.67$，也就是 5∶3，有了这个比例，根据数学的勾股定理，就可以计算出屏幕长和宽的尺寸了。当然，随着手机不同，其屏幕尺寸、长宽比例和分辨率也不同。

2. 分辨率

（1）像素

其实所有的画面都是由一个个的小点组成的，这些小点就称为像素。一块方形屏幕的横向有多少个点，竖向有多少个点，都与像素有关，例如 480×800 的屏幕，就是由 800 行、

480 列的像素点组成的，相乘之后的数值就是这块屏幕的像素（数码相机的像素也是这么计算出来的）。但是为了方便表示屏幕的大小，通常用横向像素×竖向像素的方式来表示，例如计算机屏幕常见的是 1024×768 像素，手机屏幕常见的是 240×320 像素。

（2）像素密度

这里要引入一个概念 PPI（pixels per inch），即像素密度，指单位英寸长度上排列的像素点数量。1 英寸是一个固定长度，像素密度越高，代表屏幕显示效果越精细。Retina（一种显示技术，可以将更多的像素点压缩至一块屏幕里，通常被称为视网膜显示屏）屏幕比普通屏幕清晰很多，就是因为它的像素密度是普通屏幕的两倍。

（3）倍率与逻辑像素

再用 iPhone 3gs 和 iPhone 4s 来举例，假设某个邮件列表界面，在 iPhone 3gs 上大概只能显示 4～5 行，如图 2-1 所示，但在 iPhone 4s 就能显示 9～10 行，而且每行会显示更多内容，如图 2-2 所示，其实两款手机的屏幕是一样大的。

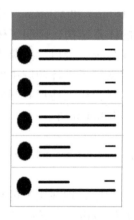

图 2-1　iPhone 3gs　　　　　图 2-2　iPhone 4s

在真正设计时，大家看到的两款手机显示效果却是一样的，这是因为 iPhone 4s 屏幕把 2×2 个像素当 1×1 个像素使用，比如原本 44 像素高的顶部导航栏，在 iPhone 4s 屏上用了 88 个像素的高度来显示。导致界面元素都变成 2 倍大小，这样就和 iPhone 3gs 的显示效果一样了，但画质更清晰。

在 iOS 应用的资源图片中，同一张图通常有两个尺寸，有的文件名中带@2X 字样，有的不带，其中不带@2X 字样的图片用在普通屏上，带@2X 字样的图片用在 Retina 屏上。只要将图片准备好，iOS 会自己判断用哪一张，Android 的道理也是一样的。由此可以看出，苹果以普通屏为基准，给 Retina 屏定义了一个 2 倍的倍率（iPhone 6plus 除外，它达到了 3 倍），用实际像素除以倍率，就得到了逻辑像素尺寸。只要两个屏幕逻辑像素相同，它们的显示效果就是相同的。所以，在设计界面时，只考虑逻辑像素的效果即可。

（4）分辨率比

分辨率中横向像素与竖向像素的比值称为分辨率比。例如分辨率为 1280×768，则其分辨率比为 1280:768，约为 5:3。

（5）分辨率

下面介绍手机屏幕的分辨率，人们经常看到关于手机屏幕的介绍，例如，QVGA、VGA

及 WVGA 等，但对这些字母所代表的意义可能不太了解，下面分别进行介绍。

无论是 QVGA、WVGA 还是 HVGA 等，都跟 VGA 有关系，因为 VGA 是这些尺寸的基础。VGA 最早是 IBM 计算机的一种显示标准，后来逐渐演变成了 640 × 480 这个分辨率的代名词，是绝大多数分辨率的基准。

- QVGA，是 Quarter VGA 的简称，意思是 VGA 分辨率的 1/4，这是智能手机流行前最为常见的手机屏幕分辨率，竖向的是 240 × 320 像素，横向的是 320 × 240 像素。绝大多数的手机都采用这种分辨率，例如，诺基亚 E66 就是 QVGA 级别。
- HVGA，是 Half - size VGA 的简称，意思是 VGA 分辨率的 1/2，为 480 × 320 像素，宽高比为 3:2。这种分辨率的屏幕大多用于平板电脑，iPhone 和第一款 Google 手机 T - MobileG1 都是采用这种分辨率，黑莓也有手机采用 HVGA 分辨率的屏幕。
- WVGA，是 Wide VGA 的简称，分辨率分为 854 × 480 像素和 800 × 480 像素两种。由于很多网页的宽度都是 800 像素，所以这种分辨率通常用于平板电脑或者高端智能手机，方便用户浏览网页。夏普公司的手机大多采用 WVGA 分辨率的屏幕。

2.2   PC 浏览器中模拟移动开发与测试

为了提高开发效率，必须有代码的测试工具，这样的测试工具也有很多，如 Opera Mobile 移动端测试工具、浏览器自带的移动端测试工具等。本节以 Chrome 浏览器为主进行介绍。Chrome 浏览器模拟了主流的手机，并且引擎是 Webkit。对于 Chrome 浏览器，Mobile Emulation（移动测试模拟器）是在 Chrome 32 版本之后才有的，笔者使用的是 Chrome 53 版本，并建议把浏览器升级为最新版本。

1. 启动模拟器

打开 Chrome 浏览器，在地址栏中输入 http://www.baidu.com，按〈F12〉键，进入开发者工具界面，如图 2-3 所示。

图 2-3　Chrome 开发模式界面

整个页面分为左右两个区域，左侧为内容模拟显示区域，右侧是模拟控制区域，图 2-3 中 1 所指为 Responsive 的下拉列表框，可以选择移动端设备的型号，如 iPhone 5、iPhone 6

Plus、Galaxy S5、Nexus 5X 和 iPad 等，如果在下拉列表框中没有要选择的设备型号，可以选择 Edit 选项，进入 Settings Emulated Devices 界面，添加相应型号的设备。图 2-3 中 2 所指图标为 More options 按钮，可以对模拟显示区域进行设置，图 2-3 中 3 所指为 Customize and Control DevTools 按钮，它是用来对模拟控制区域进行设置的。

2. 运行实例代码

在文本编辑器中输入下列代码，以 first. html 为文件名进行保存，并在 Chrome 浏览器中打开。

```
< !DOCTYPE html >
< html >
    < head >
        < meta
        < title >浏览器模拟移动开发</title >
    </head >
    < body >
        这是一个测试页面
    </body >
</html >
```

显示结果如图 2-4 所示。

图 2-4　Chrome 代码演示

📖 在使用 Chrome 浏览器时，由于版本不同，它的界面与操作会有一些区别，读者应根据自己浏览器的实际情况来操作。

2.3　主流移动开发工具

现在可用的移动开发工具有很多，如何选择一个好的开发工具呢？首先是编码速度，提高了编码速度，也就提高了开发效率；其次是技术支持，在技术支持上包括很多内容，例如，动态库的支持、插件的支持和文档的支持等；最后是易用性，主要表现在操作方面的友好度，例如，快捷键的设置等。这里主要介绍 HBuilder、Sublime Text、Atom、WebStorm 和 VScode。

2.3.1　HBuilder

HBuilder 是 DCloud（数字天堂）推出的一款支持 HTML5 的 Web 开发 IDE。HBuilder 的编写用到了 Java、C、Web 和 Ruby。HBuilder 的主体是基于 Eclipse 由 Java 编写的，所以兼容了 Eclipse 的插件。快，是 HBuilder 的最大优势，通过完整的语法提示和代码输入法、代码块等关联输入,大幅提升了 HTML、JS 和 CSS 的开发效率。

1. 下载安装

可在 HBuilder 官网 http://www.dcloud.io/单击免费下载最新版的 HBuilder,如图 2-5 所示。

图 2-5   HBuilder 下载界面

HBuilder 目前有两个版本,一个是 Windows 版,另一个是 Mac 版。下载时请根据自己的计算机选择适合的版本。下载完成后解压,在目录中找到 HBuilder. exe 文件,安装后打开就可以运行了。

2. 功能介绍

(1) 设计理念

HBuilder 的设计理念是"不为敲字母而花费时间,不为大小写拼错而调错半天,把精力花在思考上,想清楚后落笔如飞"。在此理念的支持下,HBuilder 在编辑过程中提供语法库支持、语法结构模型支持和 AST 语法分析引擎的支持。

HBuilder 主要用于开发 HTML、JS 和 CSS,同时配合 HTML 的后端脚本语言 PHP、JSP 也适用,还有前端的预编译语言如 Less 及 Markdown 都可以编辑。

(2) 使用代码块

代码块就是常用的代码组合,比如在 JS 中输入 $ 并按〈Enter〉键,则可以自动输入 dcument. getElementById(id);在 HTML 中输入 i 并按〈Enter〉键,可以得到 input button 标签。代码块激活有以下几种方式。

- 连续单词的首字母。例如,dg 激活 document. getElementById("");vari 激活 var i = 0; dn 激活 display:none。
- 整段 HTML 代码一般使用 tag 标签的名称,例如,script、style。通常最多输入 4 个字母即可匹配到需要的代码块,不需要完整录入,例如输入 sc 并按〈Enter〉键、输入 st 并按〈Enter〉键,即可完成 script、style 标签的输入。
- 同一个标签,如果有多个代码块输出,则在最后加后缀。例如,meta 输出 < meta name = "" content = ""/ > ,但 metau 则输出 < meta charset = "UTF - 8"/ > ,metag 也是同理。
- 如果原始语法超过 4 个字符,针对常用语法,则第一个单词的激活符使用缩写。例如,input button,缩写为 inbutton,同理 intext 是输入框的缩写。
- JS 的关键字代码块是在关键字后加一个重复字母。例如直接输入 if 会提示 if 关键字,但输入 iff 并按〈Enter〉键,则出现 if 代码块。类似的有 forr、withh 等。由于 funtion 字母较长,为加快输入速度,取 fun 缩写,例如 funn,输出 function 代码块,而 funa 和 func,分别输出匿名函数和闭包块。

要查看和编辑代码块，可以选择"工具"→"扩展代码块"→"自定义代码块"命令，选择相应的代码块进行查看和编辑。也可以在激活代码块的代码助手中，单击详细信息右下角的修改图标进行修改和查看，如图 2-6 所示。

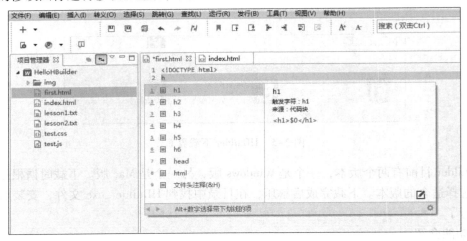

图 2-6　HBuilder 创建新项目——使用代码块

例如，在打开的 first. html 中输入 H，然后按〈8〉键，自动生成 HTML 的基本代码，如图 2-7 所示。

（3）使用快捷键

选择"帮助"→"快捷键"命令，可以看到 HBuilder 丰富的快捷键设置，如图 2-8 所示，列出了部分快捷键。

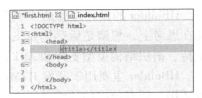

图 2-7　HBuilder 创建新项目
——代码块效果

图 2-8　HBuilder 快捷键

快捷提示的切换键是〈Alt +/〉，例如，换行的快捷键为〈Ctrl + Enter〉键，在文件编辑时，按该快捷键，光标就会落在另起一行的开始处。HBuilder 共有一百多个快捷键，在此基础上还可以自己定义。在编辑文件时要习惯使用快捷键，这样可以提高编码效率。

（4）实时查看编辑效果

在 Windows 系统中按〈Ctrl + P〉组合键（Mac OS 系统中为〈Command + P〉组合键），进入边改边看模式。在此模式下，如果当前打开的是 HTML 文件，每次保存均会自动刷新以显示当前页面效果（若有 JS 或 CSS 文件，且与当前浏览器视图打开的页面有引用关系，也会自动刷新）。

在左侧实时修改代码并保存，在右侧结果窗口中就可以看到效果，如图 2-9 所示。

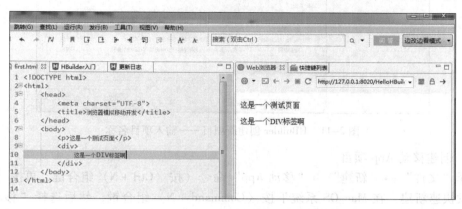

图 2-9　HBuilder 在边改边看效果模式下

3. 创建项目

（1）创建 Web 项目

选择"文件"→"新建"→"Web 项目"命令，（按〈Ctrl + N〉组合键，再按〈W〉键可以触发快速新建，Mac OS 系统下按〈Command + N〉组合键，然后在弹出的快捷菜单中选择"Web 项目"命令），如图 2-10 所示。

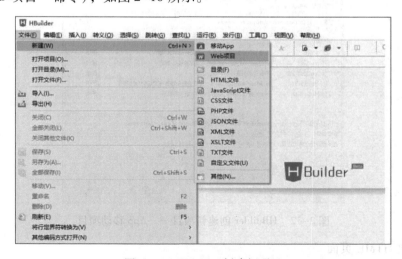

图 2-10　HBuilder 创建新项目

在"项目名称"文本框中输入新建项目的名称，在"位置"文本框中输入（或选择）项目保存路径（如更改了路径，HBuilder 会记录，在下次登录时使用更改后的路径），在"选择模板"选项组中可以使用默认模板，也可以使用自定义的模板，如图 2-11 所示。

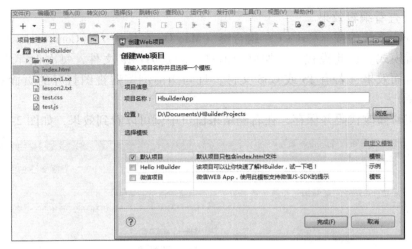

图 2-11　HBuilder 创建新项目——输入项目名称

（2）创建移动 App 项目

选择"文件"→"新建"→"移动 App"命令（按〈Ctrl + N〉组合键，再按〈W〉键可以触发快速新建，在 Mac OS 系统下按〈Command + N〉组合键，然后选择"移动 App"命令 Web 项目），弹出"创建移动 App"对话框在"应用名称"文本框中输入项目名称，在"选择模板"选项组中选择"mui 项目"复选框，也可以根据模板说明选择其他模板，如图 2-12 所示。

图 2-12　HBuilder 创建新项目——App 移动项目

（3）创建 HTML 页面

在项目资源管理器中选择刚才新建的项目，选择"文件"→"新建"→"HTML 文件"命令（按〈Ctrl + N〉组合键，再按〈W〉键可以触发快速新建，在 Mac OS 系统中按〈Command + N〉组合键，然后选择"HTML 文件"命令），在弹出的对话框中选择空白文件模板，如图 2-13 所示。

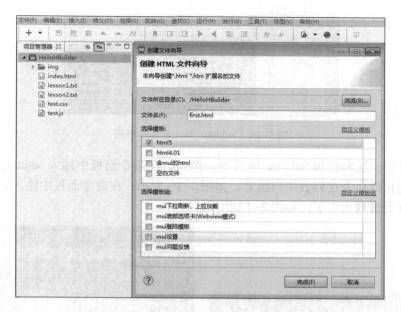

图 2-13　HBuilder 创建新项目——创建 HTML 页面

在本书的第 9 章，会用 HBuilder 编辑器开发相应的项目。

2.3.2　Sublime Text

Sublime Text 是一款具有代码高亮显示、语法提示、自动完成且反应快速的编辑器软件，不仅具有华丽的界面，还支持插件机制，用它来编写代码，效率非常高。

1. 下载安装

Sublime Text 的下载地址为 http://www.sublimetext.com/3，下载界面如图 2-14 所示。

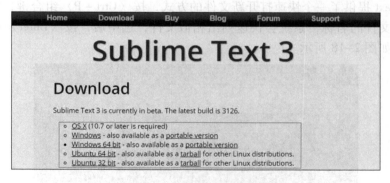

图 2-14　Sublime Text 3 下载界面

根据自己计算机系统下载相应的版本。

打开安装包，双击 Setup. exe 文件，开始安装。安装成功后，打开 Sublime Text，如图 2-15 所示。

2. 功能介绍

（1）命令面板

利用命令面板（快捷键为〈Ctrl + Shift + P〉）可以访问菜单中的所有内容，如调用包命

图 2-15　Sublime Text 3 操作界面

令、更改文件的语法和处理 Sublime 项目等。例如，在命令面板中输入 sethtm，系统会自动把与之相关的相似命令在列表中列出来，如图 2-16 所示；在命令面板中输入 git，那么与 git 相关的命令也会被列出来了，如图 2-17 所示。

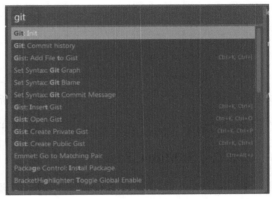

图 2-16　在命令面板中输入 sethtm　　　　　　图 2-17　在命令面板中输入 git

（2）文件切换

Sublime Text 提供了一个快速打开新文件的方式，按〈Ctrl + P〉组合键，在命令框中输入想要打开的文件的名称，系统会快速列出相似文件，选中后，按〈Enter〉键，就可以打开该文件了，如图 2-18 所示。

图 2-18　文件切换功能

（3）跳转标记

当编辑一个比较大的文件时，文件中可能有很多方法，如果想快速找到某一个具体的方法，可以按〈Ctrl + R〉组合键，系统会将当前文件中的全部方法列出来，在命令框中输入方法名，系统就会帮助用户找到想要的方法了。具体操作如图 2-19 所示。

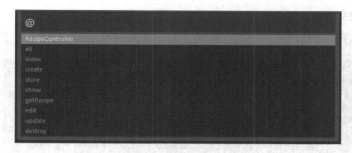

图 2-19 跳转标记功能

（4）多行编辑

多行编辑是 Sublime Text 一个重要的功能，熟练使用它，对提高编码效率有很大帮助。下面列出部分多行编辑的操作定义。

- 〈Ctrl + D〉：选中光标所占的文本，继续操作则会选中下一个相同的文本。
- 〈Ctrl + Click〉：单击想要编辑的每一个地方，都将创建一个光标。
- 〈Ctrl + Shift + F〉 和 〈Alt + Enter〉：在文件中查找一个文本，然后将其全部选中。
- 〈Ctrl + L〉：选中整行，继续操作则继续选择下一行，效果和 〈Shift + ↓〉 组合键一样。
- 〈Ctrl + Shift + L〉：先选中多行，再按下快捷键，系统会在每行行尾插入光标，即可同时编辑这些行。
- 〈Ctrl + Alt + ↑〉 或 〈Ctrl + Alt〉+ 鼠标向上拖动：向上添加多行光标，可同时编辑多行。
- 〈Ctrl + Alt + ↓〉 或 〈Ctrl + Alt〉+ 鼠标向下拖动：向下添加多行光标，可同时编辑多行。
- 〈Shift + ↑〉：向上选中多行。
- 〈Shift + ↓〉：向下选中多行。

图 2-20 多行编辑效果

多行编辑操作时的效果如图 2-20 所示。

（5）使用快捷键

选择 Preferences→Key Bindings，可以看到系统对快捷键的定义，如图 2-21 所示。

当然，也可以自己定义快捷键，例如，在快捷键定义窗口中输入 "｛"keys"：["f1"]，"command"："toggle_side_bar"｝"，这样就定义了 〈F1〉 键为 toggle_side_bar，功能是显示或隐藏左侧目录树，具体操作如图 2-22 所示。

3. 创建项目

在 Sublime Text 中，创建项目是比较简单的。一个项目就是一个 Sublime 工作空间，项目中的文件夹都是开放的，并显示在左侧目录树中。因此，如果要创建一个项目，首先要选中一个文件夹作为项目的工作空间，然后在此基础上创建项目内的文件。

（1）加载文件夹

在本地磁盘创建一个文件夹，并命名为 HTML5，然后把这个文件夹加载到 Sublime Text 中，操作顺序为：选择 File→Open Folder 命令，在弹出的对话框中选择 HTML5 文件夹并打开，效果如图 2-23 所示。

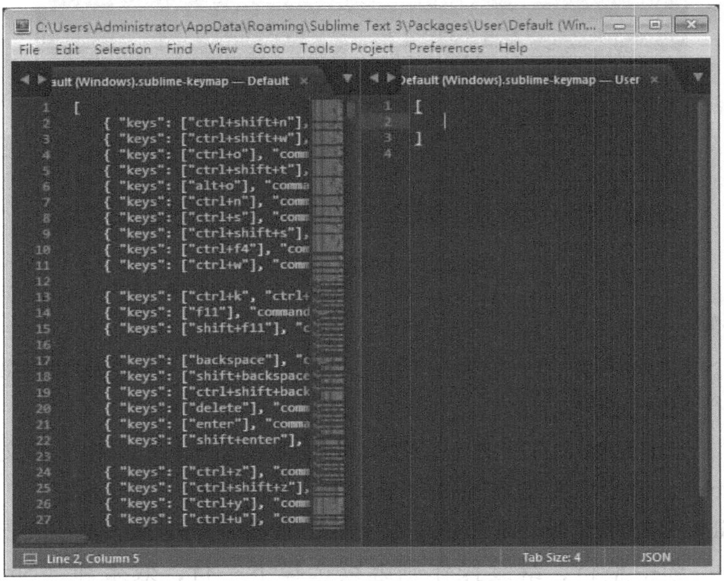

图 2-21 Sublime Text 3 使用——快捷键的定义

图 2-22 Sublime Text 3 使用——自定义快捷键

图 2-23 加载项目中的文件夹

（2）创建文件

选择 File→New File 命令，这时系统创建了一个名为 untitled 的文件，要想给这个文件命名，按〈Ctrl + S〉组合键，弹出"另存为"对话框。在"地址栏"中，默认文件夹为 HTML5，在"文件名"文本框中输入 index. html，单击"保存"按钮，如图 2-24 所示。

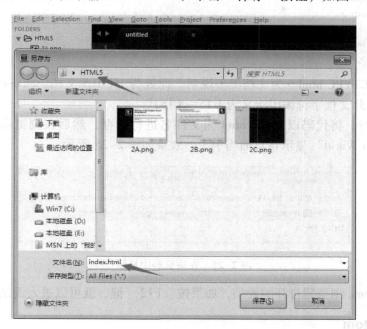

图 2-24　在项目中创建文件

4. 实例 HelloWorld

利用前面所学的相关知识，创建一个完整的实例。

【例 2-1】在 Sublime Text 下创建实例 HelloWorld。

1）创建项目文件夹。打开 Sublime Text，步骤同"加载文件夹"，并命名为 HelloWorld。文件夹创建完成后，在此文件夹内创建相应的项目文件，步骤同"创建文件"，选择 File→Save 命令，在弹出的对话框中将其命名为 first. html。

2）编写代码。将代码输入到编辑区内，在代码编写过程中，要尽量使用快捷键，这样会提高代码的输入效率。例如输入下列代码。

```html
<!DOCTYPE html >
<html >
    <head >
        <meta charset = " UTF - 8" >
        <title >Sublime Text 应用</title >
    </head >
    <body >
        <p >HelloWorld </p >
    </body >
</html >
```

首先输入 html，然后按〈Tab〉键，这样代码段样式如下。

```
< !DOCTYPE html >
< html >
    < head >
        < title > </title >
    </head >
    < body >

    </body >
</html >
```

其中 < !DOCTYPE html > 为文档类型说明，此处为 HTML5 文档，charset = "UTF – 8" 为字符编码说明，此文档字符编码定义为 UTF – 8 格式。

3）调试运行。将代码以 index. html 为文件名进行保存，然后在浏览器中打开此文件，就会看到"Hello World"显示在页面当中了。效果如图 2-25 所示。

图 2-25　在浏览器中显示

这是用 Chrome 浏览器打开的效果，如果按〈F12〉键，就可以进入调试模式了。

2.3.3　Atom

Atom 是由 GitHub 公司打造的一个现代代码编辑器，是开源免费跨平台的，具有简洁、直观的图形用户界面，特点如下：支持 CSS、HTML 和 JavaScript 等网页编程语言；支持宏，支持插件扩展；自动完成分屏功能，并且集成了文件管理器。

1. 下载安装

打开 Atom 官网（www. atom. io），如图 2-26 所示，单击 Download Windows Installer 按钮下载安装包。下载之后双击 AtomSetup. exe 文件并等待系统自动安装，安装完后在桌面上会有其快捷方式。

图 2-26　Atom 下载界面

安装完成后运行 Atom，将会看到如图 2-27 所示的界面，说明已经安装成功了。

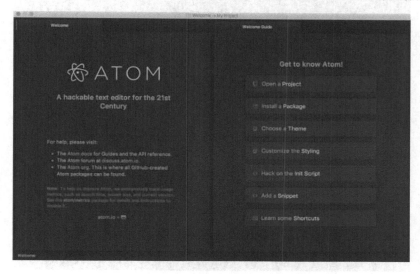

图 2-27　Atom 安装成功

2. 功能介绍

（1）命令面板

Atom 的很多功能学习和参考了其他优秀的编辑器，命令面板就是其一。第一次看到 Atom 的命令面板时，还以为是在用 Sublime Text。命令面板是 Atom 中最常用的功能之一，当在编辑器中按快捷键〈Ctrl + Shift + P〉后，就会看到它。在命令面板中可以输入 Atom 和其插件中定义的所有命令，并且支持模糊搜索，例如，当输入 cboo 时，所有包含有这 4 个字符的命令就都被列出来了，在列出的命令右侧还显示了此命令对应的快捷键（如果有的话），如图 2-28 所示。

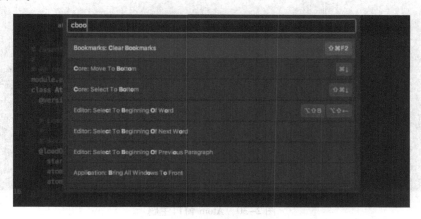

图 2-28　Atom 命令面板

（2）设置窗口

自带可视化的设置界面是 Atom 使用方便快捷的原因之一，它不像传统的编辑器那样需要手动修改配置文件。选择 File→Settings 命令，打开设置窗口，如图 2-29 所示。

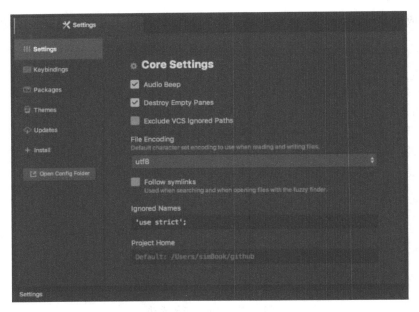

图 2-29　Atom 设置窗口

（3）风格设置

Atom 自带了 4 种窗口主题和 8 种代码高亮方式，可以通过设置窗口中的 Themes 选项卡来配置和修改，另外还有多种第三方制作的主题可以安装。具体操作如图 2-30 所示。

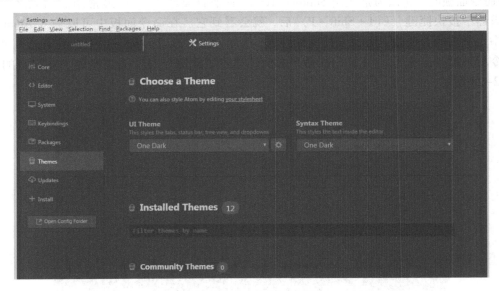

图 2-30　Atom 窗口主题

3. 创建项目

（1）创建文件夹

在 Atom 中，项目是以文件夹的形式存在的，也就是说，要创建一个项目，首先要创建一个主体文件夹，有了这个文件夹后，就可以在其中编辑项目的内容了。操作顺序为选择

File→Add Project Folder 命令，选中目标文件夹 testtest，单击"确定"按钮，这时，目录树会自动出现在窗口左侧，如图 2-31 所示。

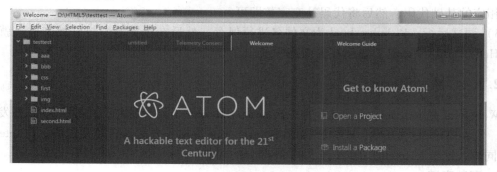

图 2-31　创建文件夹

（2）创建文件

选择 File→New File 命令，这时就会出现一个以 untitled 为文件名的文件，然后单击"保存"按钮，并给出自己的文件名，如图 2-32 所示。

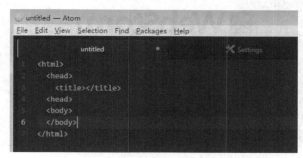

图 2-32　创建文件

4. 实例 HelloWorld

利用前面所学的相关知识，创建一个完整的实例。

【例 2-2】 在 Atom 下创建实例 HelloWorld。

1）创建项目文件夹。先创建一个文件夹并命名为 Atom_test，打开 Atom，步骤同"加载文件夹"，在此文件夹内创建相应项目文件，步骤同"创建文件"，选择 File→Save 命令，在弹出的对话框中将其命名为 index. html。

2）编写代码。在文档编辑界面输入下列代码。

```
<!DOCTYPE html >
<html >
    <head >
        <meta charset = "UTF -8" >
        <title > Atom 应用 </title >
    </head >
    <body >
        <p > HelloWorld, Atom！ </p >
    </body >
</html >
```

这是由几行简单的 HTML5 语言组成的代码，其功能为在浏览器界面中显示"Hello World，Atom！"，在代码输入过程中，可以用快捷键，例如输入 ht 并按〈Enter〉键，就会出现相应的基础代码，然后将代码补充完整即可。

3）调试运行。以 index. html 为文件名进行保存，然后在浏览器中打开此文件，就会看到"HelloWorld，Atom！"显示在页面当中了。

2.3.4　WebStorm

WebStorm 是 jetbrains 公司旗下的一款 JavaScript 开发工具。目前已经被广大 JS 开发者所使用，它在 Web 前端开发、HTML5 编辑和 JavaScript 编辑等方面具有较大优势。与 IntelliJ I-DEA 同源，继承了 IntelliJ IDEA 强大的 JS 部分的功能。

1.　下载安装

WebStorm 官网地址为 http：//www. jetbrains. com/webstorm/，官网界面如图 2-33 所示，在其中下载最新版本并进行安装。

图 2-33　WebStorm 下载界面

WebStorm 是收费软件，当然也可以试用，时间为 30 天。

软件下载完成后，双击 WebStorm -2016. 3. 2. exe 文件，开始安装，界面如图 2-34 所示。

在安装过程中，会出现选择项 Create Desktop shortcut，要根据自己系统的实际情况进行选择，如果是 32 位系统，选择 32 - bit launcher 复选框；如果是 64 位系统，选择 64 - bit launcher 复选框。在 Create associations 选项组中，选择 . js、. css 和 . html 这 3 个复选框，如图 2-35 所示。

安装完成后，启动软件时，选择试用，如图 2-36 所示，单击 OK 按钮。

2.　功能介绍

（1）文件编辑

● 自动保存文件，使用 WebStorm 编辑文件，不需要一次又一次地单击 Save 按钮或按〈Ctrl + S〉组合键来保存，所有的操作系统都会直接保存。

● 大多数编辑器在编辑文件时，只要单击关闭文件，就不会有历史记录了，但是 WebStorm 不是这样的，只要 WebStorm 系统不关闭，被编辑过的文件随时可以返回到之前的操作，WebStorm 系统关闭重启后这些历史记录就没有了。这一功能给开发者带来了方便，当然，也有弊端，即加大内存的消耗。

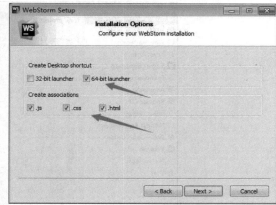

图 2-34　WebStorm 安装界面　　　　　　图 2-35　WebStorm 安装时的项目选择

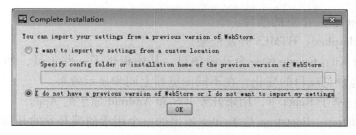

图 2-36　WebStorm 启动时的选择

- WebStorm 提供了一个本地文件修改历史记录，利用它可以完成本地版本的管理。
- WebStorm 集成了 node. js（服务器端 JavaScript 解释器）、HTML5、git（版本保存）和 cvs（版本控制）等功能模块。
- WebStorm 提供了丰富的插件，安装非常方便。
- 保存配置文件，并导出当前设置，选择 File→Export setting 命令，弹出如图 2-37 所示的对话框。

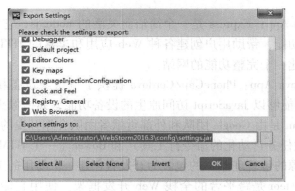

图 2-37　保存配置文件

（2）丰富的类型选择

在进行新项目的类型选择时，有很多选项，如图 2-38 所示。

新项目的类型介绍如下。

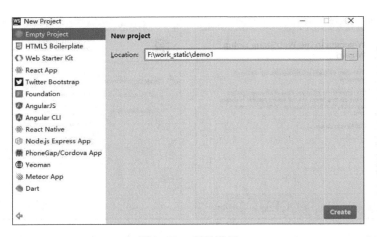

图 2-38　项目设置

- Empty Project：一个空的项目。
- HTML5 Boilerplate：HTML5 开发框架。
- Web Starter Kit：Google 的一个开源项目，其中提供了一些工具，如 BrowserSync，它可以实时地预览项目的变化，在不同浏览器上同步显示效果。
- React App：基于 React. js，用来开发 iOS 和 Android 原生的 App。
- Twitter Bootstrap：Bootstrap 是 Twitter 推出的一个用于前端开发的开源工具包。
- Foundation：Foundation 是一个易用、强大且灵活的响应式前端框架，用于构建基于任何设备上的响应式网站、Web 应用和电子邮件。结构语义化，移动设备优先，完全可定制。
- AngularJS：AngularJS 拥有许多特性，最为核心的是 MVVM、模块化、自动化双向数据绑定、语义化标签和依赖注入等。
- Angular CLI：Angular CLI 可以帮助开发者快速创建 Angular 项目和组件。
- React Native：React Native 可以基于开源 JavaScript 库 React. js 来开发 iOS 和 Android 原生的 App。
- Node. js Express App：Express 是一个简洁而灵活的 node. js，它为 Web 应用框架提供了一系列强大功能，帮助用户创建各种 Web 应用和丰富的 HTTP 工具。使用 Express 可以快速地搭建一个完整功能的网站。
- PhoneGap/Cordova App：PhoneGap/Cordova 提供了一组与设备相关的 API，通过这组 API，移动应用能够以 JavaScript 访问原生的设备功能，如摄像头、麦克风等。
- Yeoman：Yeoman 是由 Google 团队和外部贡献者团队合作开发的，其目标是通过 Grunt（一个用于开发任务自动化的命令行工具）和 Bower（一个 HTML、CSS、JavaScript 和图片等前端资源的包管理器）的包装为开发者创建一个易用的工作流。
- Meteor App：Meteor 是跨平台的全栈 Web 开发框架。使用它能够迅速地开发实时的（Real - Time）和响应式的（Reactive）应用，并且可以在一套代码中支持 Web、iOS、Android 和 Desktop 多个端口开发。Meteor 能够轻松地与其他框架应用相结合，如 ReactJS、AngularJS、MySQL 和 Cordova 等。
- Dart：Dart 是一种基于类的可选类型化编程语言，主要用于创建 Web 应用程序。

（3）特色设置

以设置背景色为例，选择 File→Settings 命令，如图 2-39 所示，在弹出的 Settings 对话框中选择 Theme 选项卡，选择相应的主题就可以完成了。

3. 创建项目

（1）新建项目

第一次打开 WebStorm，新建一个项目，要选择 Create New Project 选项，如图 2-40 所示。

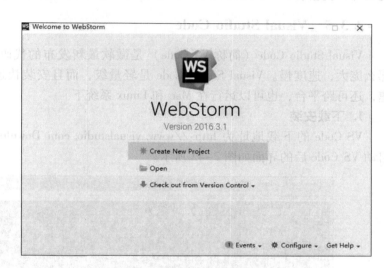

图 2-39　配置操作　　　　　　　　　　图 2-40　创建项目

创建成功后，如图 2-41 所示。

（2）创建文件

项目创建成功后，就可以在此项目下创建文件了，步骤为选择 File → New → File 命令，确定，输入文件名index. html，这样就可以在编辑区编辑此文件了。

图 2-41　项目创建成功

4. 实例 HelloWorld

利用前面所学的相关知识，创建一个完整的实例。

【例 2-3】在 WebStorm 下创建实例 HelloWorld。

1）创建新项目。打开 WebStorm，选择 File→New→Project 命令，如图 2-38 所示，在左侧选中项目类型，在右侧输入项目名称，然后单击 Create 按钮。

在项目中创建相应的文件，步骤同创建文件。在此将文件命名为 first. html。

2）编写代码。将代码输入到编辑区内，在代码编写过程中，要尽量使用快捷键，这样会提高代码输入效率。输入下列代码：

```
<!DOCTYPE html >
<html >
    <head >
```

```
        < meta charset = " UTF - 8" >
        < title > WebStorm 应用 </title >
    </head >
    < body >
        < p > HelloWorld,WebStorm! </p >
    </body >
</html >
```

3）调试运行。代码编辑完成后，以 first. html 为文件名进行保存，然后在浏览器中打开此文件，就会看到"HelloWorld，WebStorm！"显示在页面当中了。

2.3.5 Visual Studio Code

Visual Studio Code（简称 VS Code）是微软最新发布的代码编辑器，不像 Visual Studio 那么庞大，速度慢。Visual Studio Code 是轻量级，而且安装快速、启动快速、加载文件快速，还可跨平台，也可以运行在 Mac 和 Linux 系统下。

1. 下载安装

VS Code 的下载地址为 http://www.visualstudio.com/Download，安装过程简单、快速，启动 VS Code 后的界面如图 2-42 所示。

图 2-42　VS Code 启动界面

2. 功能介绍

参照图 2-42 所示，根据图中的数字标识，现将 VS Code 的功能逐一介绍如下。
- 1 是资源视图，打开资源管理器，显示文件夹和文件，也就是 VS Code 的目录树。
- 2 是搜索，VS Code 支持在已经打开的文件夹内搜索任意内容，并支持正则表达式。单击搜索按钮，它还有很强大的多重选择功能。
- 3 是 GIT，功能是把项目上传到 GitHub 中。
- 4 是扩展，提供各种插件的安装。
- 5 是文档错误和警告个数，这里提示文档中错误的个数。
- 6 是〈Tab〉键的空格个数，"制表符长度：4"表示按一下〈Tab〉键缩进 4 个空格。

- 7 是编码格式，根据图中显示编码格式为 UTF – 8。
- 8 是文档类型，指当前正在编辑的文档的类型。
- 9 是状态，收集使用者的状态，可以把真实状态反馈给软件设计者，帮助他们改进。
- 10 是"拆分编辑器"按钮，单击一下将新增一列。
- 11 是在文档中搜索，就是在当前文档中进行查找。
- 12 是"折叠/展开"按钮。
- 13 是"新建文件夹"按钮，就是在当前文件夹下新建文件夹。
- 14 是"新建文件"按钮，就是在当前文件夹下新建文件。

3. 创建项目

在 VS Code 中，要创建项目，首先要创建文件夹，文件夹就是项目的载体，然后在其内部创建相应的文件，这样项目就创建成功了。

（1）创建文件夹

单击"新建文件夹"图标，输入文件夹名称，在当前目录下创建文件夹，如图 2-43 所示。

图 2-43　VS Code 创建文件夹

（2）创建文件

新建文件，单击"新建文件"按钮，输入文件名，在当前目录下创建文件，如图 2-44 所示。

图 2-44　VS Code 创建文件

4. 实例 HelloWorld

利用前面所学的相关知识，创建一个完整的实例。

【例 2-4】在 VS Code 下创建实例 HelloWorld。

1）创建项目文件夹。打开 VS Code，步骤同"创建文件夹"，并命名为 HelloWorld。文件夹创建完成后，在此文件夹内创建相应的项目文件，步骤同"创建文件"，选择"文件"

→ "保存"命令，将其命名为 index. html。

2）编写代码。将代码输入到编辑区内，在代码编写过程中，要尽量使用快捷键，这样会提高代码输入效率。输入下列代码。

```
<!DOCTYPE html >
<html >
    <head >
        <meta charset = "UTF - 8" >
        <title >VSCode 应用</title >
    </head >
    <body >
        <p >HelloWorld,VSCode! </p >
    </body >
</html >
```

3）调试运行。以 index. html 为文件名进行保存，然后在浏览器中打开此文件，就会看到 HelloWorld，VSCode! 显示在页面当中了。

2.4 HTML5 移动 Web 开发框架

软件系统发展到今天已经很复杂了，特别是服务器端软件，涉及的知识、内容和问题都比较多。在某些方面使用别人成熟的框架，就相当于让别人帮自己完成了一些基础工作，只需要集中精力完成系统的业务逻辑设计。框架就是这种思维实现的载体，而且框架一般都是成熟、稳健的，可以处理系统的很多细节问题，如事物处理、安全性和数据流控制等。另外，框架经过很多人的使用，结构和扩展性都很好，而且还是不断升级的，可以直接利用别人升级代码带来的好处。

本节将介绍几个 HTML5 移动 Web 开发框架，分别是 jQuery Mobile、Sencha Touch 和 Junior。

2.4.1 jQuery Mobile

在介绍 jQuery Mobile 之前，要先讲解一下 jQuery。jQuery 是一个快速、简洁的 JavaScript 框架，是继 Prototype 之后又一个优秀的 JavaScript 代码库。jQuery 设计的宗旨是 "Write Less，Do More"，即倡导写更少的代码，做更多的事情。它封装 JavaScript 常用的功能代码，提供一种简洁的 JavaScript 设计模式，优化 HTML 文档操作、事件处理、动画设计和 Ajax 交互。jQuery 一经推出，就迅速发展起来，得到了 Google、Intel、IBM 和 Microsoft 等公司的支持，在此基础上，jQuery 又推出了支持手机和平板设备的版本 jQuery Mobile。jQuery Mobile 是一种移动 Web 开发框架，用于创建 Web 应用程序，在第 8 章将详细介绍 jQuery Mobile 的使用。

2.4.2 Sencha Touch

Sencha Touch 是由 ExtJS 框架发展而来的，ExtJS 是基于 JS 编写的 Ajax 框架，ExtJS 整合了 JQTouch、Rapha 和 Euml 库，推出了适用于前沿 Touch Web 技术的最新框架，命名为 Sencha Touch。Sencha Touch 是基于最新的 Web 标准 HTML5、CSS3 和 JavaScript 而开发的，是

一款移动 Web 应用开发框架，界面美观，接近原生。

1. 下载安装

Sencha Touch 的下载地址为 http://www.sencha.com/products/touch，在这个网站上可以免费下载 Sencha Touch 相关的所有文件。单击右侧的下载链接，会进入一个界面，需要填一下信息。在这里要认真填写邮箱信息，填好之后系统会把下载链接发到所填写的邮箱里，在邮箱里单击下载链接就可以了。

下载完成后，可以先将其部署到本地的服务器上（如果本地没有配置 Web 服务器，要先配置一下），这样就可以查看 Sencha Touch 中的实例演示（demo）了。通过实例演示，可以快速掌握 Sencha Touch 的应用，系统还提供了完整的文档可供参考。

2. 环境搭建

接下来讲解如何开始编写 Sencha Touch 应用。需要注意的是，Sencha Touch 采用的是动态加载技术。例如，正在编辑的文件名为 index.html，不是仅仅在 index.html 内引入需要的 JS 和 CSS 文件就可以了，而是要保证所有需要的文件都能在运行时通过目录进行加载（所有需要动态加载的文件都在 src 中）。因此，为了保证动态加载的正常运行，一定要按规定设定工作目录。

在根目录下（touch - 2...）创建工作目录 Demo，在该文件夹下创建 index.html 文件和一个 JS 文件夹，在文件夹内创建文件 app.js。

在 index.html 中，首先要引入必要的文件（注意：这些基本操作不在服务器上进行也能实现功能，完全不涉及数据传输及后台逻辑）。

```
< link type = "text/css" rel = "stylesheet" href = "../resources/css/sencha - touch. css" >
< script src = "../sencha - touch - debug. js" > </script >
< script src = "js/app. js" > </script >
```

其中，第一行引入了必要的 CSS 文件，第二行引入的是 JS 文件，使用这两个文件就可以搭建出 Sencha Touch 框架了。app.js 是编写代码的 JS 文件，Sencha Touch 是一个 JavaScript 框架，因此大多数功能、布局等都是通过 app.js 实现的。

要验证框架是否搭建成功，在 app.js 中编写下列测试代码。

```
Ext. application( {
        name:'MyApp',
        lauch:function() {
                alert("Sencha 已加载");
        }
} );
```

运行 index.html，如果能正确弹出对话框，则表明环境搭建成功。

3. 代码编写

搭建完 Sencha Touch 框架之后，就可以进行代码的编写了。只要前面的环境搭建成功了，接下来要做的就是慢慢学习这个框架。每一步都是用代码来体验过程，只要每一步都认真完成，就可以掌握 Sencha Touch 了。

首先要建立 index.html 文件和对应的 app.js 文件，搭建 Sencha Touch 框架，其中 app.js 的内容大致如下。

```
Ext. application({
//以下为该应用程序的配置部分
    name:'MyApp',
    icon:'images/icon. jpg',                        //配置应用程序在手机主屏幕上的图标
    glossOnIcon:false,
    phoneStartupScreen:'images/phone_startup. png',  //配置应用程序启动时的图标 iPhone
                                                     //或 iPod
    tabletStartupScreen:'images/tablet_startup. png', //配置应用程序启动时的图标 iPad
    launch:function( ){
//以下为在 Sencha Touch 中创建组件的方法
        var panel = Ext. create('Ext. Panel',{
            fullscreen:true,
            id:'myPanel',
            style:'color:red',                       //指定面板的一些 CSS 样式
            html:'一个简单的示例面板'                  //指定面板组件中的 HTML 代码
        });
    }
});
```

在代码的后面给出了相应的注释,其中,launch 之前的代码为基本配置,包括 App 的名称、图标等。launch 内的内容就是要编写的应用程序了。这里在 Web App 中添加了一个 panel(面板),利用的就是 Sencha Touch 中创建组件的方法。在创建组件时,要采用键值对的形式对组件进行各种配置。这里分别设定了以下属性。

- fullscreen:设置该面板是否与屏幕大小相同,这里选择了 true。
- id:给创建的这个组件设定 id,这个 id 很重要,每一个组件都要有,方便以后利用 ext. js 对其进行获取和操作。
- style:通过这个属性可以利用 CSS 设定组件的一些基本样式。
- html:制定组件中的 HTML 代码。

通过简单的操作,搭建了一个最基本的 Web App 界面。

除了上述创建组件的方法外,还有其他的方法。

```
var panel = new Ext. panel({
//do something
})
```

这里直接使用 new 关键字,后面跟上要创建的 Ext 对象的类名,即可创建一个相应的组件,与上述创建方法所达到的效果相同。

以上就是 Sencha Touch 框架使用的基本方法和规范。

2. 4. 3　Junior

Junior 为前端框架,用来构建基于 HTML5 的移动 Web 应用,外观与行为跟本地应用相似。它采用针对移动性能优化的 CSS3 转换,支持旋转灯箱效果,包含多样的 Ratchet UI 组件。整个框架使用 Zepto(类似 jQuery 语法的轻量级移动设备 JS 类库)技术,且整合了 backbone. js 的视图和路由。Junior 十分易于使用,且提供详细的文档及案例,便于学习。

1. 下载安装

Junior 的下载地址为 http://www. justspamjustin. github. io,下载界面如图 2-45 所示。

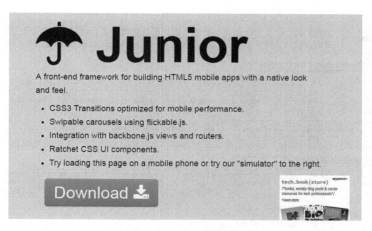

图 2-45　Junior 下载界面

2. 环境搭建

junior. js 文件包含在目录 src/javascripts 中，在运行 junior. js 之前，要加载以下文件。

```
< script src = "lib/javascripts/modernizr. custom. 15848. js" > </script >
< script src = "lib/javascripts/zepto. min. js" > </script >
< script src = "lib/javascripts/zepto. flickable. min. js" > </script >
< script src = "lib/javascripts/lodash. min. js" > </script >
< script src = "lib/javascripts/backbone – min. js" > </script >
< script src = "src/javascripts/junior. js" > </script >
```

CSS 加载方式如下。

```
< link rel = "stylesheet" href = "lib/stylesheets/ratchet. css"/ >
< link rel = "stylesheet" href = "src/stylesheets/junior. css"/ >
```

至此，Junior 框架就搭建完成了，可以编写自己的代码了。

2.4.4　其他 HTML5 移动 Web 开发框架

1. 阿里系 Web 框架 Kissy

Kissy 是阿里自己开发的前端框架，Kissy 是一款跨终端、模块化、使用简单的 JavaScript 框架。除了完备的工具集合（如 DOM、Event、Ajax 和 Anim 等）外，Kissy 还面向团队协作做了独特设计，提供了经典的面向对象、动态加载、性能优化解决方案。作为一款全终端支持的 JavaScript 框架，Kissy 为移动终端做了大量适配和优化，让程序在全终端均能流畅运行。Kissy Mobile 是一套面向移动端的功能特性集合，实现灵活配置的转场动画和 View 的解耦。Kissy 5.0 已经全面支持移动端。Kissy 架构如图 2-46 所示。

2. 百度移动 Web 框架

百度移动 Web 框架有 3 个，下面分别进行介绍。

（1）GMU

GMU（Global Mobile UI）是百度前端通用组开发的移动端组件库，具有代码体积小、简单、易用等特点，组件内部处理了很多移动端的 bug，覆盖机型广，能大大减少开发交互型组件的工作量，非常适合移动端网站项目。该组件基于 zepto 的 Mobile UI 组件库，提供

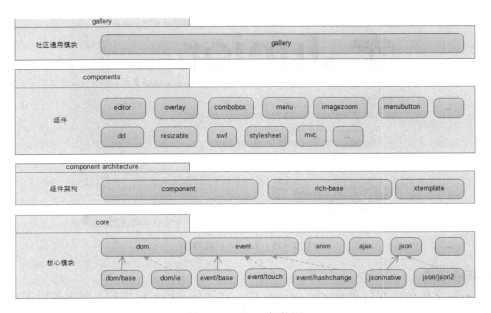

图 2-46　Kissy 架构图

Web App、Pad 端简单易用的 UI 组件。其下载界面如图 2-47 所示。

图 2-47　GMU 下载界面

（2）Clouda +

Clouda + 是移动 Web 应用开发整体解决方案，并特别针对百度轻应用场景进行了优化，旨在让 Web App 体验和交互媲美 Native 应用。其下载界面如图 2-48 所示。

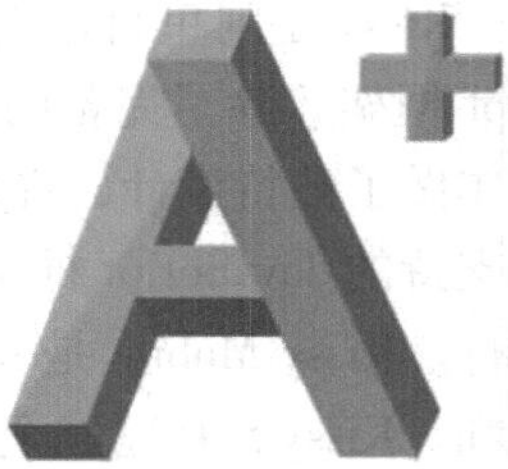

（3）Efe

Efe 是百度商业体系前端团队推出的 Web 框架。Efe 是模块化、组合式的移动前端框架，基于 Stylus 的移动端样式库。Efe 提供了 JavaScript 模块、CSS 样式库与开发平台的完整前端解决方

图 2-48　Clouda + 下载界面

案，擅长移动端 SPA 项目和轻应用；是移动端设计的 Mixin 风格样式工具库。在 Efe 的基础上创建了 Rider UI，是一个灵活的 UI 样式库。

2.5 案例：使用 HBuilder 框架设计精美窗体

利用前面所学的知识，制作一个手机版的页面。

要制作一个移动版本的页面，先要解决一下屏幕宽度和内容缩放的问题，在这里要用到 <meta> 标签。

<meta name = "viewport" content = "width = device – width, height = device – height, initial – scale = 1.0, minimum – scale = 1.0, maximum – scale = 1.0, user – scalable = no" >，下面解释一下各个属性的定义。

- name = "viewport"：对窗口的设定。
- width = device – width：应用程序的宽度和屏幕的宽度是一样的。
- height = device – height：应用程序的高度和屏幕的高度是一样的。
- initial – scale = 1.0：应用程序启动时的缩放尺度（1.0 表示不缩放）。
- minimum – scale = 1.0：用户可以缩放到的最小尺度。
- maximum – scale = 1.0：用户可以缩放到的最大尺度。
- user – scalable = no：用户是否可以通过他的手势来缩放整个应用程序，使应用程序的尺度发生改变（yes/no）。

rem 是相对长度单位，62.5% 相当于 100 px。

调试工具用 Chrome 浏览器。

1. 创建项目

启动 HBuilder，选择"文件"→"新建"→"Web 项目"命令，输入项目的名称并单击"确定"按钮。

在项目下建立 CSS、img 和 JS 文件夹，再建立 index. html 文件，然后在 CSS 内建立 style. css 文件。

2. 编辑 index. html 文件

```
< !DOCTYPE html >
< html lang = "zh – cn" >
    < head >
        < meta charset = "UTF – 8" >
            < meta name = "viewport" content = "width = device – width, initial – scale = 1.0,
                minimum – scale = 1.0, maximum – scale = 1.0, user – scalable = no" >
        < title > HTML5 移动开发技术 </title >
        < link rel = "stylesheet" href = "CSS/style. css" / >
    </head >
    < body >
        < header id = "header" >
            < nav class = "link" >
                < h2 class = "none" > 网站导航 </h2 >
                < ul >
                    < li class = "active" > < a href = "index. html" > 首页 </a >
        </li >
                    < li > < a href = "#" > 资讯 </a > </li >
                    < li > < a href = "#" > 机票 </a > </li >
                    < li > < a href = "#" > 关于 </a > </li >
```

```
                              </ul >
                        </nav >
                  </header >
                  < div id = "adver" >
                        < img src = "img/adver. png" alt = " " / >
                  </div >
                  < footer id = "footer" >
                        < div class = "top" >
                              客户端│触屏版│电脑版
                        </div >
                        < div class = "bottom" >
                              Copyright @ 沈阳师范大学
                        </div >
                  </footer >
            </body >
      </html >
```

例子中用到的代码在后续章节中都会学到，在此就是先体会一下如何用 HTML5 制作一个小页面。

3. 编辑 style. css 文件

```
@ charset "UTF - 8" ;
html{ font - size :625% ; }
body,h1,h2,h3,p,ul,ol,form,fieldset,figure{        margin :0 ;        padding :0 ; }
body{ background - color :red ;font - size :0. 16rem ; }
ul,ol{ list - style :outside none none ; }
a{ text - decoration :none ; }
img{ display :block ;max - width :100% ; }
. none{ display :none ; }
#header{ width :100% ;height :. 45rem ;background - color :#333 ;font - size :. 16rem ; }
#header . link{ height :. 45rem ;line - height :. 45rem ;color :#eee }
#header . link li{ width :25% ;text - align :center ;float :left ; }
#header . link a{ color :#eee ;display :block ; }
#header . link a :hover,#header . active a{ background - color :#000 ; }
#adver{ max - width :6. 4rem ;margin :0 auto ; }
#footer{ max - width :6. 4rem ;background - color :#222 ;color :#777 ;margin :0 auto ;text - align :
center ;padding :. 1rem 0 ; }
#footer . top{ padding :0 0 . 05rem 0 ; }
```

在 style. css 文件中用到的属性，在本书后续章节中将会讲到。

项目运行结果如图 2-49 所示。

图 2-49　HTML5 设计的窗体

本章小结

本章主要介绍了开发移动端应用程序时需要掌握的基础知识，在浏览器中模拟移动开发和测试环境，如何使用主流的开发工具和开发框架。在移动开发工具中，以 HBuilder 为例做了详细介绍。根据本章所学知识完成了相应案例。

实践与练习

1. 填空题

1）移动开发框架主要有_____、_____和_____。

2）手机屏幕大小一般以英寸为单位，比如说一个 3.5 英寸的手机，其中 3.5 英寸是指手机屏幕的_____。

3）现在主流的移动开发工具有_____、_____、_____、_____和_____。

4）HBuilder 是_____推出的一款支持 HTML5 的 Web 开发 IDE。

5）在 Sublime Text 3 中，显示或隐藏左侧目录树的快捷键是_____。

2. 选择题

1）移动设备的屏幕尺寸主要是以_____的尺寸为准。

    A. 屏幕的长   B. 屏幕的宽   C. 屏幕的面积   D. 屏幕的对角线

2）像素密度的定义是_____。

    A. 单位英寸长度上排列的像素点数量

    B. 屏幕像素的长、宽比值

    C. 单位尺寸内的逻辑像素值

    D. 分辨率的固定倍值

3）在 HBuilder 中编辑文件时，实时查看编辑效果的快捷键是_____。

    A. Ctrl + O   B. Ctrl + P   C. Shift + O   D. Shift + P

4）如果想对 Sublime Text 进行汉化，方法是_____。

    A. 进行相应设置   B. 安装相应插件

    C. 完成内部相应文件的改写   D. 不能汉化

5）VS Code 是_____公司推出的开发平台。

    A. 微软   B. 谷歌   C. 阿里   D. 百度

3. 简答题

1）在移动项目开发过程中，为什么要用框架？

2）在开发移动项目过程中，测试的工具有哪几类？

3）在分辨率中，常常出现的 HVGA 是什么意思？请举例说明。

实验指导

在 HTML5 的学习过程中，第一步是选择开发工具和开发框架；第二步是熟悉它们的基本功能；第三步是了解它们的特性。在此基础上学习 HTML5，可提高学习的效率。

实验目的和要求

- 掌握移动开发工具的下载安装方法。
- 熟悉移动开发工具的特性。
- 掌握移动开发框架的下载安装方法。

● 掌握移动开发框架的用法。

实验 1　使用 HBuilder 创建 MUI 框架页面

HBuilder 是数字天堂（DCloud）的产品，他们在设计 HBuilder 时的理念就是"快"，体现方式主要有：①代码输入法方面，按下数字键快速选择候选项；②代码块方面，一个代码块，少敲 N 个字符；③内置了 emmet，按〈Tab〉键，生成一串代码；④代码提示方面，无死角提示，除了语法外，还能提示 ID、Class、图片、链接和字体等。MUI 是 DCloud 公司发布的一款前端开源框架，可以用简、快、易来形容它。

题目 1　熟悉 HBuilder 的使用

1. 任务描述

把 HBuilder 下载到计算机中，找到 HBuilder. exe 文件，打开 HBuilder，通过菜单操作来完成文件的创建、调试和运行，体会各种快捷方式的使用，达到熟练操作 HBuilder 的目的。

2. 任务要求

1）创建自己的第一个文件，在代码输入过程中，能用快捷方式的都要用快捷方式进行操作。

2）在代码测试过程中，可以用 HBuilder 自带工具完成，当然也可以用浏览器调试模式来完成。

3）熟练掌握 HBuilder 的各项功能。

3. 知识点提示

本任务主要用到以下知识点。

1）HTML5 的基本语句。

2）加载 MUI 框架的方法。

3）调试的方法。

4. 操作步骤提示

实现方式不限，在此以一个基本网页的创建和运行为例，简单提示一下操作步骤。

1）创建网页文档 index. html。

2）输入基本语句，注意不要忘了用快捷方式。

3）用测试工具进行测试。

题目 2　MUI 框架

1. 任务描述

在移动开发项目中，UI 设计是很重要的一项内容，前端开发框架 MUI 提供了 UI 设计的成熟模式，利用 MUI 可以设计出漂亮的 UI 界面。

2. 任务要求

1）请根据实际情况对原生 UI 与 MUI 控件一一对应，能熟练操作。

2）通过示例演示，掌握 MUI 加载过程，理解它的工作原理。

3）使用 MUI 编写项目，并下载到移动设备中进行测试。

3. 知识点提示

本任务主要用到以下知识点。

1）熟练使用 HBuilder，创建新项目。

2）在 HBuilder 项目中加载 MUI 前端框架。

3）MUI 前端框架中各个组件的使用。

4. 操作步骤提示

实现方式不限，在此以设计一个简单的 MUI 项目为例，简单提示一下操作步骤。

1）打开 HBuilder。

2）创建一个以 MUI 为模板的移动项目。

3）在文档中加载 MUI。

4）具体设计 MUI 项目。

5）调试运行项目。

实验 2　用 jQuery Mobile 框架实现框架抽屉布局效果

jQuery 是目前应用最广泛的 JavaScript 框架，jQuery Mobile 是 jQuery 在手机和平板设备上的专用版本。jQuery Mobile 不仅给主流移动平台带来 jQuery 核心库，也发布了一个完整、统一的 jQuery 移动 UI 框架。支持全球主流移动平台。

题目 1　熟悉 jQuery Mobile 框架的使用

1. 任务描述

在使用 jQuery Mobile 移动框架之前，要掌握它的基本功能和用法，包括下载安装、基本属性的掌握、库的引用方式，以及第一个项目的具体实现。

2. 任务要求

1）确定引用 jQuery Mobile 的方式，是用 CDN 方式还是直接下载。

2）掌握 jQuery Mobile 自定义的基本属性。

3）布局第一个项目。

3. 知识点提示

本任务主要用到以下知识点。

1）jQuery Mobile 基本属性的使用。

2）在项目中，jQuery Mobile 的基本布局。

3）项目的调试。

4. 操作步骤提示

实现方式不限，在此以用 jQuery Mobile 创建一个项目为例，简单提示一下操作步骤。

1）下载 jQuery Mobile。

2）在开发平台下创建项目，并引入 jQuery Mobile 相关库。

3）编写相应代码，随时查看效果。

4）在浏览器、专用平台或手机上调试结果。

题目 2　利用 jQuery Mobile 框架实现抽屉布局效果

1. 任务描述

在熟练掌握 jQuery Mobile 的基本上，完成特定的抽屉布局效果。

2. 任务要求

1）熟练布置 jQuery Mobile 的开发环境。

2）熟练掌握 jQuery Mobile 的基本属性。

3）了解抽屉效果的样式。

3. 知识点提示

本任务主要用到以下知识点。

1）jQuery Mobile 开发环境的布置。

2）创建项目的布局，相应类库的引用方式。

3）具体代码的实现。

4）完成相应的测试。

4. 操作步骤提示

1）下载相关文件，并布置到项目中。

2）创建一个以 jQuery Mobile 为框架的项目。

3）设计相应的抽屉布局效果。

4）调试并输出。

第3章　移动开发常用的 HTML5 标签

超文本标记语言标签通常被称为 HTML 标签。HTML 标签是 HTML 语言中最基本的单位，也是 HTML 最重要的组成部分。

HTML5 是一个新的网络标准，目标在于取代现有的 HTML 4.01、XHTML 1.0 和 DOM Level2 HTML 标准，并能够减少浏览器对于需要插件的丰富性网络应用服务（Plug – in – based Rich Internet Application，RIA），如 Adobe Flash、Microsoft Silverlight 与 Sun JavaFX 的需求。

HTML5 提供了一些新的元素和属性，其中有些在技术上类似 < div > 和 < span > 标签，但有一定含义，如 < nav > （网站导航块）和 < footer > 。这种标签将有利于搜索引擎的索引整理、小屏幕装置和视障人士使用。同时为其他浏览要素提供了新的功能，如 < audio > 和 < video > 标记。本章介绍移动开发常用的 HTML5 标签。

3.1　HTML5 文件基本标记

HTML5 引入了很多新的标记元素，对于旧的标记元素，资料很多，本书不能将所有旧标签元素都罗列出来。需要注意的是，HTML5 移除了很多行内设置样式的标记元素，如 big、center、font 和 basefont 等，以鼓励开发人员使用 CSS。

元素和标签的区别如下：

1）比如"< p >"就是一个标签。

2）"< p >这里是内容</p >"是一个元素，也就是说元素由一个开始的标签和约束的标签组成，用来包含某些内容。

3）但有一个值得注意的例外：即"< br/ >"本身既是开始标签也是结束标签，但不包含任何内容，所以这只是个标签。

3.1.1　头部元素

< head > 元素是所有头部元素的容器。< head > 内的元素可包含脚本、指示浏览器在何处可以找到样式表、提供元信息等。

以下标签都可以添加到 head 部分：< title > < base > < link > < meta > < script > 及 < style > 。

1.　< title > 标签

< title > 标签用于定义文档的标题。

< title > 标签在所有 HTML/XHTML 文档中都是必需的。

< title > 标签的功能如下。

1）定义浏览器工具栏中的标题。

2）提供页面被添加到收藏夹时显示的标题。

3）显示搜索引擎结果中的页面标题。

【例 3-1】 < title > 标签用法示例。

```
<!DOCTYPE html >
<html >
<head >
< meta charset = "UTF -8" / >   <!-- 这是设置页面的编码格式,没有设置时,若页面上有中文
会出现乱码。 -->
< title > HELLO HTML5! </title >   <!-- 只能有一个 -->
</head >
< body >
</body >
</html >
```

【例 3-1】 在浏览器中的显示效果如图 3-1 所示。

图 3-1   < title > 标签定义文档的标题

【程序说明】

1）在页面有中文时不加 < meta charset = "UTF -8" / >,会出现乱码。

2）注释 <!--   -->:不被程序执行的代码。用于让程序员标记代码,在后期进行修改,以及在他人学习时提供帮助。

2. < base > 标签

< base > 标签为页面上的所有链接规定默认地址或默认目标。

通常情况下,浏览器会从当前文档的 URL 中提取相应的元素来填写相对 URL 中的空白,而使用 < base > 标签可以改变这一点。浏览器将不再使用当前文档的 URL,而使用指定的基本 URL 来解析所有的相对 URL,包括 < a > < img > < link > 和 < form > 标签中的 URL。

< base > 标签必须位于 < head > 标签内部。

【例 3-2】 < base > 标签用法示例。

假设图像的绝对地址如下。

```
< img src = "http://www. w3school. com. cn/i/pic. gif" / >
```

现在在页面中的 head 部分插入 < base > 标签,规定页面中所有链接的基准 URL。

```
< head >
< base href = "http://www. w3school. com. cn/i/" / >
</head >
```

在【例 3-2】中的页面中插入图像时,必须规定相对地址,浏览器会寻找文件所使用的完整 URL。

```
< img src = "pic. gif" / >
```

3. < link > 标签

< link > 标签用于定义文档与外部资源之间的关系,最常用于链接样式表。

【例 3-3】 < link > 标签用法示例。

```
< head >
< link rel = "stylesheet" type = "text/css" href = "mystyle. css" / >
</head >
```

< link > 标签属性如表 3 – 1 所示。

表 3–1　　< link > 标签属性

属　　性	描　　述
charset	定义目标 URL 的字符编码方式。默认值是"ISO – 8859 – 1"
href	目标文档或资源的 URL
hreflang	定义目标 URL 的基准语言
media	规定文档将显示在什么设备上
rel	定义当前文档与目标文档之间的关系
type	规定目标 URL 的 MIME 类型

4. < style > 标签

< style > 标签用于为 HTML 文档定义样式信息。

【例 3–4】　< style > 标签用法示例。

在 < style > 元素内规定 HTML 元素在浏览器中呈现的样式。

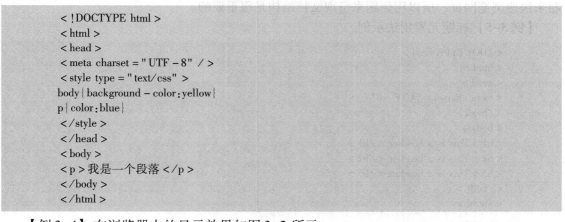

```
< !DOCTYPE html >
< html >
< head >
< meta charset = "UTF – 8" / >
< style type = "text/css" >
body{background – color:yellow}
p{color:blue}
</style >
</head >
< body >
< p >我是一个段落</p >
</body >
</html >
```

【例 3-4】在浏览器中的显示效果如图 3-2 所示。

【程序说明】

W3C 的 HTML 4.0 标准仅支持 16 种颜色名，分别为 aqua、black、blue、fuchsia、gray、green、lime、maroon、navy、olive、purple、red、silver、teal、white 和 yellow。

图 3-2　在 < style > 元素内控制文字和背景的样式

如果要使用其他颜色的话，需要使用十六进制的颜色值。

5. < meta > 标签

< meta > 标签提供关于 HTML 文档的元数据。元数据（metadata）是关于数据的信息。元数据不会显示在页面上，但对于机器是可读的。典型的情况是 meta 元素被用于规定页面的描述、关键词、文档的作者、最后修改时间及其他元数据。< meta > 标签始终位于 < head > 元素中。

元数据可用于浏览器（如何显示内容或重新加载页面）、搜索引擎（关键词）或其他 Web 服务。一些搜索引擎会利用 < meta > 元素的 name 和 content 属性来索引页面。

< meta > 元素定义页面的描述如下。

```
< meta name = "description" content = "Free Web tutorials on HTML,CSS,XML" / >
```

< meta > 元素定义页面的关键词如下。

```
< meta name = "keywords" content = "HTML,CSS,XML" / >
```

name 和 content 属性的作用是描述页面的内容。

6. < script > 标签

< script > 标签用于定义客户端脚本，如 JavaScript，将在稍后的章节中讲解 < script > 元素。

3.1.2 标题元素

标题（Heading）是通过 < h1 > ～ < h6 > 等标签进行定义的。< h1 > 定义最大的标题，逐级递减，< h6 > 定义最小的标题。

标题很重要，请确保 < h1 > ～ < h6 > 等标签只用于标题。不能仅仅为产生粗体或大号的文本而使用标题。搜索引擎使用标题为网页的结构和内容编制索引。因为用户可以通过标题来快速浏览网页，所以用标题来呈现文档结构是很重要的。

【例 3-5】标题元素用法示例。

```
< !DOCTYPE html >
< html >
< head >
< meta charset = "UTF - 8" / >
< /head >
< body >
< h1 > This is a heading < /h1 >
< h2 > This is a heading < /h2 >
< h3 > This is a heading < /h3 >
< /body >
< /html >
```

📖 浏览器会自动在标题的前后添加空行。默认情况下，HTML 会自动在块级元素前后添加一个额外的空行，如段落、标题元素前后。

【例 3-5】在浏览器中的显示效果如图 3-3 所示。

【程序说明】

一般来说，< h1 > 用来修饰网页的主标题，< h2 > 表示一个段落的标题，< h3 > 表示段落的小节标题，因为搜索引擎需要在一堆文本中明白它写的是什么，所以依照人们的阅读习惯，首先寻找文章的标题。然而，搜索引擎不像人们那样可以迅速确定标题是什么，

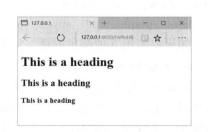

图 3-3　< h1 >～ < h3 > 定义的标题

这时就需要使用 < h > 标签来指导搜索引擎标题在那里，以便迅速掌握文本大意。标题标签
（< h1 > ～ < h6 > ）是使用关键词的重要地方，这个标签应该包括文本中最重要的关键词。
Google 算法就指出，这个 < h > 和 </h > 之间的题头文字，一定比其他地方的文章具备更重
要的意义，但是，过分地使用容易产生不利影响。

3.1.3　元信息标记

元信息标记提供网页的相关信息，如关键字、作者、描述和网页过渡时间等多种信息。
元数据由 < meta > 标签提供，见 3.1.1 节。

元信息标记分为 HTTP 标题信息（HTTP – EQUIV）和页面描述信息（NAME）两种。

1. HTTP 标题信息（HTTP – EQUIV）

HTTP – EQUIV 类似于 HTTP 的头部协议，它反馈给浏览器一些有用的信息，以帮助浏
览器正确、精确地显示网页内容。常用的 HTTP – EQUIV 类型有以下几种。

（1）Content – Type 和 Content – Language（显示字符集的设定）

说明：设定页面使用的字符集，用以说明主页制作所使用的文字及语言，浏览器会据此
调用相应的字符集来显示 page 内容。

举例如下。

```
< meta http – equiv = Content – Type content = text/html;charset = gb2312 >
< meta http – equiv = Content – Language content = zh – CN >
```

Content – Type 的 content 还可以是 text/xml 等文档类型。

Charset 的选项有 ISO – 8859 – 1（英文）、BIG5、UTF – 8、SHIFT – Jis、Euc、Koi8 – 2、
us – ascii, x – mac – roman, iso – 8859 – 2, x – mac – ce, iso – 2022 – jp, x – sjis, x – euc –
jp, euc – kr, iso – 2022 – kr, gb2312, gb_ 2312 – 80, x – euc – tw, x – cns11643 – 1, x –
cns11643 – 2 等字符集。Content – Language 的 content 还可以是 EN、FR 等语言代码。

📖 该 < meta > 标签定义了 HTML 页面所使用的字符集为 GB2132，就是国标汉字码。如果将其中的"char-
set = gb2312"替换成 BIG5，则该页面所用的字符集就是繁体中文 Big5 码。在浏览一些国外的站点时，
浏览器会提示用户要正确显示该页面需要下载 xx 语言支持。这个功能就是通过读取 HTML 页面 < meta >
标签的 Content – Type 属性而得知需要使用哪种字符集显示该页面的。如果系统里没有安装相应的字符
集，则提示下载。不同的语言也对应不同的 charset，比如日文的字符集是 iso – 2022 – jp，韩文的是
ks_c_5601。

（2）refresh（刷新）

说明：让网页多长时间（秒）刷新自己或在多长时间后让网页自动链接到其他
网页。

举例如下。

```
< meta http – equiv = refresh content = 30 >
< meta http – equiv = refresh content = 5;url = http://www. downme. com >
```

📖 其中的 5 是指停留 5 s 后自动刷新到 URL 网址。

（3）expires（期限）

说明：指定网页在缓存中的过期时间，一旦网页过期，必须到服务器上重新调阅。

举例如下。

```
< meta http - equiv = expires content = 0 >
< meta http - equiv = expires content = Wed,26 Feb 1997 08:21:57 GMT >
```

📖 必须使用 GMT 的时间格式或直接设为 0（数字表示多少时间后过期）。

（4）pragma（cach 模式）

说明：禁止浏览器从本地计算机的缓存中调阅页面内容。

举例如下。

```
< meta http - equiv = pragma content = no - cach >
```

📖 网页不保存在缓存中，每次访问都刷新页面。这样设定，访问者将无法脱机浏览。

（5）Set – Cookie（cookie 设定）

说明：浏览器访问某个页面时会将它存放在缓存中，下次再访问时就可从缓存中读取，以提高速度。若希望访问者每次都刷新广告图标，或每次都刷新计数器，就需要禁用缓存。通常对于 HTML 文件，没有必要禁用缓存；对于 ASP 等页面，就可以使用禁用缓存，因为每次看到的页面都是在服务器端动态生成的，缓存就失去意义。如果网页过期，那么存盘的 Cookie 将被删除。

举例如下。

```
< meta http - equiv = Set - Cookie content = cookie value = xxx;expires = Wednesday,
21 - Oct - 98 16:14:21 GMT;path = / >
```

📖 必须使用 GMT 的时间格式。

（6）Window – target（显示窗口的设定）

说明：强制页面在当前窗口以独立页面显示。

举例如下。

```
< meta http - equiv = Window - target content = _top >
```

📖 这个属性可以防止其他人在框架里调用自己的页面。content 选项包括_blank、_top、_self 和_parent。

（7）Pics – label（网页 RSAC 等级评定）

说明：在浏览器的 Internet 选项中有一项内容设置，可以防止用户浏览一些受限制的网站，而网站的限制级别就是通过该参数来设置的。

举例如下。

```
< meta http - equiv = Pics - label contect = ( PICS - 1. 1 'http://www. rsac. org/ratingsv01. html'
I gen comment 'RSACi North America Sever' by 'inet@ microsoft. com'
for 'http://www. microsoft. com' on '1997. 06. 30T14 :21 - 0500' r( n0 s0 v0 l0) ) >
```

📖 注意：不要将级别设置得太高。RSAC 的评估系统提供了一种用来评价 Web 站点内容的标准。用户可以设置 Microsoft Internet Explorer（IE 3.0 以上）来排除包含有色情和暴力内容的站点。上面这个例子中的 HTML 取自 Microsoft 的主页。代码中的（n0 s0 v0 l0）表示该站点不包含不健康内容。级别的评定是由 RSAC，即美国娱乐委员会的评级机构评定的，如果想进一步了解 RSAC 评估系统的等级内容或者需要评价自己的网站，可以访问 RSAC 的站点：http://www. rsac. org/。

（8）Page - Enter、Page - Exit（进入与退出）

说明：这个是页面被载入和调出时的一些特效。

举例如下。

```
< meta http - equiv = Page - Enter content = blendTrans( Duration = 0. 5) >
< meta http - equiv = Page - Exit content = blendTrans( Duration = 0. 5) >
```

blendTrans 是动态滤镜的一种，可以产生渐隐效果。另一种动态滤镜 revealTrans 也可以用于产生页面进入与退出效果。

```
< meta http - equiv = Page - Enter content = revealTrans( duration = x, transition = y) >
< meta http - equiv = Page - Exit content = revealTrans( duration = x, transition = y) >
```

duration：表示滤镜特效的持续时间（单位为秒）。

transition：滤镜类型，表示使用哪种特效，取值为 0 ~ 23（0：矩形缩小；1：矩形扩大；2：圆形缩小；3：从圆形扩大；4：从下到上刷新；5：从上到下刷新；6：从左到右刷新；7：从右到左刷新；8：竖百叶窗；9：横百叶窗；10：错位横百叶窗；11：错位竖百叶窗；12：点扩散；13：从左右到中间刷新；14：从中间到左右刷新；15：从中间到上下；16：从上下到中间；17：从右下到左上；18：从右上到左下；19：从左上到右下；20：从左下到右上；21：横条；22：竖条；23：以上 22 种随机选择一种。

（9）MSThemeCompatible（XP 主题）

说明：是否在 IE 中关闭 XP 的主题。

举例如下。

```
< meta http - equiv = MSThemeCompatible content = Yes >
```

📖 关闭 XP 的蓝色立体按钮，系统显示样式与 Windows 2000 很像。

（10）IE 6（页面生成器）

说明：页面生成器 Generator，是 IE 6。

举例如下。

```
< meta http - equiv = IE6 content = Generator >
```

（11）Content – Script – Type（脚本相关）

说明：这是 W3C 的规范，用于指明页面中脚本的类型。

举例如下。

```
< meta http – equiv = Content – Script – Type content = text/javascript >
```

2. 页面描述信息（NAME）

NAME 用于描述网页，对应 Content（网页内容），以便搜索引擎查找和分类（目前几乎所有的搜索引擎都使用网上机器人自动查找 < meta > 标签来给网页分类）。

NAME 的 value 值（name = ）用于指定所提供信息的类型。有些值是已经定义好的，例如，description（说明）、keyword（关键字）和 refresh（刷新）等。还可以指定其他任意值，例如，creationdate（创建日期）、document ID（文档编号）和 level（等级）等。

NAME 的 Content 指定实际内容。例如，如果指定 level（等级）为 value（值），则 Content 可能是 beginner（初级）、intermediate（中级）或 advanced（高级）。

（1）keyword（关键字）

说明：为搜索引擎提供的关键字列表。

用法：< meta name = keyword content = 关键词 1，关键词 2，关键词 3，关键词 4，……>

注意：各关键词间用英文逗号","隔开。< meta > 的作用是指定搜索引擎来提高搜索质量的关键词。当数个 < meta > 元素提供文档语言从属信息时，搜索引擎会使用 lang 特性来过滤并通过用户的语言优先参照来显示搜索结果。

举例如下。

```
< meta name = keyword lang = EN content = vacation,greece,sunshine >
< meta name = keyword lang = FR content = vacances,grè:ce,soleil >
```

（2）description（简介）

说明：description 用来告诉搜索引擎自己网站的主要内容。

用法：< meta name = description content = 网页的简述 >

（3）robots（机器人向导）

说明：robots 用来告诉搜索机器人哪些页面需要索引，哪些页面不需要索引。content 的参数有 all、none、index、noindex、follow 和 nofollow，默认是 all。

用法：< meta name = robots content = all|none|index|noindex|follow|nofollow >

注意：许多搜索引擎都通过放出 robot/spider 搜索来登录网站，这些 robot/spider 就要用到 < meta > 标签的一些特性来决定怎样登录。

- all：文件将被检索，且页面上的链接可以被查询。
- none：文件将不被检索，且页面上的链接不可以被查询（与 noindex 和 nofollow 起相同作用）。
- index：文件将被检索（让 robot/spider 登录）。
- follow：页面上的链接可以被查询。
- noindex：文件将不被检索，但页面上的链接可以被查询（不让 robot/spider 登录）。
- nofollow：文件将不被检索，但页面上的链接不可被查询（不让 robot/spider 顺着此页的链接往下探找）。

（4）author（作者）

说明：标注网页的作者或制作组。

用法：＜meta name = author content = 张三,abc@ 163. com ＞

注意：Content 可以是开发者名字或 E-mail。

（5）copyright（版权）

说明：标注版权。

用法：＜meta name = copyright content = 本页版权归网易学院所有。All Rights Reserved ＞

（6）generator（编辑器）

说明：编辑器的说明。

用法：＜meta name = generator content = PCDATA | FrontPage | ＞

注意：content = 所用编辑器。

（7）revisit – after（重访）

用法：＜meta name = revisit – after content = 7 days ＞

3.1.4 页面主体

页面的主体部分位于 ＜body＞和 ＜/body＞这两个元素之间，包含文档的所有内容（如文本、超链接、图像、表格和列表等）。 ＜body＞元素有很多自身属性，如定义页面文字的颜色、背景的颜色和背景图像等。 ＜body＞元素属性如表3-2所示。

表3-2 body 标记属性

属 性	描 述
text	设定页面的文字颜色
bgcolor	设定页面的背景颜色
background	设定页面的背景图像
bgproperties	设定页面的背景图像为固定，不随页面的滚动而滚动
link	设定页面默认的链接颜色
alink	设定鼠标正在单击时的链接颜色
vlink	设定访问过后的链接颜色
topmargin	设定页面的上边距
leftmargin	设定页面的左边距

1. 文字颜色属性 text

＜body＞元素的 text 属性可以改变整个页面默认文字的颜色。在没有对文字进行颜色设定义时，这个属性将对页面中的所有文字产生作用。

基本语法如下。

```
< body text = color_value >
```

2. 页面背景颜色 bgcolor

＜body＞元素的 bgcolor 属性用于设置页面的背景颜色。

【例3-6】页面背景属性示例。

```
<!DOCTYPE html>
<html>
<head>
<meta charset="UTF-8"/>
</head>
<body text="#003399" bgcolor="#FF0000">
中国沈阳
</body>
</html>
```

【例3-6】在浏览器中的显示效果如图3-4所示。

3. 图像属性 img

图像由 <img> 标签定义。

<img> 是空标签，意思是说，它只包含属性，并且没有闭合标签。

要在页面上显示图像，需要使用源属性（src），即 source。源属性的值是图像的 URL 地址。

定义图像的语法如下。

图3-4 bgcolor 属性设置
页面背景为红色

```
<img src="url"/>      // URL 指存储图像的位置
```

【例3-7】 <img>标签用法示例。

```
<!DOCTYPE html>
<html>
<head>
<meta charset="UTF-8"/>
</head>
<body>
<img src="img/HBuilder.png"/>
</body>
</html>
```

【例3-7】在浏览器中的显示效果如图3-5所示。

【程序说明】

观察【例3-7】的运行结果，可以发现图片和浏览器边缘有缝隙。这是因为浏览器会默认在边缘与页面内容之间留出距离，在 IE 11 中这一距离为 8 px。

4. 链接语法

链接的 HTML 代码很简单。举例如下。

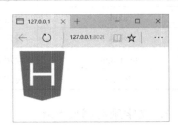

图3-5 在页面中插入指定图片

```
<a href="url">Link text</a>      // href 属性规定链接的目标
```

开始标签和结束标签之间的文字被作为超链接来显示。

在 HTML4.01 中，<a>标签可以是超链接或锚。在 HTML5 中，<a>标签始终是超链接，但是如果未设置 href 属性，则只是超链接的占位符。HTML5 提供了一些新属性，同时不再支持某些 HTML4.01 属性。

3.1.5　页面注释标记

注释标签用于在源文档中插入注释。注释会被浏览器忽略。可使用注释对代码进行解释，这样做有助于代码的编辑。也可以在注释内容中存储针对程序所定制的信息。在这种情况下，这些信息对用户是不可见的，但是对程序来说是可用的。一个好的习惯是把注释或样式元素放入注释文本中，这样就可避免不支持脚本或样式的旧版本浏览器把它们显示为纯文本。

除了在源文档中有非常明显的作用外，许多 Web 服务器也利用注释来实现文档服务端软件的特性。这些服务器可以扫描文档，从传统的 HTML/XHTML 注释中找到特定的字符序列，然后再根据嵌在注释中的命令采取相应的动作。这些动作可能是简单地包括其他文件中的文本（即所谓的服务器端包含：server – inside include），也可能是复杂地执行其他命令动态生成文档的内容。

【例 3-8】页面注释方法示例。

```
<!DOCTYPE html >
<html >
<head >
<meta charset = "UTF – 8" />
</head >
<body >
<! –– 我是注释 ––>
<p > 我是一个段落 </p >        //与 HTML4.01 的用法相同
</body >
</html >
```

【例 3-8】在浏览器中的显示效果如图 3-6 所示。

3.2　页面主体标签

3.2.1　文字格式

文字的格式包括对齐、字体、大小属性、颜色属性、设置段落、换行、居中、缩进和水平标记线等。

图 3-6　页面注释标记效果

1. 字体

<font >用于规定文本的字体、字体尺寸和字体颜色。

【例 3-9】字体样式用法示例。

```
<!DOCTYPE html >
<html >
<head >
<meta charset = "UTF – 8" />
</head >
<body >
```

```
< font size = "3" color = "red" > 这儿有些字! < /font >
< font size = "2" color = "blue" > 蓝色的字体 < /font >
< font face = "verdana" color = "green" > 字体样式为 verdana < /font >
< /body >
< /html >
```

【例 3-9】 在浏览器中的显示效果如图 3-7 所示。

【程序说明】

在 HTML4.01 中，不赞成使用该元素。

在 HTML5 中，不支持该元素，但是允许由所见即所
得的编辑器来插入该元素。

在 HTML5 中，仅支持 style 属性。

所以，应使用 CSS 向 < font > 标签添加样式。

图 3-7　文字格式示例

2. 段落

浏览器不接受在文件中自行加入换行、空一行等格
式，而是按照 HTML 标签的规定进行段落设置。

< br/ >：换行。

< p > < /p >：分段。

< pre > < /pre >：使用原始排列。

【例 3-10】 三种控制段落格式标签对比。

```
1  < !DOCTYPE html >
2  < html >
3  < head >
4  < meta charset = "UTF - 8" / >
5  < /head >
6  < body >
7  劝君更尽一标酒,< /bt >
8  西出阳关无故人。< /bt >
9  < p >
10     劝君更尽一标酒,
11     西出阳关无故人。
12  < /p >
13  < pre >
14     劝君更尽一标酒,
15     西出阳关无故人。
16  < /pre >
17  < pre > 劝君更尽一杯酒,西出阳关无故人, < /pre >
18  < /body >
19  < /html >
```

【例 3-10】 在浏览器中的显示效果如图 3-8 所示。

3. 水平标记

< hr/ >：水平标记线 。

< hr/ > 属性有以下几个：size 表示高度；width 表示宽度；color 表示颜色；noshade 表
示无阴影。

【例 3-11】 网页水平线实现示例。

```
< !DOCTYPE html >
< html >
< head >
< meta charset = "UTF - 8" / >
</head >
< body >
非淡泊无以明志,非宁静无以致远。
< hr size = "4" color = "#CCCCCC" noshade/ >
</body >
</html >
```

【例3-11】在浏览器中的显示效果如图3-9所示。

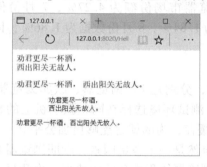

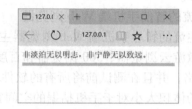

图3-8 < p >< pre >和< br/ >
这3种标签页面显示效果

图3-9 < hr/ >水平标记线效果

4. 空格符号

两个空格符号" "表示一个汉字的位置。

举例如下。

< p >缩进两个汉字的位置:</p >

< p >   两个空格符号表示一个汉字的位置。</p >

< p >缩进四个汉字的位置:</p >

< p >   两个空格符号</p >

3.2.2 跨越浏览器的 HTML5

1. 主流的 PC 端 Web 浏览器

目前主流的 PC 端 Web 浏览器(如图3-10所示)几乎都支持 HTML5。所有浏览器,包括旧的和最新的,对无法识别的元素都会作为内联元素自动处理。正因如此,可以"教会"浏览器处理"未知"的 HTML 元素,甚至 IE 6 浏览器都可以"教会"。

图3-10 主流 PC 端 Web 浏览器

来自 Net Market Share 的数据,截至2016年9月份,占据全球浏览器排行榜首位的仍然是 IE 浏览器,总市场份额为51.59%,较8月的52.17%稍下降。Chrome 浏览器位居第二位,市场份额为29.86%,2015年8月份同期数据则为29.49%,小幅增长。Firefox火狐浏览器以11.46%的市场份额位居第三位,而8月份的市场份额为11.68%,稍有下降。Safari 浏览器 9 月份占据了 5.08% 的市场份额，较 8 月的 4.97% 份额小幅增长。Opera 占据 1.34% 的市场份额，而 8 月份则为 1.27%。

具体到浏览器版本，IE 11 浏览器以 25.26% 的份额位居第一位（2016 年 8 月份数据为 26.9%），Chrome 45 以 15.25% 的市场份额位居第二。IE 8 以 11.71% 的份额排名第三（8 月份为 10.92%）。Firefox 40 从 9 月份开始，以 7.58% 的市场份额排行第四。

另一份来自 StatCounter 的统计数据则显示：Chrome 浏览器排名第一，市场份额为 56.51%，与 8 月份数据持平。Firefox 浏览器从 9 月份开始，以 17.34% 的市场份额跃居第二位，也算是史无前例。IE 浏览器市场份额为 17.11%，8 月份同期数据为 17.51%，虽然市场份额降幅不大，但排名却跌至第三名。Safari 浏览器市场份额为 4.27%，7 月份份额为 4.17%，小幅上升。排名第五位的 Opera 市场份额为 1.84%，8 月份数据为 1.86%，同样也是小幅下降。

2. 主流的智能手机端 Web 浏览器

目前主流的智能手机端 Web 浏览器主要有 6 款，分别是 UC 浏览器、欧朋浏览器、QQ 浏览器、傲游云浏览器、360 浏览器和百度浏览器。测试环境选择在同一款手机上的相同的 Wi-Fi 网络，并且在测试前将所有的软件都清除了缓存，为的就是能够更加公平。

软件的体积大小对于手机拮据的空间容量来说自然是一个考量因素，欧朋浏览器和傲游浏览器占用的手机空间最小仅为 10 MB 左右。欧朋浏览器体积小巧的优势再一次凸显，仅占用 10.16 MB 的手机空间。

从浏览器界面来看，UC 浏览器界面整体风格还是以简单为主，桌面上的书签采用了类似扁平化设计的图标。QQ 浏览器 5.0 版本的书签和快捷窗口的界面变得非常扁平化，没有了纹理和阴影等特效，界面显得异常整洁；而整洁的界面效果带给用户最直接的就是便捷，可以很快找到自己想要查找的书签。欧朋浏览器采用大图标设计，看起来比较直观，避免误触。傲游浏览器采用白色为主的颜色搭配，整体观感比较轻盈；默认界面采用的是类似 WP8 系统的卡片式设计，可自定义快速访问的内容。360 浏览器界面风格简洁直观，不乏大气，内容也不显单调。百度手机浏览器界面采用灰色背景，配合蓝色点缀，在显示方面更加的清新、时尚；内容布局非常有条理，图标的间距较大，用户看上去更加舒服，并且可以避免发生误触现象；首页采用三段式浏览设计，最左侧为网址导航，可以让用户快速找寻相关分类网站；中间界面为快速拨号，可指定网址；右侧为聚合订阅板块，为用户提供网络内容，并支持离线浏览。

从节省流量方面看，在移动互联网时代，有的网页加入了 Flash 和 HTML5，这些会产生更多的手机流量。通过测试，UC 浏览器在上网流量方面的表现十分强悍，在同等的网络环境下，无论是打开 WAP 网站还是 WEB 网站，都比其他 5 款浏览器所耗费的流量要小得多，可以说是完胜。这一切都归功于 UC 浏览器的 U3 内核所使用的云端架构，能将页面流量压缩超过 60%，在完美打开网页的情况下使用很少的流量。而 QQ 浏览器、百度浏览器和傲游浏览器的表现中规中矩，流量耗费略逊一筹；欧朋浏览器和 360 浏览器则流量耗费比较大，在省流量方面还有较大的提升空间。

作为一款浏览器，性能也是大家关注的焦点。对浏览器的打开速度和兼容性进行测试，QQ 浏览器和 360 浏览器在这个环节的表现最为出色。

3.3 列表

HTML 支持有序列表、无序列表和定义列表。

3.3.1 有序列表

有序列表是一列项目，列表项目使用数字进行标记。有序列表始于 < ol > 标签，每个列表项始于 < li > 标签。

列表项使用数字来标记，格式如下。

1. 第一个列表项
2. 第二个列表项
3. 第三个列表项

【例 3-12】有序列表示例。

```
< !DOCTYPE html >
< html >
    < head >
        < meta charset = "UTF - 8" / >
        < title > < /title >
    < /head >
    < body >
        < ol >
            < li >咖啡 < /li >
            < li >橙汁 < /li >
        < /ol >
    < /body >
< /html >
```

【例 3-12】在浏览器中的显示效果如图 3-11 所示。

3.3.2 无序列表

无序列表也是一个项目的列表，此列表项目使用粗体圆点（典型的小黑圆圈）进行标记。无序列表使用 < ul > 标签。

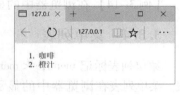

图 3-11 有序列表示例

- 列表项
- 列表项
- 列表项

【例 3-13】无序列表示例。

```
< !DOCTYPE html >
< html >
    < head >
        < meta charset = "UTF - 8" / >
        < title > < /title >
    < /head >
    < body >
        < ul >
```

```
            <li>咖啡</li>
            <li>橙汁</li>
        </ul>
    </body>
</html>
```

【例3-13】在浏览器中的显示效果如图3-12所示。

3.3.3 定义列表

自定义列表不仅仅是一列项目，而是项目及其注释的组合。自定义列表以 <dl> 标签开始。每个自定义列表项以 <dt> 开始。每个自定义列表项的定义以 <dd> 开始。

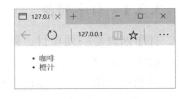

图3-12 无序列表示例

【例3-14】定义列表示例。

```
<!DOCTYPE html>
<html>
    <head>
        <meta charset = "UTF-8" />
        <title></title>
    </head>
    <body>
        <dl>
            <dt>咖啡</dt>
                <dd>- 黑色 热的 饮品</dd>
            <dt>橙汁</dt>
                <dd>- 橙色 凉的 饮品</dd>
        </dl>
    </body>
</html>
```

【例3-14】在浏览器中的显示效果如图3-13所示。

3.3.4 菜单列表

菜单列表标记 menu，<menu> 标签可以定义一个菜单列表。菜单列表在浏览器中的显示效果和无序列表是相同的。<menu> 标签是成对出现的，以 <menu> 开始，</menu> 结束。

基本语法如下。

<menu>

<li>列表项</li>

<li>列表项</li>

<li>列表项</li>

…

</menu>

图3-13 定义列表示例

📖 在该语法中，<menu> 和 </menu> 标志着菜单列表的开始和结束。

【例3-15】菜单列表示例。

```
<!DOCTYPE html >
< head >
< meta http - equiv = "Content - Type" content = "text/html;charset = UTF - 8" / >
< title >菜单列表标记 </title >
</head >
< body >
        <h2 >川菜 </h2 >
        < menu >
                < li >毛血旺 </li >
                < li >尖椒鸡 </li >
                < li >水煮鱼 </li >
                < li >夫妻肺片 </li >
                < li >辣子鸡丁 </li >
                < li >泡椒凤爪 </li >
        </menu >
</body >
</html >
```

【例3-15】在浏览器中的显示效果如图3-14
所示。

3.3.5 目录列表

HTML5 不支持 < dir > 标签,请用 CSS 代替。在
HTML4.01 中, < dir > 元素已被废弃。 < dir > 标签
被用来定义目录列表。

基本语法如下。

```
< dir >
        < li > </li >
        < li > </li >
        < li > </li >
</dir >
```

图 3-14　菜单列表示例

3.4　层标记

3.4.1　div 标签

< div > 标签用于定义文档中的分区或节 (division/section)。HTML 中的 < div > 标签是
块级元素,它是可用于组合其他 HTML 元素的容器。 < div > 元素没有特定的含义。除此之
外,由于它属于块级元素,浏览器会在其前后显示折行。如果与 CSS 一同使用, < div > 元
素可用于对大的内容块设置样式属性。

< div > 元素的另一个用途是文档布局,取代了使用表格定义布局的老式方法。使用
< table > 元素进行文档布局不是表格的正确用法。 < table > 元素的作用是显示表格化的数据。

标准属性如下所示。

class, contenteditable, contextmenu, dir, draggable, id, irrelevant, lang, ref, registrationmark, tabindex, template, title

事件属性如下所示。

onabort, onbeforeunload, onblur, onchange, onclick, oncontextmenu, ondblclick, ondrag, ondragend, ondragenter, ondragleave, ondragover, ondragstart, ondrop, onerror, onfocus, onkeydown, onkeypress, onkeyup, onload, onmessage, onmousedown, onmousemove, onmouseover, onmouseout, nmouseup, onmousewheel, onresize, onscroll, onselect, onsubmit, onunload

3.4.2 iframe 标签

< iframe > 标签用于创建包含另一个文档的行内框架。

举例如下。

< iframe src = "/index. html" > </iframe >

【例3-16】 < iframe > 标签用法示例。

以示例 3-16. html 命名的文件内容如下。

```
< !DOCTYPE html >
< html >
< head >
        < meta charset = "UTF - 8" >
        < title > </title >
</head >
< body >
< a href = "内联 html/page2. html" target = "iframe1" > Page2 </a> < br/ >
< a href = "内联 html/page3. html" target = "iframe1" > Page3 </a> < br/ >

< iframe name = "iframe1" width = 200 height = 150 src = "2. html" scrolling = "auto" frameborder = "0" > </iframe >

</body >
</html >
```

以 page2. html 命名的文件内容如下。

```
< !DOCTYPE html >
< html lang = "en" >
< head >
        < meta charset = "UTF - 8" >
        < title > Document </title >
</head >
< style type = "text/css" >
    div{
            width:100px;
            height:100px;
            background:red;
```

```
            }
        </style>
        <body>
            <div></div>
        </body>
    </html>
```

以 page3. html 命名的文档内容如下。

```
    <!DOCTYPE html>
    <html lang="en">
    <head>
            <meta charset="UTF-8">
            <title>Document</title>
    </head>
    <style type="text/css">
            div{
                    width:100px;
                    height:100px;
                    background:yellow;
            }
    </style>
    <body>
            <div></div>
    </body>
    </html>
```

【例 3-16】 在浏览器中的显示效果如图 3-15 所示。

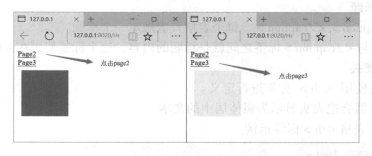

图 3-15　用 iframe 实现简单的 <tab> 键切换效果

3.4.3　layer 和 ilayer 标签

对于不支持 <iframe> 标签的浏览器，又想仿真 <iframe> 标签的功能，这里推荐使用 <layer><ilayer>；<layer><ilayer> 可以在一个页面上精确地定位一个层，可以出现在文档流程的任何地方。<layer> 标签属性如表 3-3 所示。

语法格式如下。

```
    <layer>…</layer>
    <ilayer>…</ilayer>
```

表 3-3　< layer > 标签属性

属　　性	说　　明
above	在文档中所有层的 z - order 中较高的 Layer 对象（如果层是最顶的，为 null）
background	用作层的背景图的 URL
below	在文档中所有层的 z - order 中较低的 Layer 对象（如果层是最低的，为 null）
bgcolor	层的背景色
clip	定义剪切长方形。这个长方形是层的常见区域，区域之外的任何内容都被人为地从视野中剪掉
height	以像素为单位的层的高度
left	以像素为单位的层相对于它的父层区域的 X 轴的位置
name	层的名称
src	层的内容来源的 URL
top	以像素为单位的层相对于它的父层区域的 Y 轴的位置
visibility	层的可见属性。show：显示层，hide：隐藏层，inherit：继承它的父层的可见性
width	以像素为单位的层的宽度
z - index	层相对于它的兄弟元素和父元素的相对 z - order（z - order 是一种计算机用语，用于设置顺序）

3.5　表格

　　HTML 表格由 < table > 标签来定义。每个表格均有若干行（由 < tr > 标签定义），每行被分割为若干单元格（由 < td > 标签定义）。字母 td 指表格数据（Table Data），即数据单元格的内容。数据单元格可以包含文本、图片、列表、段落、表单、水平线和表格等。

3.5.1　标题和表头

1. 表格的标题

语法：< caption > </caption >，每个表格只能规定一个标题。

　< caption > 与 </caption > 标签之间就是标题的内容，这个标签使用在 < table > 标签中。

2. 表格的表头

表格的表头使用 < th > 标签进行定义。

大多数浏览器会把表头显示为粗体居中的文本。

【例 3-17】 表格 < th > 标签示例。

```
< !DOCTYPE html >
< html lang = " en" >
< head >
        < meta charset = " UTF - 8 " >
        < title > Document </title >
</head >
< body >
< table border = "1" >
        < tr >
                < th > Heading </th >
                < th > Another Heading </th >
        </tr >
        < tr >
                < td > row 1 , cell 1 </td >
```

```
            < td > row 1 , cell 2 </ td >
        </ tr >
        < tr >
            < td > row 2 , cell 1 </ td >
            < td > row 2 , cell 2 </ td >
        </ tr >
    </ table >
    </ body >
    </ html >
```

【例 3-17】在浏览器中的显示效果如图 3-16 所示。

3.5.2 表格的基本属性

1. 表格中的空单元格

在一些浏览器中，没有内容的表格单元显示得不太好。如果某个单元格是空的（没有内容），浏览器可能无法显示出这个单元格的边框。为了避免这种情况，在空单元格中添加一个空格占位符，就可以将边框显示出来了。

【例 3-18】表格的空单元格示例。

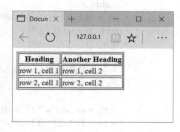

图 3-16　三行两列表格示例

```
< !DOCTYPE html >
< html lang = " en " >
< head >
        < meta charset = " UTF - 8" >
        < title > Document </ title >
</ head >
< body >
< table border = "1" >
< tr >
< td > row 1 , cell 1 </ td >
< td > row 1 , cell 2 </ td >
</ tr >
< tr > < td >   ; </ td >
< td > row 2 , cell 2 </ td >
</ tr >
</ table >
</ body >
</ html >
```

【例 3-18】在浏览器中的显示效果如图 3-17 所示。

2. 单元格跨行、跨列

语法格式如下。

跨行：colspan = " value " ；跨列：rowspan = " value " 。

【例 3-19】单元格跨行，跨列示例。

```
< !DOCTYPE html >
< html lang = " en " >
< head >
        < meta charset = " UTF -8 " >
        < title > Document </ title >
</ head >
< body >
```

```
<h4>横跨两列的单元格：</h4>
<table border = "1">
<tr>
    <th>姓名</th>
    <th colspan = "2">电话</th>
</tr>
<tr>
    <td>Bill Gates</td>
    <td>111 22 333</td>
    <td>111 22 334</td>
</tr>
</table>
<h4>横跨两行的单元格：</h4>
<table border = "1">
<tr>
    <th>姓名</th>
    <td>Bill Gates</td>
</tr>
<tr>
    <th rowspan = "2">电话</th>
    <td>111 22 333</td>
</tr>
<tr>
    <td>111 22 334</td>
</tr>
</table>
</body>
</html>
```

【例3-19】 在浏览器中的显示效果如图3-18所示。

图3-17 表格中的空单元格

图3-18 表格的跨行和跨列

3. 单元格边距

使用 Cell padding 来创建单元格内容与其边框之间的空白。

用法：cellpadding = "value"

4. 单元格间距

用法：cellspacing = "value"

3.5.3 表格样式的设定

1. 边框属性

如果不定义边框属性，表格将不显示边框。有时不显示边框很有用，但是大多数时候还是希望显示边框。

74

【例 3-20】边框属性用法示例。

使用边框属性来显示一个带有边框的表格，代码如下。

```
<!DOCTYPE html>
<html lang = "en">
<head>
        <meta charset = "UTF-8">
        <title>Document</title>
</head>
<body>
<table border = "1">
<tr>
<td>Row 1, cell 1</td>
<td>Row 1, cell 2</td>
</tr>
</table>
</body>
</html>
```

【例 3-20】在浏览器中的显示效果如图 4-19 所示。

2. 表格背景颜色或背景图像

添加背景颜色，示例如下：

```
<table border = "1"  bgcolor = "red">
```

添加背景图像，示例如下：

```
<table border = "1"  background = "/i/eg_bg_07.gif">
```

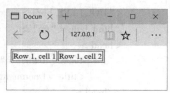

图 3-19　将表格的边框线设为 1 px

3.6　多媒体

在 HTML5 问世之前，要在网络上展示视频、音频和动画，除了使用第三方自主开发的播放器外，使用最多的工具就是 Flash 了，但都需要在浏览器上安装各种插件才能使用，而且有时速度很慢。HTML5 的出现使这一局面得到改善。在 HTML5 中，提供了视频和音频的标准接口，通过 HTML5 中的相关技术，视频、动画和音频等多媒体播放再也不需要安装插件了，只需一个支持 HTML5 的浏览器即可。

本节就来介绍一下 HTML5 中新增的两个元素——<audio>元素与<video>元素。

3.6.1　audio 标签

不论是音频文件还是视频文件，实际上都只是一个容器文件，这点类似于压缩了一组文件的 ZIP 文件。视频文件（视频容器）包含了音频轨道、视频轨道和其他一些元数据。播放视频时，音频轨道和视频轨道是绑定在一起的。元数据部分包含了该视频的封面、标题、子标题和字幕等相关信息。

主流视频容器支持以下视频格式。

- Audio Video Interleave(.avi)。
- Flash Video(.flv)。

- MPEG 4（.mp4）。
- Matroska（.mkv）。
- Ogg（.ogv）。

HTML5 规定了在网页上嵌入音频元素的标准，即使用 <audio> 元素。Internet Explorer 9 +、Firefox、Opera、Chrome 和 Safari 都支持 <audio> 元素。

📖 Internet Explorer 8 及更早 IE 版本不支持 <audio> 元素。

语法格式如下。

```
<audio src = "song. ogg" controls = "controls">
</audio>
```

controls 属性用于添加播放、暂停和音量控件。<audio> 与 </audio> 之间插入的内容是供不支持 <audio> 元素的浏览器显示的。

【例 3-21】 <audio> 标签用法示例。

```
<!DOCTYPE html>
<html lang = "en">
<head>
        <meta charset = "UTF - 8">
        <title>Document</title>
</head>
<body>
<audio controls = "controls">
<source src = "audio/我的大学. mp3" type = "audio/mpeg">
你的浏览器不支持 audio 元素
</audio>
<body>
</html>
```

【例 3-21】 在浏览器中的显示效果如图 3-20 所示。

【程序说明】

Ogg 文件适用于 Firefox、Opera 及 Chrome 浏览器。

要确保适用于 Safari 浏览器，音频文件必须是 MP3 或 WAV 格式。

图 3-20 音频在页面上的默认显示效果

<audio> 元素允许多个 <source> 元素。<source> 元素可以链接不同的音频文件。浏览器将使用第一个可识别的格式。

<audio> 标签的属性如下。

- autoplay：音频在就绪后马上播放。
- controls：向用户显示控件，如播放按钮：<audio controls = "controls" />。
- loop：每当音频结束时重新开始播放。
- preload：音频在页面加载时进行加载，并预备播放。如果使用 autoplay，则忽略该属性。

- src：要播放的音频的 URL。

3.6.2　video 标签

HTML5 的 < video > 标签使用 DOM 进行控制。HTML5 的 < video > 元素同样拥有方法、属性和事件，方法用于播放、暂停及加载等；属性（如时长、音量等）可以被读取或设置；DOM 事件能够通知用户，如 < video > 元素开始播放、已暂停或已停止等。

表 3-4 用简单的方法展示了如何使用 < video > 元素读取并设置属性，以及如何调用方法。当前，< video > 元素支持 3 种视频格式：MP4、WebM 和 Ogg。

表 3-4　用 < video > 元素读取并设置属性及调用方法

浏 览 器	MP4	WebM	Ogg
Internet Explorer	YES	NO	NO
Chrome	YES	YES	YES
Firefox	YES	YES	YES
Safari	YES	NO	NO
Opera	YES（从 Opera 25 起）	YES	YES

MP4：带有 H.264 视频编码和 AAC 音频编码的 MPEG 4 文件。

WebM：带有 VP8 视频编码和 Vorbis 音频编码的 WebM 文件。

Ogg：带有 Theora 视频编码和 Vorbis 音频编码的 Ogg 文件。

大多数浏览器支持的视频方法、属性和事件如表 3-5 所示（方法、属性、事件之间无一一对应关系）。

表 3-5　浏览器支持的视频方法、属性和事件

方　法	属　性	事　件
play()	currentSrc	play
pause()	currentTime	pause
load()	videoWidth	progress
canPlayType	videoHeight	error
	duration	timeupdate
	ended	ended
	error	abort
	paused	empty
	muted	emptied
	seeking	waiting
	volume	loadedmetadata
	height	
	width	

在所有属性中，只有 videoWidth 和 videoHeight 属性是立即可用的。视频的元数据被加载后，其他属性才可用。

【例 3-22】 < video > 标签用法示例。

```
< !DOCTYPE html >
< html lang = "en" >
< head >
        < meta charset = "UTF - 8"/ >
        < title > Document </title >
</head >
< body >

< div style = "text - align:center;" >
    < button onclick = "playPause( )" >播放/暂停 </button >
    < button onclick = "makeBig( )" >大 </button >
    < button onclick = "makeNormal( )" >中 </button >
    < button onclick = "makeSmall( )" >小 </button >
    < br / >
    < video id = "video1" width = "420" style = "margin - top:15px;" controls = "controls"/ >
        < source src = "video/倒计时视频.mp4" type = "video/mp4" / >
        你的浏览器不支持 HTML5 video 元素。
    </video >
</div >

< script type = "text/javascript" >
var myVideo = document. getElementById( "video1" ) ;

function playPause( )
{
if( myVideo. paused)
    myVideo. play( ) ;
else
    myVideo. pause( ) ;
}

function makeBig( )
{
myVideo. width = 560 ;
}

function makeSmall( )
{
myVideo. width = 320 ;
}

function makeNormal( )
{
myVideo. width = 420 ;
```

```
        }
    </script>

</body>
</html>
```

【例 3-22】在浏览器中的显示效果如图 3-21 所示。

图 3-21　视频未能正常显示

【程序说明】

值得特别注意的是，上面的运行结果出现播放错误，但是文件路径并没有错误，那为什么浏览器没有播放指定路径的视频呢？而是显示"无效源"或"错误：视频类型不受支持或文件路径无效"呢？其原因不是路径错误，而是因为本例代码是在 Internet Explorer 11（简称 IE 11）内运行，而该浏览器对 MP4 的编码方式的要求非常严格，视频编码必须是 H.264，音频编码必须是 AAC。【例 3-22】所用的视频属性如图 3-22 所示。

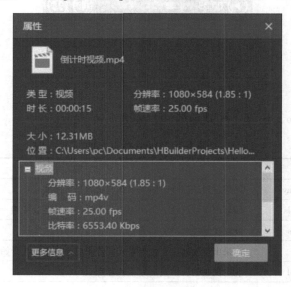

图 3-22　用暴风影音查看视频属性

可以看出，此视频格式不符合 IE 11 的要求。另外，Firefox 同样也播放不了，而 Microsoft Edge 就可播放此视频。所以，感兴趣的同学可以在谷歌等其他浏览器中运行一遍，测试其他浏览器对 < video > 元素和 < audio > 元素的要求。

```
< video id = "video1" width = "450" style = "margin - top:15px;" controls = "controls" / >
```

此行代码涉及 controls 属性，controls 属性用于规定浏览器应该为视频提供播放控件。如果设置了该属性，则规定不存在作者设置的脚本控件。

浏览器控件应该包括以下几个。

- 播放。
- 暂停。
- 定位。
- 音量。
- 全屏切换。
- 字幕（如果可用）。
- 音轨（如果可用）。

如果没有 controls 属性，视频显示为如图 3-23 所示的状态。

图 3-23　video 在 Microsoft Edge 上的显示效果

除此之外，< video > 还有一些其他属性，如表 3-6 所示。

表 3-6　video 标签属性

属　　性	值	描　　述
autoplay	autoplay	如果出现该属性，则视频在就绪后马上播放
controls	controls	如果出现该属性，则向用户显示控件，如播放按钮
height	pixels	设置视频播放器的高度
loop	loop	如果出现该属性，则当媒介文件完成播放后再次开始播放
muted	muted	规定视频的音频输出应该被静音
poster	URL	规定视频下载时显示的图像，或者在用户单击播放按钮前显示的图像

属　　性	值	描　　述
preload	preload	如果出现该属性，则视频在页面加载时进行加载，并预备播放 如果使用 " autoplay "，则忽略该属性
src	url	要播放的视频的 URL
width	pixels	设置视频播放器的宽度

3.7　图像效果

3.7.1　图像的基本格式

图像的基本格式有以下几种。

1）BMP（Bitmap）：Microsoft 公司图形文件自身的点位图格式，支持 $1 \sim 24$ bit 色彩，在保存为这种格式时会弹出对话框询问用于 Windows 或是 OS/2 系统。BMP 格式保存的图像质量不变，文件也比较大，因为要保存每个像素的信息。

2）JPEG：是一种较常用的有损压缩方案，常用来压缩存储批量图片（压缩比高达 20 倍），在相应程序中以".jpg"格式存储时，会进一步询问使用哪档图像品质来压缩，而在图形程序中打开时会自动解压。JPEG 的全称为 Joint Photographic Experts Group。尽管它是一种主流格式，但在需要输出高质量图像时不使用 JPEG 而应选 EPS 格式或 TIF 格式，特别是在以 JPG 格式进行图形编辑时，不要经常进行保存操作。

3）GIF（Graphics Interchange Format）：是一种图像交换格式，可提供压缩功能，但只支持 256 色，很少用于照片级图像处理工作。在 PhotoShop 中把对颜色数要求不高的图片变为索引色，再以 GIF 格式保存，使文件缩小后在网上的传输速度更快。

4）GIF89a：1989 年的标准，以区别于 87a。可以实现网上特殊效果图形的传送，在 PhotoShop 中通过选择"文件""导出"命令，指定某种颜色成为透明色或是制作出由模糊逐渐清晰的渐显效果。

5）PNG：由网景公司开发的为支持新一代 WWW 标准而制定的较为新型的图形格式，综合了 JPG 和 GIF 格式的优点，支持 24bit 色彩（$256 \times 256 \times 256$），压缩不失真，并支持透明背景和渐显图像的制作，所以称它为传统 GIF 的替代格式。在 Web 页面中，浏览器支持的格式有 JPG 、GIF 和 PNG。

6）TIF：一种跨平台的位图格式，全称为 Tag Image File Format，意为标签图像文件格式，同时支持 PC 与苹果机，采用的 LZW 压缩算法是一种无损失的压缩方案，常用来存储大幅图片。此种格式也可以不压缩，它支持 24 个通道，并可与 3ds Max 交换文件。

7）PCX：也是一种跨平台格式，是 Windows 与 DOS 进行图形文件交换的桥梁，在 DOS 下为 256 色，在 PhotoShop 中有 16M 色彩的 PCX。在 Windows 普及后这种古老的格式已不受欢迎。

8）TGA：支持 32 位软件和 8 位 α 通道电视，是 Windows 与 3ds Max 进行图形交换的格式。在实用中可以将动画通过视频软件转入电视。

9）WMF（Metafile）：一种矢量图形格式，Word 中内部存储的图片或绘制的图形对象都属于这种格式。无论放大还是缩小，图形的清晰度都不变，WMF 是一种清晰、简洁的文件格式。

10）EPS：Adobe 公司矢量绘图软件 Illustrator 本身的向量图格式，EPS 格式常用于在位图与矢量图之间交换文件。在 PhotoShop 中打开 EPS 格式的文件时，是通过选择"文件"→"导入"命令来进行点阵化转换的。

3.7.2 图像属性

图像的基本属性有像素、分辨率、大小、颜色、位深、色调、饱和度、亮度、色彩通道和图像的层次等。

1. 图像的像素数目（Pixel dimensions）

图像的像素数目是指在位图图像的宽度和高度方向上含有的像素数目。一幅图像在显示器上的显示效果由像素数目和显示器的设定共同决定。

2. 图像的分辨率（Image resolution）

图像的分辨率是指单位打印长度上的图像像素的数目，表示图像数字信息的数量或密度，决定了图像的清晰程度。在同样大小的面积上，图像的分辨率越高，则组成图像的像素点越多，像素点越小，图像的清晰度越高。例如，一幅分辨率为 72 dpi 的 1×1 英寸的图像，包含的像素数目为 5184，而一幅分辨率为 300 dpi 的同样大小的图像，包含的像素数目则为 90000。由于高分辨率的图像在单位面积上含有更多的像素，所以在打印时能够比低分辨率的图像更好地表现图像的细节和微妙的颜色变化。对于那些在扫描时采用低分辨率得到的图像，不能通过提高分辨率的方法来提高图像的质量，因为这种方法仅仅是将一个像素的信息扩展成了几个像素的信息，并没有从根本上增加像素的数量。另外，在 ImageReady 中，图像的分辨率是不能更改的，这是因为 ImageReady 是专门用来处理在线媒体的图像的，而不像 Photoshop 那样是用来处理打印的图像的。设定图像的分辨率时，应该考虑所制作的图像的最终发布媒体，如果制作的图像是用于在线媒体，只需要使图像的分辨率和典型的显示器的分辨率（72 dpi 或 96 dpi）相匹配即可；如果制作的是打印图像，采用过低的分辨率会使打印出来的图像显得粗糙，而采用过高的分辨率则会使图像的像素比打印装置所能够提供的像素小，导致文件增大和打印时间延长。而且，对于分辨率过高的图像，打印设备未必能够正常工作。

3. 图像的大小（File Size）

图像文件的大小首先决定了图像文件所需的磁盘存储空间，一般以字节（Byte）来度量，计算公式为：字节数 =（位图高 × 位图宽 × 图像深度）/8。从计算公式可以看出来，图像文件的大小与像素数目直接相关。虽然含有较多像素的图像在打印时能够更好地表现图像的细节，但是它们需要更大的存储空间，并且编辑和打印的时间相对要长一些。例如，一幅分辨率为 200 dpi 的 1×1 英寸的图像，它包含的像素数目是分辨率为 100 dpi 的 1×1 英寸的图像的 4 倍，其大小也是后者的 4 倍。所以，设定图像的分辨率时应综合考虑图像的质量和大小，找到它们的最佳结合点。Photoshop 所能支持的最大图像文件是 2 GB，最大的像素数目是 30000×30000 像素，这就对打印大小和图像的分辨率产生了一定的限制。例如，一幅 100×100 英寸的图像，它能够得到的最大分辨率是 300 dpi（300 像素/100 英寸）。

4. 图像颜色（Image Color）

图像颜色是指一幅图像中所具有的最多的颜色种类，通过图像处理软件，可以很容易地改变三原色的比例，混合成任意一种颜色。

5. 图像深度（Image Depth）

图像深度也称图像的位深，是指描述图像中每个像素的数据所占的位数。图像的每一个像素对应的数据通常可以是1位（bit）或多位字节，用于存放该像素的颜色、亮度等信息，数据位数越多，对应的图像颜色种类越多。

6. 色调（Tone）

色调就是各种图像色彩模式下图像的原色（例如，RGB模式的图像的原色为R、G、B共3种）的明暗度，色调的调整也就是对明暗度的调整。色调的范围为0～255，共包括256种色调。例如，灰度模式就是将白色到黑色间连续划分为256个色调，即由白到灰、再由灰到黑。同样的道理，在RGB模式中则代表了各原色的明暗度，即红、绿、蓝3种原色的明暗度，在红色中加入深色就成为了深红色。

7. 饱和度（Saturation）

饱和度是指图像颜色的深度，它表明了色彩的纯度，决定于物体反射或投射的特性。饱和度用与色调成一定比例的灰度数量来表示，取值范围通常为0%（饱和度最低）～100%（饱和度最高）。调整图像的饱和度也就是调整图像的色度，当将一幅图像的饱和度降低到0%时，就会变成为一个灰色的图像，增加饱和度应附增加其色调。例如，调整彩色电视机的饱和度，用户可以选择观看黑白或彩色的电视节目。对白、黑、灰度色彩的图像而言，它们是没有饱和度的。

8. 色相（Hue）

色相就是色彩颜色，对色相的调整也就是在多种颜色之间的变化。例如，光由红、橙、黄、绿、青、蓝、紫7色组成，每一种颜色即代表一种色相。

9. 亮度（Brightness）

亮度是指图像色彩的明暗程度，是人眼对物体明暗强度的感觉，取值范围为0%～100%。

10. 对比度（Contrast）

对比度是指图像中不同颜色或明暗度的对比。对比度越大，两种颜色之间的差别也就越大，反之，就越相近。例如，当将一幅灰度图像增加对比度后，黑白对比会更加鲜明；当对比度增加到极限时，则会变成一幅黑白两色的图像。反之，将图像的对比度降低到极限时，灰度图像也就看不出图像的效果，而只是一幅灰色的底图。

11. 图像的色彩通道

图像三原色按不同的比例进行混合可以产生多种颜色，保存每一种原色信息及对其可进行调整处理所提供的方式或途径就是相应颜色的色彩通道。根据应用种类的不同，原色的种类也不同，如在印刷中以4个印版来印刷，每个印版分别印刷青色（Cyan）、品红（Magenta）、黄色（Yellow）和黑色（Black），一个通道就相当于印刷中的一个印版，每个通道保存一种颜色的数据。CMYK图像有青色、品红、黄色、黑色4种颜色的通道和一个CMYK通道。

12. 图像的层次

在计算机设计系统中，为了更便捷、有效地处理图像素材，通常将它们置于不同的层中，而图像可看作是由若干层图像叠加而成的。利用图像处理软件，可对每层进行单独处理，而不影响其他层的图像内容。在新建一个图像文件时，系统会自动为其建立一个背景图层，该图层相当于一块画布，可在上面做贴图、绘画及其他图像处理工作。若一个图像有多个图层，则每个图层均具有相同的像素、通道数及格式。

3.7.3 图像文字和链接

1. <img>标签

<img>标签用法见 3.1.4 节。

要在页面上显示图像，需要使用源属性（src）。src 指 source，源属性的值是图像的 URL 地址。

语法格式如下。

```
<img src = "url" />
```

URL 是指存储图像的位置。如果名为"boat. gif"的图像位于 www. synu. edu. cn 的 images 目录中，那么其 URL 为 http://www. synu. edu. cn/images/boat. gif。

2. 替换文本属性

alt 属性用来为图像定义一串预备的、可替换的文本。替换文本属性的值是用户定义的。

```
<img src = "boat. gif"  alt = "Big Boat">
```

在浏览器无法载入图像时，替换文本属性告诉读者将要失去的信息。此时，浏览器将显示这个替代性的文本而不是图像。为页面上的图像都加上替换文本属性是一个好习惯，这样有助于更好地显示信息，并且对于那些使用纯文本浏览器的人来说非常有用。

3.8 文件与拖放

3.8.1 file 对象选择文件

之前操作本地文件都是使用 Flash、Silverlight 或者第三方的 ActiveX 插件等技术，由于使用了这些技术后很难在跨平台或者跨浏览器、跨设备的情况下实现统一的表现，从另外一个角度来说就是让 Web 应用依赖了第三方的插件，不够独立和通用。在 HTML5 标准中，默认提供了操作文件的 API 让这一切直接标准化。有了操作文件的 API，Web 应用就可以很轻松地通过 JS 来控制文件的读取、写入、创建文件夹和文件等一系列的操作，让 Web 应用不再那么蹩脚。但是在最新的标准中大部分浏览器都已经实现了文件读取 API 和文件的写入。相信随着浏览器的升级这些功能肯定会实现得非常好。接下来主要介绍文件读取的几个 API。

1. 通过 Input 获得 File 对象的方法

```
<input type = "file" id = "input"> <!-- 如果你愿意,可以在这个标签里写上 Multiple 表示支持多文件形式 -->
```

接下来为 input 元素添加 change 事件监听。

```
var inputElement = document. getElementById("input");
inputElement. addEventListener("change",handleFiles,false);
function handleFiles() {
```

```
            var fileList = this. files;
            for( var i = 0;i < fileList. length;i + + ) {
                console. log( fileList[ i] ) ;
            }
        }
```

执行上面的代码，将会在控制台输出 File 对象，多文件形式则输出多个 File 对象。正如代码所呈现的那样，通过监听 input 元素，change 事件被触发时，在监听函数的 this 中，多出来一个 files 属性。

2. 通过拖拽操作获得 File 对象的方法

```
< div id = "dropbox" > Drop Here </div >
var dropbox = document. getElementById( "dropbox" ) ;
dropbox. addEventListener( "dragenter" ,dragenter,false) ;
dropbox. addEventListener( "dragover" ,dragover,false) ;
dropbox. addEventListener( "drop" ,drop,false) ;
function dragenter( e) {
    e. stopPropagation( ) ;
    e. preventDefault( ) ;}
function dragover( e) {
    e. stopPropagation( ) ;
    e. preventDefault( ) ;}
function drop( e) {
    e. stopPropagation( ) ;
    e. preventDefault( ) ;}
    var dt = e. dataTransfer;
    var files = dt. files;
```

显而易见，通过事件对象的 dataTransfer 可以得到文件，但同样需要对它进行遍历，因为现在它还是一个 fileList 。这就是 JavaScript 的被动获取，只能通过监听事件，当用户有相应操作时，才能得到文件，这样才能确保用户的安全。

现在已经得到了 File 对象，接下来要考虑如何获得文件的内容。在 W3C 草案中，File 对象只包含文件名、文件类型等只读属性。但 Firefox 已经为其添加了几个实用的方法，举例如下。

```
var fileBinary = file. getAsBinary( ) ;//读取文件的二进制源码
```

但这并非 W3C 的标准做法，根据其草案，有一个名为 FileReader 的类（实为对象）专门用以读取文件内容，并且可以监控读取状态。

```
reader = new FileReader( ) ;
```

FileReader 提供的方法包括 readAsBinaryString、readAsDataURL、readAsText 和 abort 等。下面的代码就是一个使用 FileReader 将用户选择的图片不通过后台即时显示出来的例子。

```
for( var i = 0;i < files. length;i + + ) {
    var file = files[ i] ;
    var imageType = /image. * /;
    if( !file. type. match( imageType) ) {
```

```
            continue;
        }
        var img = document. createElement("img");
        img. classList. add("obj");
        img. file = file;
        preview. appendChild(img);
        var reader = new FileReader();
        reader. onload = (function(aImg) {
            return function(e) {
                aImg. src = e. target. result;
            };
        })(img);
        reader. readAsDataURL(file);
    }
```

现在已经可以获得文件对象，读取文件的内容，最后要考虑的问题是如何与后端进行交互，即如何将读取到的文件内容向后端发送。原理上可通过 FileReader 的 readAsBinaryString 方法读取到文件的二进制码，然后通过 XMLHttpRequest 的 sendAsBinary 方法将其发送出去。

```
var xhr = new XMLHttpRequest();
xhr. open("POST","url");
xhr. overrideMimeType('text/plain;charset = x – user – defined – binary');
// text/plain 为对应的文件类型,这可以通过 file 对象的 type 属性获取
xhr. sendAsBinary(binaryString);
```

但按以上方法发出去的是二进制流，没有表单域，也没有 name。以 PHP 为例，下面的示例代码演示了后端如何接收数据，当然在实际开发中，还需要做更多工作。

```
//方法 1
$content =$GLOBALS['HTTP_RAW_POST_DATA'];file_put_contents('name. type',$content);
//方法 2
$content = file_get_contents("php://input");file_put_contents('name. type',$content);
```

3.8.2　图像属性 blob 接口获取文件的类型与大小

blob 表示二进制数据块，blob 接口中提供了一个 slice 方法，通过该方法可以访问指定长度与类型的字节内部数据块。该接口提供了两个属性：一个是 size，表示返回数据块的大小；另一个是 type，表示返回数据的 MIME 类型，如果不能确定数据块的类型，则返回一个空字符串。

举例如下。

```
< form >
    < fieldset >
        < legend > 获取文件类型,大小 < /legend >
        < input type = "file" name = "showFiles"    onchange = "showFile( this. files)"
        multiple = "multiple"/ > < ! -- multiple 的值 true,不支持 -->
        < span id = "showSpan" > < /span >
    < /fieldset >
< /form >
```

```
< script >
function showFile( f) {
        var strLi = " < li > ";
        strLi = strLi + " < span > 文件名称 </span > ";
        strLi = strLi + " < span > 文件类型 </span > ";
        strLi = strLi + " < span > 文件大小 </span > ";
        strLi = strLi + " </li > ";
        for( i = 0;i < f. length;i ++ ) {
                var tempFile = f[ i ] ;
                strLi = strLi + " < li > ";
                strLi = strLi + " < span > " + tempFile. name + " </span > ";
                strLi = strLi + " < span > " + tempFile. type + " </span > ";
                strLi = strLi + " < span > " + tempFile. size + " </span > ";
                strLi = strLi + " </li > ";
        }
        document. getElementById( "showSpan" ). innerHTML = strLi;
}
```

当触发 onchange（this. files）时，this. files 是 HTML5 的特性。

3.8.3　FileReader 接口

HTML5 定义了 FileReader 接口作为文件 API 的重要成员，用于读取文件，根据 W3C 的定义，FileReader 接口提供了读取文件的方法和包含读取结果的事件模型。FileReader 的使用方式非常简单，可以按照下列步骤创建 FileReader 对象并调用其方法。

1. 检测浏览器对 FileReader 的支持

```
[ javascript] view plaincopy
if( window. FileReader) {
  var fr = new FileReader( ) ;
  // add your code here
}
else {
  alert( "Not supported by your browser!" ) ;
}
```

2. 调用 FileReader 对象的方法

FileReader 的实例拥有 4 个方法，其中 3 个用于读取文件，最后一个用于中断读取。表 3-7 列出了这些方法，以及它们的参数和功能。需要注意的是，无论读取成功或失败，方法并不会返回读取结果，而是将结果存储在 result 属性中。调用 FileReader 对象的方法如表 3-7 所示。

表 3-7　调用 FileReader 对象的方法

方　法　名	参　　数	描　　述
abort	none	中断读取
readAsBinaryString	file	将文件读取为二进制码
readAsDataURL	file	将文件读取为 DataURL
readAsText	file, [encoding]	将文件读取为文本

- readAsText 方法有两个参数，其中第二个参数是文本的编码方式，默认值为 UTF - 8。这个方法非常容易理解，将文件以文本方式读取，读取的结果即是这个文本文件中的内容。
- readAsBinaryString 方法将文件读取为二进制字符串，通常将它传送到后端，后端可以通过这段字符串存储文件。
- readAsDataURL 是例子程序中用到的方法，该方法将文件读取为一段以"data:"开头的字符串，这段字符串的实质就是 Data URL。Data URL 是一种将小文件直接嵌入文档的方案。这里的小文件通常是指图像与 .html 等格式的文件。

3. 处理事件

FileReader 包含了一套完整的事件模型，用于捕获读取文件时的状态如表3-8 所示。

表3-8　**FileReade 包含的事件模型**

事　件	描　述	事　件	描　述
onabor	中断时触发	onloadend	读取完成时触发，无论成功或失败
onerror	出错时触发	onloadstart	读取开始时触发
onload	文件读取成功完成时触发	onprogress	读取中

文件一旦开始读取，无论成功或失败，实例的 result 属性都会被填充。如果读取失败，则 result 的值为 null，否则即为读取的结果。绝大多数的程序都会在成功读取文件时抓取这个值。

```javascript
[javascript] view plaincopy
fr. onload = function( ) {
    this. result;
};
```

下面通过一个上传图片预览和带进度条上传的实例来展示 FileReader 的使用，代码如下。

```html
[html] view plaincopy
< script type = "text/javascript" >
    function showPreview( source) {
        var file = source. files[0];
        if( window. FileReader) {
            var fr = new FileReader( );
            fr. onloadend = function( e) {
                document. getElementById( "portrait" ). src = e. target. result;
            };
            fr. readAsDataURL( file) ;
        }
    }
</ script >
< input type = "file" name = "file" onchange = "showPreview( this)" / >
< img id = "portrait" src = "" width = "70" height = "75" >
```

如果要限定上传文件的类型，可以通过文件选择器获取文件对象，并通过 type 属性来检查文件类型。

```
[javascript] view plaincopy
if( ! /image\/\w +/. test( file. type) ) {
    alert("请确保文件为图像类型");
    return false;
}
```

不难发现，这个检测是基于正则表达式的，因此可以进行各种复杂的匹配，非常有用。
如果要增加一个进度条，可以使用 HTML5 的 < progress > 标签，通过下面的代码实现。

```
[html] view plaincopy
< form >
  < fieldset >
    < legend > 分度读取文件: </legend >
    < input type = "file" id = "File" / >
    < input type = "button" value = "中断" id = "Abort" / >
    < p >
        < label > 读取进度: </label > < progress id = "Progress" value = "0" max = "100" > </
progress >
    </p >
    < p id = "Status" > </p >
  </fieldset >
</form >
[javascript] view plaincopy
var h = {
  init:function( ) {
    var me = this;
    document. getElementById('File'). onchange = me. fileHandler;
    document. getElementById('Abort'). onclick = me. abortHandler;
    me. status = document. getElementById('Status');
    me. progress = document. getElementById('Progress');
    me. percent = document. getElementById('Percent');
    me. loaded = 0;
    //每次读取 1M
    me. step = 1024 * 1024;
    me. times = 0;
},
  fileHandler:function( e ) {
    var me = h;
    var file = me. file = this. files[0];
    var reader = me. reader = new FileReader( );
    me. total = file. size;
    reader. onloadstart = me. onLoadStart;
    reader. onprogress = me. onProgress;
    reader. onabort = me. onAbort;
    reader. onerror = me. onerror;
    reader. onload = me. onLoad;
    reader. onloadend = me. onLoadEnd;
    //读取第一块
    me. readBlob(file,0);
},
  onLoadStart:function( ) {
```

```
      var me = h;
    },
    onProgress:function(e){
      var me = h;
      me. loaded += e. loaded;
      //更新进度条
      me. progress. value = ( me. loaded / me. total) * 100;
    },
    onAbort:function(){
      var me = h;
    },
    onError:function(){
      var me = h;
    },
    onLoad:function(){
      var me = h;
      if( me. loaded < me. total){
        me. readBlob( me. loaded);
      } else {
        me. loaded = me. total;
      }
    },
    onLoadEnd:function(){
      var me = h;
    },
    readBlob:function(start){
      var me = h;
      var blob,
        file = me. file;
      me. times += 1;
      if( file. webkitSlice){
        blob = file. webkitSlice( start,start + me. step + 1);
      } else if( file. mozSlice){
        blob = file. mozSlice( start,start + me. step + 1);
      }
      me. reader. readAsText( blob);
    },
    abortHandler:function(){
    var me = h;
            if( me. reader){ me. reader. abort( );
              }
          }
  };
  h. init( );
```

3.8.4　拖放 API

　　拖放（Drag&Drop）是 HTML5 标准的组成部分。拖放是一种常见的特性，即抓取对象以后拖到另一个位置。在 HTML5 中，拖放是标准的一部分，任何元素都能够被拖放。Internet Explorer 9 + 、Firefox、Opera、Chrome 和 Safari 浏览器都支持拖放。

📖 Safari 5.1.2 不支持拖放。

【例 3-23】 拖放示例。

```
< !DOCTYPE HTML >
< html >
< head >
< meta charset = "UTF - 8" >
< title > Document </title >
< style type = "text/css" >
#div1 {width:150px;height:150px;padding:10px;border:1px solid #aaaaaa;}
</style >
< script type = "text/javascript" >
function allowDrop(ev)
{
ev. preventDefault();
}

function drag(ev)
{
ev. dataTransfer. setData("Text",ev. target. id);
}

function drop(ev)
{
ev. preventDefault();
var data = ev. dataTransfer. getData("Text");
ev. target. appendChild(document. getElementById(data));
}
</script >
</head >
< body >

< p > 请把 HBuilder 的图片拖放到矩形中: </p >

< div id = "div1" ondrop = "drop(event)" ondragover = "allowDrop(event)" > </div >
< br / >
< img id = "drag1" src = "img/HBuilder. png" draggable = "true" ondragstart = "drag(event)" / >

</body >
</html >
```

【例 3-23】在浏览器中的显示效果如图 3-24 所示。

3.8.5 实现拖放的步骤

下面讲解拖放事件的步骤。

1. 设置元素为可拖放

为了使元素可拖动, 将 draggable 属性设置为 true。

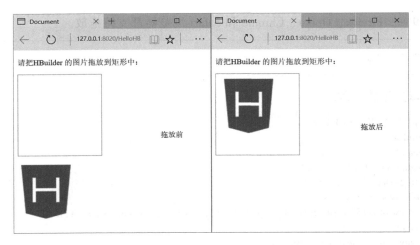

图 3-24   将图片拖放到指定位置

```
< img draggable = " true" >
```

2. 拖动什么

ondragstart 属性和 setData 方法规定当元素被拖动时，会发生什么。在【例 3-23】中，ondragstart 属性调用了一个函数——drag(event)，它规定了被拖动的数据。dataTransfer. setData( )方法用于设置被拖数据的数据类型和值。

```
function drag( ev)
{
    ev. dataTransfer. setData( "Text" ,ev. target. id) ;
}
```

在这个例子中，数据类型是 Text，值是可拖动元素的 id("drag1")。

3. 放到何处

ondragover 事件规定在何处放置被拖动的数据，默认无法将数据/元素放置到其他元素中。如果要放置先设置允许放置。一般情况下必须阻止对元素的默认处理方式，这要通过调用 ondragover 事件的 event. preventDefault( )方法来进行。

```
event. preventDefault( )
```

4. 进行放置

当放置被拖放数据时，会发生 drop 事件。在上面的例子中，ondrop 属性调用了一个函数——drop(event)。

```
function drop( ev)
{
    ev. preventDefault( ) ;
    var data = ev. dataTransfer. getData( "Text" ) ;
    ev. target. appendChild( document. getElementById( data) ) ;
}
```

代码分析如下。

1）调用 preventDefault( )来避免浏览器对数据的默认处理（drop 事件的默认行为是以链

接形式打开）。

2）通过 dataTransfer. getData("Text")方法获得被拖放的数据。该方法将返回在 setData()方法中设置为相同类型的任何数据。

3）被拖放数据是被拖放元素的 id("drag1")。

4）把被拖放元素追加到放置元素（目标元素）中。

3.9 案例：实现购物车功能

1. 完整代码

```html
<!DOCTYPE html>
<html lang = "en">
<head>
    <meta http - equiv = "content - type" content = "text/html;charset = UTF - 8">
    <title>HTML5 拖放实现购物车功能</title>
    <meta name = "viewport" content = "width = device - width,initial - scale = 1">
<style>
ul,li{
list - style:none;
margin:0px;
padding:0px;
cursor:pointer;}
section#cart ul{
height:200px;
overflow:auto;
background - color:#cccccc;}
</style>
<script>
function addEvent(element,event,delegate){
if(typeof(window.event)! = 'undefined'&& element.attachEvent)
element.attachEvent('on' + event,delegate);
else
element.addEventListener(event,delegate,false);}
addEvent(document,'readystatechange',function(){
if( document.readyState ! == "complete")
return true;
var items = document.querySelectorAll("section.products ul li");
var cart = document.querySelectorAll("#cart ul")[0];
function updateCart(){
var total = 0.0;
var cart_items = document.querySelectorAll("#cart ul li")
for(var i = 0;i < cart_items.length;i ++){
var cart_item = cart_items[i];
var quantity = cart_item.getAttribute('data - quantity');
var price = cart_item.getAttribute('data - price');
var sub_total = parseFloat(quantity * parseFloat(price));
cart_item.querySelectorAll("span.sub - total")[0].innerHTML = " = " + sub_total.toFixed(2);
total += sub_total;}
document.querySelectorAll("#cart span.total")[0].innerHTML = total.toFixed(2);}
function addCartItem(item,id){
```

```javascript
var clone = item. cloneNode(true);
clone. setAttribute('data - id ',id);
clone. setAttribute('data - quantity ',1);
clone. removeAttribute('id ');
var fragment = document. createElement('span ');
fragment. setAttribute('class ','quantity ');
fragment. innerHTML = 'x 1 ';
clone. appendChild(fragment);
fragment = document. createElement('span ');
fragment. setAttribute('class ','sub - total ');
clone. appendChild(fragment);
cart. appendChild(clone);}
function updateCartItem(item){
var quantity = item. getAttribute('data - quantity ');
quantity = parseInt(quantity) +1
item. setAttribute('data - quantity ',quantity);
var span = item. querySelectorAll('span. quantity ');
span[0]. innerHTML = 'x ' + quantity;}
function onDrop(event){
if( event. preventDefault)event. preventDefault();
   if( event. stopPropagation)event. stopPropagation();
   else event. cancelBubble = true;
var id = event. dataTransfer. getData("Text");
var item = document. getElementById(id);
var exists = document. querySelectorAll("#cart ul li[ data - id ='" + id + "']");
if( exists. length >0){
   pdateCartItem(exists[0]);}
else {
   addCartItem(item,id);}
updateCart();
return false;}
function onDragOver(event){
if( event. preventDefault)event. preventDefault();
   if( event. stopPropagation)event. stopPropagation();
   else event. cancelBubble = true;
return false;}
addEvent(cart,'drop ',onDrop);
addEvent(cart,'dragover ',onDragOver);
function onDrag(event){
event. dataTransfer. effectAllowed = "move";
event. dataTransfer. dropEffect = "move";
var target = event. target || event. srcElement;
var success = event. dataTransfer. setData('Text ',target. id);}
for( var i =0;i < items. length;i ++ ){
var item = items[i];
item. setAttribute("draggable","true");
addEvent(item,'dragstart ',onDrag);};
});
</script >
</head >
<body >
    <div id = "page" >
<section id = "cart" class = "shopping - cart" >
```

```
<h1 >购物车 </h1 >
<ul >
</ul >
总金额：¥ < span class = " total" > 0. 00 </span >
</section >
< section id = " products"  class = " products" >
<h1 >购物清单(将单品拖放至上方灰色框内结算) </h1 >
<ul >
< li id = " product – 1"  data – price = "5. 00" >  < span > 酸奶 </span >  </li >
< li id = " product – 2"  data – price = "3. 00" >  < span > 火腿肠 </span >  </li >
< li id = " product – 3"  data – price = "20. 00" >  < span > 马卡龙 </span >  </li >
< li id = " product – 4"  data – price = "12. 50" >  < span > 巧克力 </span >  </li >
< li id = " product – 5"  data – price = "2. 00" >  < span > 矿泉水 </span >  </li >
< li id = " product – 6"  data – price = "3. 00" >  < span > 方便面 </span >  </li >
< li id = " product – 7"  data – price = "7. 00" >  < span > 老干妈 </span >  </li >
</ul >
</section >
</div >
</body >
</html >
```

2. 完成效果

购物车的完整效果图如图 3–25 所示。

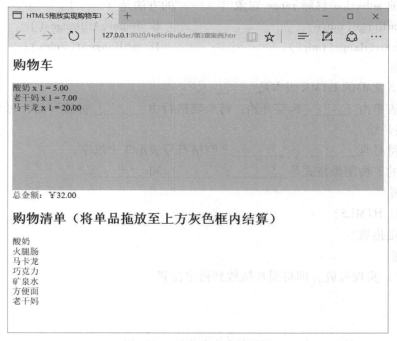

图 3–25　购物车完成效果图

本章小结

超文本标记语言标签通常被称为 HTML 标签。HTML 标签是 HTML 语言中最基本的单位，也是 HTML 最重要的组成部分。

HTML5 提供了一些新的元素和属性，其中有些在技术上类似 < div > 和 < span > 标签，但有一定含义，如 < nav > （网站导航块）和 < footer >。这种标签将有利于搜索引擎的索引整理、小屏幕装置和视障人士使用；同时通过一个标准接口，如 < audio > 和 < video > 标记等，为其他浏览要素提供了新的功能。

实践与练习

1. 选择题

1）在 HTML5 中，（   ）元素用于组合标题元素。

    A. < group >   B. < header >   C. < headings >   D. < hgroup >

2）HTML5 中不再支持下面哪个元素？（   ）

    A. < q >   B. < ins >   C. < menu >   D. < font >

3）在一个 < img > 标记中决定图片文件位置的是（   ）属性。

    A. alt   B. title   C. src   D. Href

4）要使元素可拖动，需要设置（   ）属性。

    A. draggable   B. ondrop   C. ondragstart   D. ondragover

5）从当前 selection 移除 range 对象（   ）的方法是（   ）。

    A. addRange（range）   B. removeAllRanges（）

    C. removeRange（range）   D. getRangeAt（index）；

2. 填空题

1）HTML5 之前的 HTML 版本是_____。

2）每个表格由_____标签开始，每个表格行由_____标签开始，每个表格数据由_____标签开始。

3）空格符号是_____，_____个空格符号表示 3 个汉字。

4）常用的 3 种图像格式是_____、_____和_____。

3. 简答题

1）什么是 HTML5？

2）什么是拖放？

4. 编程题

编写程序，实现拖放，即将图片拖放到指定位置。

实验指导

实验目的和要求

- 了解 HTML5 的基础知识。
- 掌握 HTML5 的基本结构。
- 学会使用 HTML5 标签。

实验 1　列表——简单的 **ul** 标签小应用

1. 实验目的

利用所学的列表标签来实现简单的在线点餐页面，并使用 float 属性使之以 3×3 的格式排列。注：没有学习过 float 属性的同学需要了解一下，在之后的章节中会经常用到。

2. 操作步骤

1）在 HTML5 的编辑页面输入源代码。

2）将此 HTML5 代码以 . html 或者 . htm 作为扩展名，保存到相应文件夹下，例如，以名称"例 3-1. html"保存在 D 盘根目录下。

3）将网页所需的 9 张图片放到相对路径为 img 的文件夹下，如果图片比页面小，图片会自动重复。

4）用网页浏览器打开此 HTML 页面，即可以看到如图 3-26 所示的页面效果。

图 3-26　简单菜单页面完成效果图

3. 实例参考源码

```
< !DOCTYPE html >
< html >
< head >
        < meta charset = " UTF - 8" / >
        < title > 进入 HTML5 网上点餐 </title >
        < style type = " text/css" >
        ...
        </style >
</head >
< body >
        ...
</body >
</html >
```

4. 思考与扩展

1）如果要在菜名正下方添加食物描述和菜品价钱，应该如何编写代码？

2）要将每个菜品图和菜名加上链接，该如何修改源码？

实验2 iframe——使用 iframe 实现简单导航栏切换效果

1. 实验目的

使用 < iframe > 标签实现简单导航栏 < tab > 键的切换效果。

2. 操作步骤

1）在 HTML5 的编辑页面输入源代码。

2）将此 HTML5 代码以 . html 或者 . htm 作为扩展名，保存到相应文件夹下，例如，以名称"例 3-2. html"保存在 D 盘根目录下。此实验要建立 4 个 html 文件。

3）用网页浏览器打开此 HTML 页面，即可以看到如图 3-27 所示的页面效果。

图 3-27　iframe 页面实现效果

3. 实例参考源码

```
< !DOCTYPE html >
< html >
< head >
        < meta charset = "UTF - 8" >
        < title > 首页 < /title >
        < style type = "text/css" >
        …
        < /style >
< /head >
< body >
        < ul >
        …
        < /ul >

< iframe >
```

```
            ...
        </iframe>

    </body>
</html>
```

4. 思考与扩展

1) 要把"首页""第二页"和"第三页"的下画线去掉并修改文字颜色和鼠标悬停时的文字颜色,该用什么属性设置?

2) 通过查阅相关资料来了解使用 < iframe > 标签对网页加载速度的影响。

实验3 将自己的课表显示在页面上

1. 实验目的

运用所学知识,结合 table 的各种标签,将自己的专业课表呈现在网页上。

2. 操作步骤

1) 在 HTML5 的编辑页面输入源代码。

2) 将此 HTML5 代码以 . html 或者 . htm 作为扩展名,保存到相应文件夹下,例如,以名称"例3-3. html"保存在 D 盘根目录下。同时,建立以 . css 为扩展名的层叠样式表文件,保存到相同文件夹下,用来控制整体样式。

3) 用网页浏览器打开此 HTML 页面,即可以看到如图3-28 所示的页面效果。

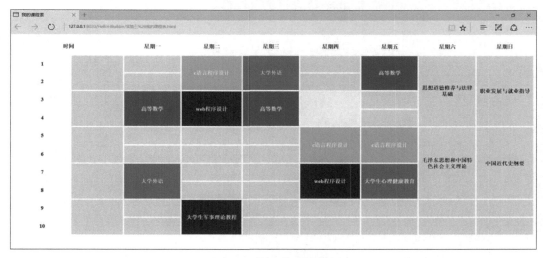

图3-28　课程表实现效果

3. 实例参考源码

```
< !DOCTYPE html >
< html >

< head >
    < meta charset = " UTF - 8" >
    < title > 我的课程表 </title >
```

```
          < link rel = " stylesheet"  type = " text/css"  href = " 课程表 . css"  / >
          < style type = " text/css"  >
              …
          </ style >
   </ head >
   < body >
   < table >
…
   </ table >

   </ body >
   </ html >
```

4. 思考与扩展

制作一个网页版个人简历，包括一张一寸照片，字体不一，表格大小不一。

第4章 HTML5 高级开发标签

本章主要针对 HTML5 中的高级标签进行介绍，并且对一些案例进行说明和分析。这些标签在移动应用开发中扮演着非常重要的角色，而且功能异常强大，如 < canvas > 标签，可以绘制各种不同样式的图案、形状和文字等。此外，本章还对 HTML5 新增的一些标签和去掉的一些不常用的标签进行了说明，并且加入实际案例进行分析和说明。

4.1 HTML5 canvas 概述

HTML5 canvas 是为了客户端矢量图形而设计的，它自己没有行为，但却把一个绘图 API 展现给客户端 JavaScript，以使脚本能够把想绘制的东西都绘制到一块画布上。

< canvas > 标签由 Apple 在 Safari 1.3 Web 浏览器中引入。对 HTML 这一根本扩展的原因在于，HTML 在 Safari 中的绘图能力也为 Mac OS X 桌面的 Dashboard 组件所使用，并且 Apple 希望有一种方式在 Dashboard 中支持脚本化的图形。

Firefox 1.5 和 Opera 9 都紧跟 Safari 的引领。这两个浏览器都支持 < canvas > 标签。

可以在 IE 中使用 < canvas > 标签，并在 IE 的 VML 支持的基础上用开源的 JavaScript 代码（由 Google 发起）来构建兼容性的画布。< canvas > 标签的标准化由一个 Web 浏览器厂商的非正式协会推进，目前 < canvas > 标签已经成为 HTML5 草案中一个正式的标签。

< canvas > 标签所支持的浏览器包括 Chrome 4.0 +、IE 9.0 +、FireFox 2.0 +、Safari 3.1 + 和 Opera9.0 +。

4.2 canvas 标签

< canvas > 标签是 HTML5 中出现的新标签，像所有的 dom 对象一样，它有自己本身的属性、方法和事件，其中就有绘图的方法。它只是图形容器，所以必须使用脚本（通常是 JavSacript）在网页上绘制图像。

canvas 画布是一个矩形区域，可以控制它的每一个像素。同时，canvas 也拥有多种绘制路径、矩形、圆形、字符，以及添加图像的方法。

在网页上使用 canvas 元素时，它会创建一块矩形区域。默认情况下该矩形宽为 300 像素，高为 150 像素，如图 4-1 所示。

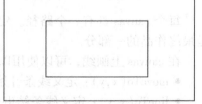

图 4-1 canvas 矩形区域

4.2.1 绘制矩形

一个画布在网页中是一个矩形框，通过 <canvas> 元素来绘制。默认情况下，<canvas> 元素没有边框和内容，所以标签通常需要指定一个 id 属性（脚本中经常引用）。width 和 height 属性用于定义画布的大小。

【例 4-1】 canvas 绘制矩形示例。

```
<!DOCTYPE html>
<html>
<head>
<meta charset = "UTF - 8">
<title>绘制一个矩形</title>
</head>
<body>
<canvas id = "myCanvas" width = "400px" height = "200px" style = "border:1px solid #000000;">
您的浏览器不支持 HTML5 canvas 标签。
</canvas>
</body>
</html>
```

【例 4-1】 在浏览器中的显示效果如图 4-2 所示。

图 4-2   canvas 绘制矩形

【程序说明】

可以在 HTML 页面中使用多个 <canvas> 元素，使用 style 属性来添加边框。

4.2.2 使用路径绘制图形

每个 canvas 都有一个路径。定义路径就如同用铅笔做画，可以任意地画，但它不一定是最终作品的一部分。

在 canvas 上画线，可以使用以下两种方法。

● moveTo(x,y)：定义线条开始坐标。

● lineTo(x,y)：定义线条结束坐标。

moveTo() 和 lineTo() 方法被调用得越多，路径信息也就越多，可以任意使用，但 canvas 上没有任何图案，除非调用了某个"画笔"方法。

绘制线条必须用到 ink 方法，与 stroke() 类似。下面在【例 4-1】的 canvas 画布中绘制一条斜直线。

【例4-2】canvas 路径绘制图形示例。

```
< !DOCTYPE html >
< html >
< head >
< meta charset = "UTF - 8" >
< title >绘制一条斜线 </title >
</head >
< body >
< canvas id = "myCanvas" width = "400px" height = "200px" style = "border:1px solid #d3d3d3;" >
您的浏览器不支持 HTML5 canvas 标签。 </canvas >
< script >

var c = document. getElementById("myCanvas");
var ctx = c. getContext("2d");
ctx. moveTo(0,0);
ctx. lineTo(400,200);
ctx. stroke();

</script >
</body >
</html >
```

【例4-2】在浏览器中的显示效果如图4-3所示。

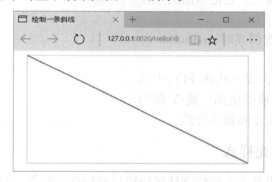

图 4-3　canvas 绘制矩形

【程序说明】

getContext()方法用于返回一个在画布上绘图的环境。

stroke()方法用于绘制当前路径。

4.2.3　使用 arc 绘制弧形

在 canvas 中绘制弧形，可以使用以下方法。

● arc(x,y,r,start,stop)。

【例4-3】arc 属性绘制弧形示例。

```
< !DOCTYPE html >
< html >
```

```
< head >
< meta charset = " UTF – 8 " >
< title >绘制一条弧形 </title >
</head >
< body >
< canvas id = " myCanvas " width = " 400px " height = " 200px " style = " border:1px solid #d3d3d3 ;" >
您的浏览器不支持 HTML5 canvas 标签。</canvas >
< script >

var c = document. getElementById( "myCanvas") ;
var ctx = c. getContext( "2d") ;
ctx. beginPath( ) ;
ctx. arc( 200,100,80,0,1. 5 ∗ Math. PI) ;
ctx. stroke( ) ;

</script >

</body >
</html >
```

【例4-3】在浏览器中的显示效果如图4-4 所示。

【程序说明】

beginPath( )方法用于丢弃任何当前定义的路径并且开始一条新的路径。它把当前的点设置为（0,0）。

当画布的环境第一次创建时，beginPath( )方法会被显式地调用。

ctx. arc(200,100,80,0,2 ∗ Math. PI) ;中的数字分别对应圆形离 X 轴的距离、离 Y 轴的距离、圆形直径、圆弧长度和数学公式。

图4-4　canvas 绘制的圆弧

4.2.4　填充及填充样式

在前面的几节中，讲解了如何绘制纯色的矩形和纯色的线条，但图形和线条不只局限于纯色。可以用颜色填充和颜色渐变来达到满意的效果。【例4-4】中的代码实现了一个红色的矩形。

【例4-4】填充示例。

```
< !DOCTYPE HTML >
< html >
< body >

< canvas id = " myCanvas " >您的浏览器不支持 HTML5 canvas 标签。</canvas >

< script type = " text/javascript " >

var canvas = document. getElementById( 'myCanvas ') ;
var ctx = canvas. getContext( '2d ') ;
```

```
ctx. fillStyle = '#FF0000';
ctx. fillRect(0,0,400,200);

</script>

</body>
</html>
```

【例4-4】在浏览器中的显示效果如图4-5所示。

【程序说明】

颜色填充通过 fillStyle 来实现。

ctx. fillRect(0,0,400,200);中的数值分别对应矩形与
左上角的 X 轴的距离、Y 轴的距离、矩形的长和矩形
的宽。

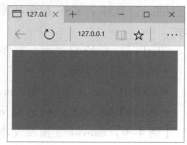

图4-5 canvas 填充颜色

4.2.5 绘制曲线

canvas 提供了绘制一系列曲线的函数,可能会用到二
次方程曲线或贝塞尔曲线。贝塞尔曲线仅有一个控制点,而二次方程曲线则有两个控制点。
【例4-5】中的代码实现了一个对话气泡。

【例4-5】曲线绘制示例。

```
<!DOCTYPE html>
<html>
<head>
<meta charset = "UTF-8">
<title>曲线</title>
</head>
<body>

<canvas id = "myCanvas" width = "200px" height = "200px" style = "border:1px solid #d3d3d3;">
您的浏览器不支持 HTML5 canvas 标签。</canvas>

<script>

var c = document. getElementById("myCanvas");
var ctx = c. getContext("2d");

ctx. beginPath();
ctx. moveTo(75,25);
ctx. quadraticCurveTo(25,25,25,62.5);
ctx. quadraticCurveTo(25,100,50,100);
ctx. quadraticCurveTo(50,120,30,125);
ctx. quadraticCurveTo(60,120,65,100);
ctx. quadraticCurveTo(125,100,125,62.5);
ctx. quadraticCurveTo(125,25,75,25);
ctx. stroke();

</script>

</body>
</html>
```

【例 4-5】在浏览器中的显示效果如图 4-6 所示，为二次方程曲线的示例。

4.2.6　canvas 变换及文本

除了可以在 canvas 中绘制线条外，还可以绘制文本。不同于网页中的文本，canvas 绘制的文本是没有盒模型的，这意味着 CSS 布局技术无法控制画布中的文字样式。

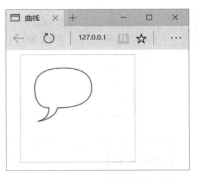

图 4-6　canvas 绘制对话气泡

使用 canvas 绘制文本，重要的属性和方法如下。

- font：定义字体。
- fillText(text,x,y)：在 canvas 上绘制实心的文本。
- strokeText(text,x,y)：在 canvas 上绘制空心的文本。

【例 4-6】canvas 变换及文本示例。

```
< !DOCTYPE html >
< html >
< head >
< meta charset = "UTF - 8" >
< title > 文本示例 </title >
</head >
< body >

< canvas id = "myCanvas" width = "200" height = "100" style = "border:1px solid #d3d3d3;" >
您的浏览器不支持 HTML5 canvas 标签。</canvas >

< script >

var c = document. getElementById("myCanvas");
var ctx = c. getContext("2d");
ctx. font = "30px Arial";
ctx. fillText("Hello World",10,50);

</script >

</body >
</html >
```

【例 4-6】在浏览器中的显示效果如图 4-7 所示。

4.2.7　渐变

渐变可以填充在矩形、圆形、线条和文本中，各种形状可以自己定义不同的颜色。

可用下列两种不同的方式来设置 canvas 渐变。

- createLinearGradient(x,y,x1,y1)：创建线条渐变。
- createRadialGradient(x,y,r,x1,y1,r1)：创建一个径向/圆渐变。

图 4-7　canvas 绘制文字

使用渐变对象时，必须使用两种或两种以上的停止颜色。

addColorStop( )方法用于指定颜色停止，参数使用坐标来描述，可以是 0 ～ 1。

设置 fillStyle 或 strokeStyle 的值为渐变，然后绘制形状，如矩形、文本或一条直线。

下面使用 createLinearGradient( )方法来绘制渐变。

【例 4-7】canvas 渐变示例。

```
< !DOCTYPE html >
< html >
< head >
< meta charset = "UTF - 8" >
< title > 渐变 </title >
</head >
< body >

< canvas id = "myCanvas" width = "300px" height = "150px" style = "border:1px solid #d3d3d3;" >
您的浏览器不支持 HTML5 canvas 标签。</canvas >

< script >

var c = document. getElementById( "myCanvas" );
var ctx = c. getContext( "2d" );

// Create gradient
var grd = ctx. createLinearGradient( 0,0,200,0 );
grd. addColorStop( 0,"green" );
grd. addColorStop( 1,"white" );

// Fill with gradient
ctx. fillStyle = grd;
ctx. fillRect( 50,20,500,100 );

</script >

</body >
</html >
```

【例 4-7】在浏览器中的显示效果如图 4-8 所示。

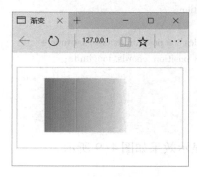

图 4-8   canvas 渐变

4.3　Geolocation（地理定位）

本节将探讨 HTML5 Geolocation API，它允许用户在 Web 应用程序中共享位置，使其能够享受位置感知服务。首先要知道，HTML5 Geolocation 位置信息来源于纬度、经度和其他特性，以及获取这些数据的途径（GPS、Wi – Fi 和蜂窝站点等）。Geolocation 技术在日常生活中应用广泛，例如，构建计算步数路程的应用程序和向好友分享地理位置的应用功能。此外，它还有很多特殊应用，这里不一一列举。

Internet Explorer 9、Firefox、Chrome、Safari 及 Opera 都支持地理定位。

HTML5 Geolocation API 的使用方法很简单，请求一个位置信息，如果用户同意，浏览器就会返回位置信息，该位置信息通过支持 HTML5 地理位置功能的底层设备，如笔记本电脑或智能手机，然后提供给浏览器。位置信息由纬度坐标、经度坐标和一些其他元数据组成。

可以使用 getCurrentPosition( ) 方法来获得用户的位置。

【例 4-8】是一个简单的地理定位实例，可返回用户位置的经度和纬度。

【例 4-8】Geolocation API 用法示例。

```
< !DOCTYPE html >
< html >
< body >
< p id = "demo" >单击这个按钮,获得您的坐标: </p >
< button onclick = "getLocation( )" > 试一下 </button >
< script >
var x = document. getElementById( "demo" ) ;
function getLocation( )
  {
  if( navigator. geolocation)
    {
    navigator. geolocation. getCurrentPosition( showPosition) ;
    }
  else{ x. innerHTML = "Geolocation is not supported by this browser. " ;}
  }
function showPosition( position)
  {
  x. innerHTML = "Latitude:" + position. coords. latitude +
  " < br / > Longitude:" + position. coords. longitude;
  }
</script >
</body >
</html >
```

【例 4-8】在浏览器中的显示效果如图 4-9 所示。

【程序说明】

检测是否支持地理定位，如果支持，则运行 getCurrentPosition( )方法；如果不支持，则向用户显示一段消息。

如果getCurrentPosition( )运行成功,则向参数 showPosition 中规定的函数返回一个 coordinates 对象。

showPosition( ) 函数用于获得并显示经度和纬度。

【例4-8】是一个非常基础的地理定位脚本,不包含错误处理。

Geolocation 提供了一套保护用户隐私的机制。除非得到用户明确许可,否则不可获取位置信息。所以在实现上面示例代码时,会弹出通知栏,即隐私保护机制。

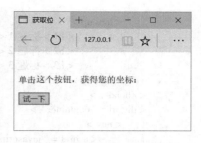

图 4-9　获取当前地理信息

4.4　HTML5 主要新增标签

4.4.1　语义化标记

HTML5 定义了一种新的语义化标记来描述元素的内容。虽然语义化元素不会让用户马上感受到有什么好处,但它可以简化 HTML 页面设计,而且在搜索引擎抓取和索引网页时,会用到这些元素。

在 HTML4 时期,Google 发现很多人喜欢用 id = " header" 来标记页眉内容,使 < div > 标签的通用 id 名称重复量很大。所以,HTML5 引进了一组新的片段类元素,在目前的主流浏览器中已经可以使用了。表4-1 列出了新增的语义化标签元素。

表 4-1　HTML5 中新的片段元素

元　素　名	描　　述
header	标记头部区域的内容（用于整个页面或页面中的一块区域）
footer	标记脚部区域的内容（用于整个页面或页面中的一块区域）
section	Web 页面中的一块区域
article	独立的文章内容
aside	相关内容或者引文
nav	导航类辅助内容
hgroup	组合网页或区段的标题
figure	对元素进行组合

【例4-9】是一个使用了新的语义化标记元素的 HTML5 页面。

【例4-9】语义化标签示例。

```
< !DOCTYPE html >
< html >
< head >
< meta charset = " UTF - 8 " >
< title > HTML5 新增语义化标记元素 </title >
</head >
< body >
< header >
```

```
        < hgroup >
            < h1 > 标题 1 </h1 >
            < h2 > 标题 2 </h2 >
            < h3 > 标题 3 </h3 >
        < hgroup >
    </header >
    < div id = " container" >
        < nav >
            < a href = " javascript:void(0) " >链接 1 </a >
            < a href = " javascript:void(0) " >链接 2 </a >
            < a href = " javascript:void(0) " >链接 3 </a >
        </nav >
    </div >
    < section >
        < article >
            < header >
                < h4 > 文章头 </h4 >
            </header >
            < p > 我是一个段落 </p >
            < p > 我也是一个段落 </p >
            < footer >
                < h4 > 文章脚 </h4 >
            </footer >
        </article >
        < article >
            < header >
                < h4 > 文章头 </h4 >
                < p > 我还是一个段落 </p >
            </header >
            < footer >
                    < h4 > 文章脚 </h4 >
            </footer >
        </article >
    </section >
    < aside >
        < p > 上边的三个 p 都是段落 </p >
    </aside >
    < figure >
    < img src = " img/HBuilder. png" alt = " figure 标签" title = " figure 标签" / >
    < figcaption >这儿是图片的描述信息 </figcaption >
    </figure >
    </div >
    </body >
    </html >
```

【例 4-9】 在浏览器中的显示效果如图 4-10 所示。

【程序说明】

【例 4-9】 中的所有元素都能使用 CSS 设定样式。如果只有一个标题元素,即 h1 ～ h6 中的一个,就不需要 < hgroup >。当出现一个以上的标题与元素时,使用 < hgroup > 来包围它们。当标题有副标题或者其他与 section 或 article 有关系的元数据时,将 < hgroup > 和元数据放到一个单独的 < header > 元素容器中。

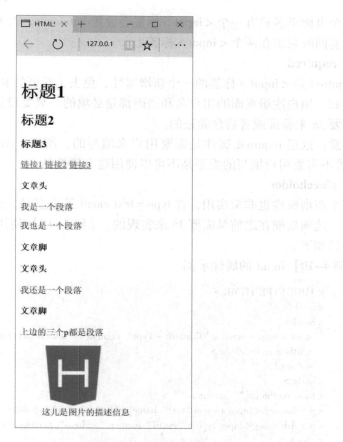

图 4-10 使用了新的语义化标记元素的 HTML5 页面

4.4.2 input 新增属性

HTML5 的 <input> 标签新增了很多属性，只需用一个简单的属性就可以完成以前复杂的 JS 验证。<input> 标签新增的这些属性使得 HTML 和 JS 的分工更加明确了，使用起来十分舒畅。

<input> 标签新增的属性有以下几个。

1. autocomplete

autocomplete 可以赋值为 on 或者 off。当为 on 时，浏览器能自动存储用户输入的内容。当用户返回到曾经填写过值的页面时，浏览器能把用户写过的值自动填写在相应的 input 框里。

现在很多网站都实现了这个功能，不过基本都是用 PHP 来实现的。使用这个属性，无疑可以减少很多前端和后台的交流量和工作量。

2. autofocus

autofocus 可以赋值为 autofocus，也就是在页面加载完成时自动聚焦到 <input> 标签，显然 type = "hidden" 时是不能用的。这也是一个比较常见的效果，在这个属性产生之前的实现方法是用 JS。在页面加载完时执行聚焦操作，现在也只需一个属性即可。

一个页面至多只有一个 <input> 标签会设置 autofocus, 否则必然不会达到预期效果。因为不可能同时聚焦在两个 <input> 标签上。

3. required

required 是 <input> 标签的一个新增属性, 免去了验证的麻烦。

例如, 用户注册页面的用户名和密码都是必填的, 只要设置一个 required 即可。而在以前是需要 JS 来验证或者后台验证的。

注意: 这里 required 属性是需要用户来填写的, 所以, type 是 button、submit、reset 或 image 等不需要用户填写的类型是不可以使用这个属性的。

4. placeholder

这个新增属性也非常实用, 在 type = text email 等类型时, 提示用户输入信息的格式或者内容等。这项功能在之前是需要 JS 来实现的。【例 4-10】使用了 placeholder 属性, 程序和显示效果如下。

【例 4-10】input 的属性示例。

```html
<!DOCTYPE HTML>
<html>
<head>
    <meta http-equiv="Content-Type" content="text/html;charset=UTF-8" />
    <title>test</title>
    </head>
<body>
<form method="" action="">
<p>Name: <input type="text" name="fullname" placeholder="John Ratzenberger"> </p>
<p>Address: <input type="email" name="address" placeholder="john@example.net"> </p>
</form>
</body>
</html>
```

【例 4-10】在浏览器中的显示效果如图 4-11 所示。

图 4-11 placeholder 提示用户输入信息

4.4.3 button 标签

<button> 标签用于定义一个按钮。

在 <button> 元素内部可以放置内容, 如文本或图像等, 与使用 <input> 标签创建的按钮存在一些不同。<button> 标签与 <input type="button"> 相比, 提供了更为强大的功能

和更丰富的内容。＜button＞与＜/button＞标签之间的所有内容都是按钮的内容，其中包括任何可接受的正文内容，如文本或多媒体内容等。例如，可以在按钮中添加一个图像和相关的文本，生成一个标记图像。

　　唯一禁止使用的元素是图像映射，因为它对鼠标和键盘敏感的动作会干扰表单按钮的行为。

　　请始终为按钮规定 type 属性，Internet Explorer 的默认类型是 button，而其他浏览器中（包括 W3C 规范）的默认值是 submit。

　　表4-2 所示为 HTML5 的＜button＞标签的新属性。

表4-2　HTML5＜button＞标签的新属性

属　　性	值	描　　述
autofocus	autofocus	规定当页面加载时按钮应当自动获得焦点
form	form_name	规定按钮属于一个或多个表单
formaction	url	覆盖 form 元素的 action 属性。 注释：该属性与 type = "submit" 配合使用
formenctype	application/x－www－form－urlencoded multipart/form－data text/plain	覆盖 form 元素的 enctype 属性
formmethod	get post	覆盖 form 元素的 method 属性
formnovalidate	formnovalidate	覆盖 form 元素的 novalidate 属性
formtarget	_blank _self _parent _top framename	覆盖 form 元素的 target 属性

4.4.4　HTML5 其他新增标签

下面简单介绍一下 HTML5 提供的一些新的标签及其用法，还有与 HTML 4 的区别。

1）＜audio＞标签用于定义声音，如音乐或其他音频流。

HTML5：＜audio src = "someaudio. wav"＞您的浏览器不支持 audio 标签。＜/audio＞

HTML4：＜object type = "application/ogg" data = "someaudio. wav"＞＜param name = "src" value = "someaudio. wav"＞＜/object＞

2）＜canvas＞标签用于定义图形，如图表和其他图像。这个 HTML 元素是为了客户端矢量图形而设计的。它自己没有行为，却把一个绘图 API 展现给客户端 JavaScript，以使脚本能够把想绘制的内容都绘制到一块画布上。

HTML5：＜canvas id = "myCanvas" width = "200" height = "200"＞＜/canvas＞

HTML4：＜object data = "inc/hdr. svg" type = "image/svg + xml" width = "200" height = "200"＞＜/object＞

3）＜command＞标签用于定义命令按钮，如单选按钮、复选框等。

HTML5：＜command onclick = cut( )" label = "cut"＞

HTML4：none

4）＜datalist＞标签用于定义可选数据的列表。

与＜input＞元素配合使用，就可以制作出输入值的下拉列表框。

HTML5：＜datalist＞＜/datalist＞

HTML4：see combobox

5）＜details＞标签用于定义元素的细节，描述有关文档或文档片段的详细信息，用户可进行查看，或通过单击进行隐藏。

可以与＜legend＞一起使用，来制作＜detail＞标签的标题。该标题对用户是可见的，当在其上单击时可打开或关闭＜detail＞标签。

HTML5：＜details＞＜/details＞

HTML4：＜dl style = "display：hidden"＞＜/dl＞

6）＜embed＞标签用于定义嵌入的内容，如插件。

HTML5：＜embed src = "horse. wav"／＞

HTML4：＜object data = "flash. swf"　type = "application/x – shockwave – flash"＞＜/object＞

7）＜keygen＞标签用于生成密钥。

HTML5：＜keygen＞

HTML4：none

8）＜mark＞标签主要用来在视觉上向用户呈现那些需要突出的文字。＜mark＞标签一个比较典型的应用就是在搜索结果中向用户高亮显示搜索关键词。

HTML5：＜mark＞＜/mark＞

HTML4：＜span＞＜/span＞

9）＜meter＞标签用于定义度量衡。仅用于已知最大值和最小值的度量。必须定义度量的范围，既可以在元素的文本中定义，又可以在 min/max 属性中定义。

HTML5：＜meter＞＜/meter＞

HTML4：none

10）＜output＞标签用于定义不同类型的输出，如脚本的输出。

HTML5：＜output＞

HTML4：＜span＞＜/span＞

11）＜progress＞标签用于定义运行中的进程。可以使用＜progress＞标签来显示 JavaScript 中耗费时间的函数的进程。

HTML5：＜progress＞＜/progress＞

HTML4：none

12）＜rp＞标签在 ruby 注释中使用，以定义不支持＜ruby＞标签的浏览器所显示的内容。

HTML5：＜ruby＞漢＜rt＞＜rp＞（＜/rp＞ㄏㄢˋ＜rp＞）＜/rp＞＜/rt＞＜/ruby＞

HTML4：none

13）＜rt＞标签用于定义字符（中文注音或字符）的解释或发音。

HTML5：＜ruby＞漢＜rt＞ㄏㄢˋ＜/rt＞＜/ruby＞

HTML4：none

14）＜ruby＞标签用于定义 ruby 注释（中文注音或字符）。

HTML5：＜ruby＞漢＜rt＞＜rp＞（＜/rp＞ㄏㄢˋ＜rp＞）＜/rp＞＜/rt＞＜/ruby＞

HTML4：none

15）＜source＞标签用于为媒介元素（如＜video＞标签和＜audio＞标签）定义媒介资源。

HTML5：＜source＞

HTML4：＜param＞

16）＜summary＞标签包含＜details＞标签的标题，是 details 元素的第一个子元素。

HTML5：＜details＞＜summary＞HTML5＜/summary＞This document teaches you everything you have to learn about HTML5.＜/details＞

HTML4：none

17）＜time＞标签用于定义日期或时间，或者两者。

HTML5：＜time＞＜/time＞

HTML4：＜span＞＜/span＞

18）＜video＞标签用于定义视频，如电影片段或其他视频流。

HTML5：＜video src = "movie. ogg" controls = "controls"＞您的浏览器不支持 video 标签。＜/video＞

HTML4：＜object type = "video/ogg" data = "movie. ogv"＞＜param name = "src" value = "movie. ogv"＞＜/object＞

【例 4-11】HTML5 新增标签示例。

```
＜!DOCTYPE html＞
＜html＞
＜head＞
＜meta charset = "UTF - 8"＞
＜title＞HTML5 高级标签＜/title＞
＜/head＞
＜body＞

＜p＞不要忘记今天＜time＞8：00＜/time＞有＜mark＞英语课＜/mark＞。＜/p＞
＜p＞
我在＜time datetime = "2017 - 02 - 14"＞情人节＜/time＞有个约会。
＜/p＞
＜/body＞
＜/html＞
```

【例 4 - 11】在浏览器中的显示效果如图 4-12 所示。

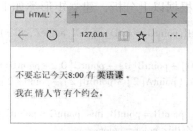

图 4-12　新增标签简单示例效果图

4.4.5 HTML5 废除的元素

1. 能用 CSS 代替的元素

包括 basefont、big、center、font、s、strike、tt 和 u。这些元素纯粹是为画面显示服务的，HTML5 中提倡把画面显示性功能放在 CSS 中统一编辑。

2. 不再使用 frame 框架

对于 frameset 元素、frame 元素与 noframes 元素，由于 frame 框架对网页可用性存在负面影响，在 HTML5 中已不支持 frame 框架，只支持 iframe 框架，或支持用服务器方创建的由多个页面组成的复合页面的形式，同时将以上这三个元素废除。

3. 只有部分浏览器支持的元素

包括 applet、bgsound、blink 和 marquee 等标签。

4. 其他被废除的元素

废除 rb，使用 ruby 替代。

废除 acronym，使用 abbr 替代。

废除 dir，使用 ul 替代。

废除 isindex，使用 form 与 input 相结合的方式替代。

废除 listing，使用 pre 替代。

废除 xmp，使用 code 替代。

废除 nextid，使用 guids 替代。

废除 plaintex，使使用 "text/plian"（无格式正文）MIME 类型替代。

4.5 案例：创建魔方玩具效果

1. 制作流程

首先需要下载 HTML5 开源库件 lufylegend - 1.10.0.js，下载链接为 http://lufylegend.com/lufylegend。lufylegend.js 是一个 JavaScript 库，它的前身是 LegendForHtml5Programming，由于名字太长所以改为现在的 lufylegend，它模仿了 ActionScript 的语法，包含 LSprite、LBitmapData、LBitmap、LLoader、LURLLoader、LTextField 和 LEvent 等多个 AS 开发人员熟悉的类，使得 HTML5 的开发变得更加简单。

魔方分为 6 个面，每个面由 9 个小矩形组成，现在把每个小矩形当作一个类封装起来。因为现在建立的是一个 3D 魔方，所以要画出每个小矩形，这就需要知道小矩形的 4 个顶点，而这 4 个顶点会根据空间的旋转角度来变换。为了计算出这 4 个顶点坐标，需要知道魔方绕 X 轴和 Z 轴旋转的角度。根据以上分析，建立矩形类如下。

```
function Rect(pointA,pointB,pointC,pointD,angleX,angleZ,color){
    base(this,LSprite,[]);
    this.pointZ = [(pointA[0] + pointB[0] + pointC[0] + pointD[0])/4,(pointA[1] + pointB[1] +
pointC[1] + pointD[1])/4,(pointA[2] + pointB[2] + pointC[2] + pointD[2])/4];
    this.z = this.pointZ[2];
    this.pointA = pointA,this.pointB = pointB,this.pointC = pointC,this.pointD = pointD,this.angleX =
angleX,this.angleZ = angleZ,this.color = color;
```

```
    }
    Rect. prototype. setAngle = function( a,b) {
        this. angleX = a;
        this. angleZ = b;
        this. z = this. getPoint( this. pointZ) [2];
    };
```

pointA、pointB、pointC 和 pointD 为小矩形的 4 个顶点，angleX 和 angleZ 分别是 X 轴和 Z 轴旋转的角度，color 是小矩形的颜色。魔方分为 6 个面，先看一下最前面的一面，如果以立方体的中心作为 3D 坐标系的中心，那么 9 个小矩形的各个顶点所对应的坐标如图 4-13 所示。

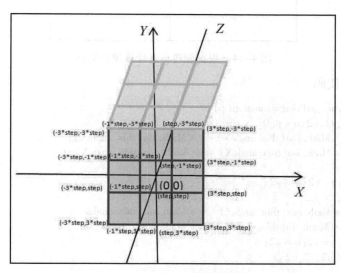

图 4-13　小矩形的顶点对应的坐标

前面这个面的 9 个小矩形可以由下面的代码来建立。

```
for( var x = 0; x < 3; x ++ ) {
    for( var y = 0; y < 3; y ++ ) {
        z = 3;
        var rect = new Rect( [ -3 * step + x * 2 * step, -3 * step + y * 2 * step, -3 * step + z * 2 *
step], [ -step + x * 2 * step, -3 * step + y * 2 * step, -3 * step + z * 2 * step], [ -step + x * 2 *
step, -step + y * 2 * step, -3 * step + z * 2 * step], [ -3 * step + x * 2 * step, -step + y * 2 * step,
-3 * step + z * 2 * step],0,0,"#FF0000" );
        backLayer. addChild( rect);
    }
}
```

其中 backLayer 是一个 LSprite 类，step 是半个小矩形的长，同样的道理，也可以得到其他 5 个面。

6 个面都建立了，在绘制这 6 个面之前，首先要根据旋转角度来计算各个顶点的坐标，如图 4-14 所示。

根据图 4-14，用下面的公式即可得到变换后的顶点坐标。

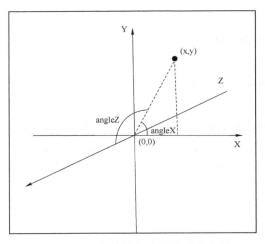

图 4-14　根据旋转角度计算顶点坐标

下面给出完整代码。

```
Rect. prototype. getPoint = function( p) {
    var u2,v2,w2,u = p[0],v = p[1],w = p[2];
    u2 = u * Math. cos( this. angleX) - v * Math. sin( this. angleX);
    v2 = u * Math. sin( this. angleX) + v * Math. cos( this. angleX);
    w2 = w;
    u = u2;v = v2;w = w2;
    u2 = u;
    v2 = v * Math. cos( this. angleZ) - w * Math. sin( this. angleZ);
    w2 = v * Math. sin( this. angleZ) + w * Math. cos( this. angleZ);
    u = u2;v = v2;w = w2;
    return [u2,v2,w2];
};
```

最后根据小矩形的四个顶点坐标来绘制这个矩形。

```
Rect. prototype. draw = function( layer) {
    this. graphics. clear();
    this. graphics. drawVertices(1," #000000 ",[ this. getPoint( this. pointA), this. getPoint( this.
    pointB), this. getPoint( this. pointC), this. getPoint( this. pointD)],true, this. color);
};
```

其中 drawVertices 是 lufylegend. js 库件中 LGraphics 类的一个方法, 它可以根据传入的顶点坐标数组来绘制一个多边形。

下面给出完整代码。

（1）Index. html

```
<!DOCTYPE html >
< html >
< head >
< meta charset = "UTF - 8" >
< title >魔方 </title >
</head >
< body >
```

```
< div id = "mylegend" > loading··· < /div >
< script type = "text/javascript"  src = "js/lufylegend - 1. 10. 1. min. js" > < /script >
< script type = "text/javascript"  src = "js/main. js" > < /script >
< script type = "text/javascript"  src = "js/Rect. js" > < /script >

< /body >
< /html >
```

（2） main. js

```
init(50,"mylegend",400,400,main);
var a = 0,b = 0,backLayer,step = 20,key = null;
function main( ) {
    backLayer = new LSprite( );
    addChild(backLayer);
    backLayer. x = 120,backLayer. y = 120;
    //后
    for( var x = 0;x < 3;x ++ ) {
        for( var y = 0;y < 3;y ++ ) {
            z = 0;
            var rect = new Rect([ - 3 * step + x * 2 * step, - 3 * step + y * 2 * step, - 3 * step + z
* 2 * step],[ - step + x * 2 * step, - 3 * step + y * 2 * step, - 3 * step + z * 2 * step],[ - step + x * 2
* step, - step + y * 2 * step, - 3 * step + z * 2 * step],[ - 3 * step + x * 2 * step, - step + y * 2 *
step, - 3 * step + z * 2 * step],0,0,"#FF4500");
            backLayer. addChild(rect);
        }
    }
    //前
    for( var x = 0;x < 3;x ++ ) {
        for( var y = 0;y < 3;y ++ ) {
            z = 3;
            var rect = new Rect([ - 3 * step + x * 2 * step, - 3 * step + y * 2 * step, - 3 * step + z
* 2 * step],[ - step + x * 2 * step, - 3 * step + y * 2 * step, - 3 * step + z * 2 * step],[ - step + x * 2
* step, - step + y * 2 * step, - 3 * step + z * 2 * step],[ - 3 * step + x * 2 * step, - step + y * 2 *
step, - 3 * step + z * 2 * step],0,0,"#FF0000");
            backLayer. addChild(rect);
        }
    }
    //上
    for( var x = 0;x < 3;x ++ ) {
        for( var z = 0;z < 3;z ++ ) {
            y = 0;
            var rect = new Rect([ - 3 * step + x * 2 * step, - 3 * step + y * 2 * step, - 3 * step + z
* 2 * step],[ - step + x * 2 * step, - 3 * step + y * 2 * step, - 3 * step + z * 2 * step],[ - step + x * 2
* step, - 3 * step + y * 2 * step, - step + z * 2 * step],[ - 3 * step + x * 2 * step, - 3 * step + y * 2 *
step, - step + z * 2 * step],0,0,"#FFFFFF");
            backLayer. addChild(rect);
        }
    }
    //下
    for( var x = 0;x < 3;x ++ ) {
        for( var z = 0;z < 3;z ++ ) {
```

```
                    y = 3;
                    var rect = new Rect([-3 * step + x * 2 * step, -3 * step + y * 2 * step, -3 * step + z
* 2 * step],[-step + x * 2 * step, -3 * step + y * 2 * step, -3 * step + z * 2 * step],[-step + x * 2
* step, -3 * step + y * 2 * step, -step + z * 2 * step],[-3 * step + x * 2 * step, -3 * step + y * 2 *
step, -step + z * 2 * step],0,0,"#FFFF00");
                    backLayer. addChild(rect);
            }
        }
        //左
        for( var y = 0; y < 3; y ++ ) {
            for( var z = 0; z < 3; z ++ ) {
                x = 0;
                var rect = new Rect([-3 * step + x * 2 * step, -3 * step + y * 2 * step, -3 * step + z
* 2 * step],[-3 * step + x * 2 * step, -3 * step + y * 2 * step, -step + z * 2 * step],[-3 * step + x
* 2 * step, -step + y * 2 * step, -step + z * 2 * step],[-3 * step + x * 2 * step, -step + y * 2 *
step, -3 * step + z * 2 * step],0,0,"#008000");
                    backLayer. addChild(rect);
            }
        }
        //右
        for( var y = 0; y < 3; y ++ ) {
            for( var z = 0; z < 3; z ++ ) {
                x = 3;
                var rect = new Rect([-3 * step + x * 2 * step, -3 * step + y * 2 * step, -3 * step + z
* 2 * step],[-3 * step + x * 2 * step, -3 * step + y * 2 * step, -step + z * 2 * step],[-3 * step + x
* 2 * step, -step + y * 2 * step, -step + z * 2 * step],[-3 * step + x * 2 * step, -step + y * 2 *
step, -3 * step + z * 2 * step],0,0,"#0000FF");
                    backLayer. addChild(rect);
            }
        }
        backLayer. addEventListener( LEvent. ENTER_FRAME,onframe);
}
function onframe( ) {
    a += 0. 1,b += 0. 1;
    backLayer. childList = backLayer. childList. sort(function(a,b){return a. z - b. z;});
    for( key in backLayer. childList) {
        backLayer. childList[key]. setAngle(a,b);
        backLayer. childList[key]. draw(backLayer);
    }
}
```

(3) Rect. js

```
function Rect( pointA,pointB,pointC,pointD,angleX,angleZ,color) {
    base(this,LSprite,[]);
    this. pointZ = [(pointA[0] + pointB[0] + pointC[0] + pointD[0])/4,(pointA[1] + pointB[1]
+ pointC[1] + pointD[1])/4,(pointA[2] + pointB[2] + pointC[2] + pointD[2])/4];
    this. z = this. pointZ[2];
    this. pointA = pointA, this. pointB = pointB, this. pointC = pointC, this. pointD = pointD, this. angleX
= angleX, this. angleZ = angleZ, this. color = color;
}
Rect. prototype. draw = function(layer) {
```

```
    this. graphics. clear( ) ;
        this. graphics. drawVertices ( 1," # 000000 " , [ this. getPoint ( this. pointA ) , this. getPoint
( this. pointB) , this. getPoint( this. pointC) , this. getPoint( this. pointD) ] , true , this. color) ;
} ;
Rect. prototype. setAngle = function( a , b) {
    this. angleX = a ;
    this. angleZ = b ;
    this. z = this. getPoint( this. pointZ) [ 2 ] ;
} ;
Rect. prototype. getPoint = function( p) {
    var u2 , v2 , w2 , u = p[ 0 ] , v = p[ 1 ] , w = p[ 2 ] ;
    u2 = u * Math. cos( this. angleX) − v * Math. sin( this. angleX) ;
    v2 = u * Math. sin( this. angleX) + v * Math. cos( this. angleX) ;
    w2 = w ;
    u = u2 ; v = v2 ; w = w2 ;
    u2 = u ;
    v2 = v * Math. cos( this. angleZ) − w * Math. sin( this. angleZ) ;
    w2 = v * Math. sin( this. angleZ) + w * Math. cos( this. angleZ) ;
    u = u2 ; v = v2 ; w = w2 ;
    return [ u2 , v2 , w2 ] ;
} ;
```

2. 完成效果

最终效果如图 4-15 所示。

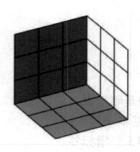

图 4-15　会自动旋转的 3D 魔方效果图

本章小结

本章讲解了 HTML5 的重要特性和新增特性, 以及废除的元素。

HTML5 中新增的一些新特性如下。

- 用于绘画的 < canvas > 元素。
- 用于媒介回放的 < video > 和 < audio > 元素。
- 更好地本地离线存储。
- 新的特殊元素, 如 article、footer、header、nav 和 sectionl。
- 新的表单控件, 如 calendar、date、time、email、url 和 search。
- 使用 Geolocation API 来获得用户的位置信息。

实践与练习

1. 选择题

1）下面不是 HTML5 新增标签的是（　　）。

    A. ＜ article ＞   B. ＜ time ＞   C. ＜ center ＞   D. ＜ section ＞

2）要在一个圆形里填充蓝色，使用下面哪个方法？（　　）

    A. fillStyle   B. fillRect   C. arc   D. colorBegin

3）在 HTML5 中，用于组合标题元素的是（　　）。

    A. ＜ group ＞   B. ＜ header ＞   C. ＜ headings ＞   D. ＜ hgroup ＞

4）HTML5 中不再支持下面的（　　）元素。

    A. ＜ q ＞   B. ＜ ins ＞   C. ＜ menu ＞   D. ＜ font ＞

2. 简答题

1）HTML5 中的 canvas 元素有什么用？

2）HTML5 废弃了哪些 HTML4 标签？

3. 填空题

1. 在 canvas 中绘制弧形，将使用＿＿＿＿＿＿＿方法。

2. 使用＿＿＿＿＿＿＿方法可获得用户的位置。

实验指导

实验目的和要求

- 了解 HTML5 的基础知识。
- 掌握 HTML 的基本结构。
- 学会使用 HTML5 新增标签。
- 学会使用 canvas 绘制简单的图形图案。

实验 1　用 canvas 绘制一个笑脸图案

1. 实验目的

通过使用 HTML5 的 canvas 画布绘制图案，对 canvas 有一个宏观的认识，熟悉 canvas 的各种属性和用法，通过实践激发学生的创造力。

2. 实验要求

自行想象一个笑脸的样子，并用 canvas 实现，如图 4-16 所示。

3. 操作步骤

1）在 HTML5 的编辑页面输入源代码。

2）将此 HTML5 代码以 .html 或者 .htm 作为扩展名，保存到相应文件夹下，例如，以名称"例 4-1.html"保存在 D 盘根目录下。

3）用网页浏览器打开此 HTML 页面，即可看到页面效果。

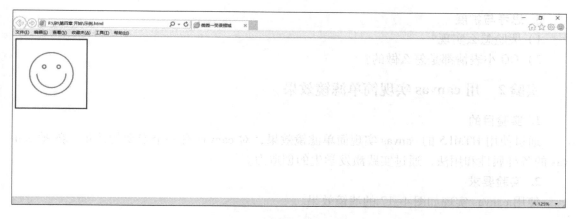

图 4-16　简单笑脸实现效果

4. 实例参考源码

```
< !DOCTYPE html >
< head >
< meta charset = "UTF - 8" >
< title > 微微一笑很倾城 </title >
</head >

< body >

< canvas id = "myCanvas" width = "200px" height = "200px" > </canvas >

</body >
< script >
    var myCanvas = document. getElementById( "myCanvas" ) ;
    var context = myCanvas. getContext( "2d" ) ;

    context. strokeStyle = "blue" ;
    context. lineWidth = 5 ;
    context. strokeRect( 0 ,0 ,200 ,200 ) ;
    //context. closePath( ) ;

    //context. beginPath( ) ;
    context. strokeStyle = "red" ;
    context. lineWidth = 2 ;
    context. arc( 100 ,100 ,60 ,0 ,2 ∗ Math. PI ,true ) ;
    context. moveTo( 140 ,100 ) ;
    context. arc( 100 ,100 ,40 ,0 , Math. PI ,false ) ;
    context. moveTo( 85 ,80 ) ;
    context. arc( 80 ,80 ,5 ,0 ,2 ∗ Math. PI ,true ) ;
    context. moveTo( 125 ,80 ) ;
    context. arc( 120 ,80 ,5 ,0 ,2 ∗ Math. PI ,true ) ;
    context. stroke( ) ;
</script >
</html >
```

5. 思考与扩展

1) 哭脸怎么实现?

2) QQ 小表情都是怎么做的?

实验 2　用 canvas 实现简单滤镜效果

1. 实验目的

通过使用 HTML5 的 canvas 实现简单滤镜效果,对 canvas 有一个宏观的认识,熟悉 canvas 的各种属性和用法,通过实践激发学生的创造力。

2. 实验要求

使用 canvas 实现如图 4-17 的滤镜效果。

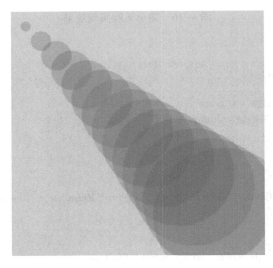

图 4-17　滤镜效果

3. 操作步骤

1) 在 HTML5 的编辑页面输入源代码。

2) 将此 HTML5 代码以 . html 或者 . htm 作为扩展名,保存到相应文件夹下,例如,以名称"例 4-2. html"保存在 D 盘根目录下。

3) 用网页浏览器打开此 HTML 页面,即可看到页面效果。

4. 实例参考源码

```
< !DOCTYPE html >
< head >
< /head >
< body >
< canvas id = " myCanvas" width = "500px" height = "500px" > < /canvas >
< /body >
< script >
    var myCanvas = document. getElementById( "myCanvas" ) ;
    var context = myCanvas. getContext( "2d" ) ;

    context. fillStyle = " #e4e4e4" ;
```

124

```
        context. fillRect(0,0,500,500);

        context. fillStyle = "rgba(255,0,0,0.2)";
        for(i = 1;i < 15;i ++ )
        {
            context. beginPath();
            context. arc(30 * i,30 * i,10 * i,0,2 * Math. PI,true);
            context. fill();
        }

    </script >
    </html >
```

5. 思考与扩展

如果是正方形该怎么做?

第5章 HTML5 表单设计

表单有两个基本组成部分：一个是访问者在页面上可以看见并填写的控件、标签和按钮的集合；另一个是用于获取信息并将其转化为可以读取或计算的格式的处理脚本。本章主要讲解表单第一个组成部分。

HTML5 的一个重要特性就是对表单的改进，通过引入新的表单元素、输入类型和属性，以及内置的必填字段、电子邮件地址、URL 和定制模式的验证，轻松增强表单功能。

5.1 表单属性标签

HTML5 表单主要涉及 < form > 和 < input > 元素的新属性。< form > 元素的新属性主要有 autocomplete 和 novalidate。< input > 元素的新属性主要有 autocomplete、autofocus、form、formaction、formenctype、formmethod、formnovalidate、formtarget、height 与 width、list、min 与 max、multiple、pattern、placeholder、required、step。

1. autocomplete 属性

autocomplete 属性规定 form 或 input 域应该拥有自动完成功能。

注释：autocomplete 适用于 < form > 标签，以及 < input > 标签的 text、search、url、telephone、email、password、datepickers、range 和 color 等类型。

当用户在自动完成域中开始输入时，浏览器应该在该域中显示填写的选项。

📖 在某些浏览器中，可能需要启用自动完成功能，以使该属性生效。默认 < form > 的 autocomplete 属性为 on（开），email 为 off（关）。

【例 5-1】HTML form 中开启 autocomplete 示例。

```
< !DOCTYPE html >
< html >
    < head >
        < meta charset = "UTF - 8" >
        < title > autocomplete 属性示例 </title >
    </head >
    < body >
        < form action = "" autocomplete = "on" >
            姓名：< input type = "text" name = "fname" > < br >
            E - mail：< input type = "email" name = "email" autocomplete = "off" > < br >
            < input type = "submit" >
```

```
            </form >
        </body >
    </html >
```

这段代码在浏览器中的显示效果如图 5-1 所示。

2. novalidate 属性

novalidate 属性值是一个 boolean（布尔）值。novalidate 属性规定在提交表单时不应该验证 form 或 input 域。

【例 5-2】无须验证提交的表单数据。

```
< !DOCTYPE html >
< html >
    < head >
        < meta charset = " UTF – 8" >
        < title > novalidate 属性示例 </title >
    </head >
    < body >
        < form action = " " novalidate >
            E – mail: < input type = " email" name = " user_email" >
            < input type = " submit" >
        </form >
    </body >
</html >
```

这段代码在浏览器中的显示效果如图 5-2 所示。

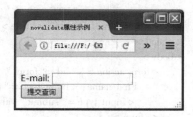

图 5-1　autocomplete 属性示例　　　　图 5-2　novalidate 属性示例

📖 注意：在 Safari 和 Internet Explorer 9 及之前的版本中不支持 novalidate 属性。

---

3. autofocus 属性

autofocus 属性是一个 boolean 属性。autofocus 属性规定在页面加载时，域自动获得焦点。

📖 autofocus 属性适用于所有 < input > 标签的类型。

【例 5-3】让 "First name" 文本框在页面载入时自动聚焦。

```
< !DOCTYPE html >
< html >
```

```
        < head >
            < meta charset = " UTF - 8 " >
            < title > autofocus 属性示例 </title >
        </head >
        < body >
            < form action = " " >
                First name: < input type = " text" name = " fname" autofocus >
            </form >
        </body >
    </html >
```

这段代码在浏览器中的显示效果如图 5-3 所示。

📖 注意: Internet Explorer 9 及更早 IE 版本不支持 < input > 标签的 autofocus 属性。

4. form 属性

form 属性规定输入域所属的一个或多个表单。

📖 form 属性适用于所有 < input > 标签的类型。form 属性必须引用所属表单的 id, 如需引用多个表单, 请使用空格分隔的列表。

【例 5-4】 位于 form 表单外的 input 字段引用了 HTML form。

```
< !DOCTYPE html >
< html >
    < head >
        < meta charset = " UTF - 8 " >
        < title > form 属性示例 </title >
    </head >
    < body >
        < form action = " " id = " form1" >
            First name: < input type = " text" name = " fname" > < br >
                < input type = " submit" value = " 提交" >
        </form >
        Last name: < input type = " text" name = " lname" form = " form1" >
    </body >
</html >
```

这段代码在浏览器中的显示效果如图 5-4 所示。

图 5-3 autofocus 属性示例

图 5-4 form 属性示例

📖 注意：IE 不支持 form 属性。

5. formaction 属性

formaction 属性用于描述表单提交的 URL 地址。formaction 属性会覆盖 < form > 元素中的 action 属性。

📖 注意：formaction 属性与 type = " submit" 和 type = " image" 配合使用。

【例 5-5】 formaction 属性示例。

```
< !DOCTYPE html >
< html >
    < head >
        < meta charset = " UTF - 8" >
        < title > formation 属性示例 </title >
    </head >
    < body >
        < form action = " example. php" >
            First name：< input type = " text" name = " fname" > < br >
            Last name：< input type = " text" name = " lname" > < br >
            < input type = " submit" value = " 提交" > < br >
            < input type = " submit" formaction = " example. php" value = " 提交" >
        </form >
    </body >
</html >
```

这段代码在浏览器中的显示效果如图 5-5 所示。

图 5-5　formation 属性示例

📖 注意：Internet Explorer 9 及更早 IE 版本不支持 < input > 标签的 formaction 属性。

6. formenctype 属性

formenctype 属性描述了表单提交到服务器的数据编码（只对 form 表单中的 method = " post" 表单编码）。formenc-type 属性会覆盖 < form > 元素中的 enctype 属性。

📖 注意：该属性与 type = " submit" 和 type = " image" 配合使用。

【例 5-6】 formenctype 属性示例。

```
< !DOCTYPE html >
< html >
    < head >
        < meta charset = " UTF - 8" >
        < title > formenctype 属性示例 </title >
    </head >
```

```
< body >
    < form action = " example – enctype. php"  method = " post" >
        First name：< input type = " text"  name = " fname" > < br >
        < input type = " submit"  value = " 提交" >
        < input type = " submit"  formenctype = " multipart/form – data"
            value = " 以 Multipart/form – data 提交" >
    </form >
</body >
</html >
```

这段代码在浏览器中的显示效果如图 5-6 所示。

7. formmethod 属性

formmethod 属性定义了表单提交的方式。formmethod 属性覆盖了 < form > 元素中的 method 属性。

📖 注意：该属性可以与 type = " submit" 和 type = " image" 配合使用。

【例 5-7】formmethod 属性示例——重新定义表单提交方式。

```
< !DOCTYPE html >
< html >
    < head >
        < meta charset = " UTF – 8" >
        < title >formmethod 属性示例 </title >
    </head >
    < body >
        < form action = " example – form. php"  method = " get" >
            First name：< input type = " text"  name = " fname" > < br >
            Last name：< input type = " text"  name = " lname" > < br >
            < input type = " submit"  value = " 提交" >
            < input type = " submit"  formmethod = " post"  formaction = " example – post. php"
                value = " 使用 POST 提交" >
        </form >
    </body >
</html >
```

这段代码在浏览器中的显示效果如图 5-7 所示。

图 5-6   formenctype 属性示例

图 5-7   formmethod 属性示例

📖 注意：Internet Explorer 9 及更早 IE 版本不支持 < input > 标签的 formmethod 属性。

---

8. formnovalidate 属性

novalidate 属性是一个 boolean 属性。novalidate 属性描述了 < input > 元素在表单提交时无须被验证。formnovalidate 属性会覆盖 < form > 元素中的 novalidate 属性。

📖 注意：formnovalidate 属性可与 type = "submit" 一起使用。

【例 5-8】 formnovalidate 属性示例——两个提交按钮的表单（适用于不验证提交）。

```
< !DOCTYPE html >
< html >
    < head >
        < meta charset = "UTF - 8" >
        < title > formnovalidate 属性示例 </title >
    </head >
    < body >
        < form action = "" >
            E - mail：< input type = "email" name = "userid" > < br >
            < input type = "submit" value = "提交" > < br >
            < input type = "submit" formnovalidate value = "不验证提交" >
        </form >
    </body >
</html >
```

这段代码在浏览器中的显示效果如图 5-8 所示。

📖 注意：Internet Explorer 9 及更早 IE 版本，以及 Safari 不支持 < input > 标签的 formnovalidate 属性。

9. formtarget 属性

formtarget 属性指定一个名称或一个关键字来指明表单提交数据接收后的展示。formtarget 属性会覆盖 < form > 元素中的 target 属性。

图 5-8 formnovalidate 属性示例

📖 注意：formtarget 属性与 type = "submit" 和 type = "image" 配合使用。

【例 5-9】 formtarger 属性示例——两个提交按钮的表单，在不同窗口中显示。

```
< !DOCTYPE html >
< html >
    < head >
        < meta charset = "UTF - 8" >
        < title > formtarget 属性示例 </title >
    </head >
    < body >
        < form action = "" >
            First name：< input type = "text" name = "fname" > < br >
            Last name：< input type = "text" name = "lname" > < br >
            < input type = "submit" value = "正常提交" >
```

```
                    < input type = "submit" formtarget = "_blank"
                        value = "提交到一个新的页面上" >
                    </form >
                </body >
            </html >
```

这段代码在浏览器中的显示效果如图 5-9 所示。

图 5-9　formtarget 属性示例

📖 注意：Internet Explorer 9 及更早 IE 版本不支持 < input > 标签的 formtarget 属性。

10. height 和 width 属性

height 和 width 属性规定用于 image 类型的 < input > 标签的图像高度和宽度。

📖 注意：height 和 width 属性只适用于 image 类型的 < input > 标签。

提示：图像通常会同时指定高度和宽度属性。如果为图像设置了高度和宽度，图像所需的空间在加载页面时会被保留。如果没有这些属性，浏览器不知道图像的大小，无法预留适当的空间。图片在加载过程中会使页面布局效果改变（尽管图片已被加载）。

【例 5-10】 使用 height 和 width 属性定义一个图像提交按钮。

```
            < !DOCTYPE html >
            < html >
                < head >
                    < meta charset = "UTF - 8" >
                    < title >height 和 width 属性示例 </title >
                </head >
                < body >
                    < form action = "" >
                    First name：< input type = "text" name = "fname" > < br >
                    Last name：< input type = "text" name = "lname" > < br >
                    < input type = "image" src = "img_submit. gif" alt = "Submit" width = "48" height = "48" >
                    </form >
                </body >
            </html >
```

这段代码在浏览器中的显示效果如图 5-10 所示。

11. list 属性

list 属性规定输入域的 datalist。datalist 是输入域的选项列表。

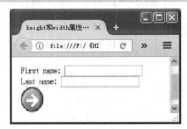

图 5-10　height 和 width 属性示例

📖 list 属性适用于以下类型的 < input > 标签：text、search、url、telephone、email、date pickers、number、range 和 color。

【例 5-11】 list 属性示例。

```
< !DOCTYPE html >
< html >
    < head >
        < meta charset = " UTF – 8 " >
        < title > list 属性示例 </ title >
    </ head >
    < body >
        < form action = " "  method = " get " >
            < input list = " browsers "  name = " browser " >
            < datalist id = " browsers " >
                < option value = " Internet Explorer " >
                < option value = " Firefox " >
                < option value = " Chrome " >
                < option value = " Opera " >
                < option value = " Safari " >
            </ datalist >
            < input type = " submit " >
        </ form >
    </ body >
</ html >
```

这段代码在浏览器中的显示效果如图 5 – 11 所示。

📖 注意：Internet Explorer 9（及更早 IE 版本）和 Safari 不支持 datalist 标签。

图 5 – 11　list 属性示例

12. min 和 max 属性

min 和 max 属性用于为包含数字或日期的 < input > 标签规定限定（约束）。max 属性规定输入域所允许的最大值，min 属性规定输入域所允许的最小值。

📖 min 和 max 属性适用于以下类型的 < input > 标签：date pickers、number 及 range。

【例 5 – 12】　< input > 元素的最小值与最大值设置。

```
< !DOCTYPE html >
< html >
    < head >
        < meta charset = " UTF – 8 " >
        < title > max 和 min 属性示例 </ title >
    </ head >
    < body >
        < form action = " " >
            输入 2000 – 01 – 01 之前的日期：
            < input type = " date "  name = " bday "  max = " 1979 – 12 – 31 " > < br >
            输入 2010 – 01 – 01 之后的日期：
            < input type = " date "  name = " bday "  min = " 2000 – 01 – 02 " > < br >
            数量（在 1 和 5 之间）：
            < input type = " number "  name = " quantity "  min = " 1 "  max = " 5 " > < br >
```

```
                < input type = " submit " >
              </form >
          </body >
      </html >
```

这段代码在浏览器中的显示效果如图 5-12 所示。

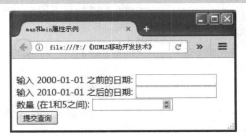

图 5-12　max 和 min 属性示例

📖 注意：Internet Explorer 9 及更早 IE 版本，以及 Firefox 不支持 < input > 标签的 max 和 min 属性。在 Internet Explorer 10 中，max 和 min 属性不支持输入日期和时间，IE 10 不支持这些输入类型。

13. step 属性

step 属性为输入域规定合法的数字间隔。如果 step = "3"，则合法的数是 - 3、0、3 和 6 等。step 属性可以与 max 和 min 属性创建一个区域值。

📖 注意：step 属性可与以下 type 类型一起使用：number、range、date、datetime、datetime - local、month、time 和 week。

【例 5-13】 规定 input step 步长为 3。

```
< !DOCTYPE html >
< html >
    < head >
        < meta charset = " UTF - 8 " >
        < title > step 属性示例 </title >
    </head >
    < body >
        < form action = " " >
            < input type = " number " name = " points " step = " 3 " >
            < input type = " submit " >
        </form >
    </body >
</html >
```

这段代码在浏览器中的显示效果如图 5-13 所示。

📖 注意：Internet Explorer 9 及更早 IE 版本，以及 Firefox 不支持 < input > 标签的 step 属性。

14. multiple 属性

图 5-13　step 属性示例

multiple 属性规定输入域中可选择多个值。

📖 multiple 属性适用于以下类型的 < input > 标签：email 和 file。

【例 5-14】 上传多个文件。

```
< !DOCTYPE html >
< html >
    < head >
        < meta charset = "UTF – 8" >
        < title > multiple 属性示例 </title >
    </head >
    < body >
        < form action = " " >
            选择图片：< input type = "file" name = "img" multiple >
            < input type = "submit" >
        </form >
        < p >尝试选取一张或者多张图片。</p >
    </body >
</html >
```

这段代码在浏览器中的显示效果如图 5–14 所示。

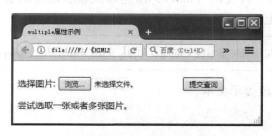

图 5–14　multiple 属性示例

注意：Internet Explorer 9 及更早 IE 版本不支持 < input > 标签的 multiple 属性。

15. pattern 属性

pattern 属性规定用于验证 input 域的模式（pattern）。模式（pattern）是正则表达式。读者可以在 JavaScript 教程中学习有关正则表达式的内容。

pattern 属性适用于以下类型的 < input > 标签：text、search、url、telephone、email 及 password。

【例 5–15】此例的功能是显示一个只能包含 3 个字母的文本域（不含数字及特殊字符）。

```
< !DOCTYPE html >
< html >
    < head >
        < meta charset = "UTF – 8" >
        < title > pattern 属性示例 </title >
    </head >
    < body >
        < form action = " " >
            Country code：< input type = "text" name = "country_code"
                            pattern = "[A – Za – z]{3}" title = "Three letter country code" >
            < input type = "submit" >
        </form >
    </body >
</html >
```

这段代码在浏览器中的显示效果如图 5-15 所示。

图 5-15　pattern 属性示例

📖 注意：Internet Explorer 9 及更早 IE 版本，以及 Safari 不支持 <input> 标签的 pattern 属性。

16. placeholder 属性

placeholder 属性提供一种提示（hint），描述输入域所期待的值。简短的提示在用户输入值前会显示在输入域上。

📖 注意：placeholder 属性适用于以下类型的 <input> 标签：text、search、url、telephone、email 及 password。

【例 5-16】input 字段提示文本。

```
< !DOCTYPE html >
< html >
    < head >
        < meta charset = " UTF - 8 " >
        < title > placeholder 属性示例 </ title >
    </ head >
    < body >
        < form action = " " >
            < input type = " text " name = " fname " placeholder = " First name " > < br >
            < input type = " text " name = " lname " placeholder = " Last name " > < br >
            < input type = " submit " value = " 提交 " >
        </ form >
    </ body >
</ html >
```

这段代码在浏览器中的显示效果如图 5-16 所示。

📖 注意：Internet Explorer 9 及更早 IE 版本不支持 <input> 标签的 placeholder 属性。

图 5-16　placeholder 属性示例

17. required 属性

required 属性规定必须在提交之前填写输入域（不能为空），它的值具有 boolean 属性。

📖 required 属性适用于以下类型的 <input> 标签：text、search、url、telephone、email、password、date pickers、number、checkbox、radio 及 file。

【例 5-17】 不能为空的 input 字段。

```
< !DOCTYPE html >
< html >
    < head >
        < meta charset = " UTF - 8" >
        < title > required 属性示例 </title >
    </head >
    < body >
        < form action = " " >
            Username：< input type = " text"  name = " usrname"  required >
             < input type = " submit" >
        </form >
    </body >
</html >
```

这段代码在浏览器中的显示效果如图 5-17 所示。

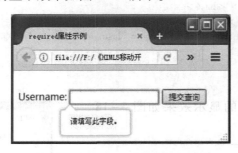

图 5-17　required 属性示例

5.2　添加类控件

HTML 的 < input > 标签是一个复合 HTML 空间，该空间同样是通过不同的 type 特性值声明其实现的功能。

5.2.1　文本控件

文本框可以包含一行无格式的文本，访问者可以输入任何内容，通常为姓名、地址等信息。每个文本框都是通过 type = " text" 的 < input > 标签设置的。除了 type 之外，还有一些其他可用属性，其中最重要的就是 name 和 value 两个属性。创建文本框的步骤如下。

1）输入用于让访问者识别文本框需要填入内容的标签，如 < label > 名：</label >。

2）输入 < input type = " text" ，设置控件模式为文本框。

3）输入 name = " firstname" ，这里的 firstname 是用于让服务器和脚本识别输入数据的文本。

4）如果需要，输入 value = " default" ，这里的 default 是这个字段中最初显示的数据，如果访问者没有输入别的内容，这个数据将被发送到服务器。

5）最后输入 > 或/ > ，结束文本框。

【例5-18】 通过 < input > 标签的 type 属性设置文本框。

```
<!DOCTYPE html >
<html >
    <head >
        <title >
            文本控件
        </title >
    </head >
    <body >
        <form >
            <label > 名：</label >
            <input type = "text" name = "firstname" value = "文本" >
            <br / > <br / >
            <label > 姓：</label >
            <input type = "text" name = "lastname" value = "文本" >
        </form >
    </body >
</html >
```

这段代码在浏览器中的显示效果如图 5-18 所示。

📖 提示：尽管 < lable > 是可选的，但还是强烈推荐使用。< lable > 对提升表单的可访问性和可用性有很重要作用。

图 5-18   文本控件

5.2.2   密码域

当 HTML < input > 标签的 type = "text" 时，表示控件为单行文本输入框。当 < input > 标签的 type = "password" 时，表示控件为单行文本输入框密码域。密码域与单行文本控件的功能基本一致，不同的是当用户输入密码时，密码域中的文本显示的是同一字符。创建密码域的步骤如下。

1）输入用于让访问者识别密码域的标签。

2）输入 < input type = "password" 。

3）输入 name = "keySet"，这里的 keySet 用于让服务器识别输入数据的文本。

4）如果需要，输入 maxlength = "n"，这里的 n 是密码域允许输入的最大字符数。

5）最后输入 > 或 / >，结束密码域。

📖 即使密码域中没有输入任何内容，name 属性仍将被发送到服务器（使用未定义的 value）。密码域提供的唯一保护措施就是防止其他人看到用户输入的密码。

【例5-19】密码域的应用示例。

```
< !DOCTYPE html >
< html >
    < head >
        < title >
            密码域示例
        </ title >
    </ head >
    < body >
        < form action = " " method = " get " >
            < label > 姓名: </ label >
            < input type = " text " name = " fname " / > < br / >
            < label > 密码: </ label >
            < input type = " password " name = " key " / > < br / >
        </ form >
    </ body >
</ html >
```

这段代码在浏览器中的显示效果如图5-19所示。

5.2.3 单选按钮

单选按钮的用途是给用户提供一组选项,在这些选项中,
每次只能有一项被选中。

当< input >标签的 type = " radio"时,表示该标签为单选按
钮。创建单选按钮的步骤如下。

图5-19 密码域

1)如果需要,输入单选按钮的介绍文本。例如,可以使
用"请选择下列一组选项中的一个"。

2)输入< input type = " radio"。

3)输入 name = " radioSet",这里的 radioSet 用于识别发送至服务器的数据,同时用于将
多个单选按钮联系在一起,确保同一组中最多只有一个选项被选中。

4)输入 value = " data",这里的 data 是该单选按钮被选中(包括被默认选中和用户手动
选中)时要发给服务器的文本。

5)如果需要,输入 checked 或 checked = " checked"让该单选按钮在页面打开时默认处
于选中状态;在一组单选按钮中,只能对一个按钮添加这个属性。

6)最后输入 >或/ >,结束单选按钮。

📖 同一组单选按钮的 name 值都是相同的。

【例5-20】单选按钮的应用示例。

```
< !DOCTYPE html >
< html >
    < head >
        < title >
            单选按钮示例
```

```
            </title >
        </head >
        < body >
            < form action = " "  method = " get" >
                您最喜欢水果？ < br / > < br / >
                < label > < input name = " Fruit"  type = " radio"  value = " apple"  / > 苹果 </label >
                < label > < input name = " Fruit"  type = " radio"  value = " peach"  / > 桃子 </label >
                < label > < input name = " Fruit"  type = " radio"  value = " banana" / > 香蕉 </label >
                < label > < input name = " Fruit"  type = " radio"  value = " pear"  / > 梨 </label >
                < label > < input name = " Fruit"  type = " radio"  value = " others"  / > 其他 </label >
            </ form >
        </ body >
    </ html >
```

这段代码在浏览器中的显示效果如图 5-20 所示。

5.2.4　复选框

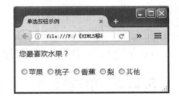

当 < input > 标签的 type = " checkbox"时，表示该标签为复
选框。复选框的用途是给用户提供多种选择的功能。用户需
要从若干个给定的选项中选取一个或多个选项时，可以使用
复选框控件。创建复选框的步骤如下。

图 5-20　单选按钮

1) 如果需要，输入复选框的介绍文本。例如，可以使用
"请选择下列选项中的一个或多个"。

2) 输入 < input type = " checkbox"。

3) 输入 name = " boxSet"，这里的 boxSet 用于识别发送至服务器的数据，同时用于将多
个复选框联系在一起（对于所有复选框使用同一个 name 值）。

4) 输入 value = " data"，这里的 data 是该复选框被选中（包括被默认选中和用户手动选
中）时要发给服务器的文本。

5) 如果需要，输入 checked 或 checked = " checked"让该复选框在页面打开时默认处于
选中状态；建站者或访问者可能会选择默认的选项。

6) 最后输入 > 或/ >，结束复选框。

📖 同一组复选框的 name 值都是相同的。

【例 5-21】复选框的应用示例。

```
        < !DOCTYPE html >
        < html >
            < head >
                < title >
                    复选框示例
                </ title >
            </ head >
            < body >
                < form action = " "  method = " get" >
```

140

```
                您喜欢的水果?  < br/ > < br/ >
                < label > < input name = " Fruit" type = "checkbox" value = "apple"/ > 苹果 </label>
                < label > < input name = " Fruit" type = "checkbox" value = "peach"/ > 桃子 </label>
                < label > < input name = " Fruit" type = "checkbox" value = "banana"/ > 香蕉 </label>
                < label > < input name = " Fruit" type = "checkbox" value = "pear" / > 梨 </label>
            </form>
        </body>
    </html>
```

这段代码在浏览器中的显示效果如图 5-21 所示。

5.2.5 普通按钮

在表单中，将 < input > 标签中的 type 属性设置为 button，
就可以在表单中插入普通按钮。这个按钮如果没有编写相应
的单击事件，那么单击该按钮将没有任何执行效果。创建普
通按钮的步骤如下。

图 5-21 复选框

1）输入 < input   type = " button"。

2）输入 name = " ok"，这里的 ok 用于识别发送至服务器的数据。

3）输入 value = " 确定"，value 属性定义的是浏览网页时按钮上显示的标题文字。

4）最后输入 > 或/ >，结束普通按钮。

【例 5-22】普通按钮的应用示例。

```
    < !DOCTYPE html >
    < html >
        < head >
            < title >
                    普通按钮示例
            </title>
        </head>
        < body >
            < form >
                    < input    type = " button"    name = " ok"    value = "确定" >
            </form>
        </body>
    </html>
```

这段代码在浏览器中的显示效果如图 5-22 所示。

5.2.6 提交按钮

访问者输入的信息如果不发送到服务器，就没有用。应该总
是为表单创建提交按钮，让访问者可以将信息进行提交。提交的
按钮可以呈现为文本、图片或两者的结合。此处，只介绍提交按
钮的普通形式，创建步骤如下。

图 5-22 普通按钮

1）输入 < input type = " submit"。

2）如果需要，输入 value = " submit message"，这里的 submit message 是将要出现在按钮
上的标题文字。

141

3）最后输入 > 或 / >，结束提交按钮。

📖 如果省略 value 属性，那么根据不同的浏览器，提交按钮就会显示默认的 Submit 或者 Submit Query。

【例 5-23】提交按钮的应用示例。

```
< !DOCTYPE html >
< html >
    < head >
        < title >
            提交按钮示例
        < /title >
    < /head >
    < body >
        < form action = " " method = " get" >
            姓名 : < input type = " text" name = " fname" / > < br / >
            密码 : < input type = " password" name = " key" / > < br / >
            < input type = " submit" value = " 提交" >
            < input type = " reset" value = " 重置" >
        < /form >
    < /body >
< /html >
```

这段代码在浏览器中的显示效果如图 5-23 所示。

图 5-23 提交和重置按钮

当用户单击"提交"按钮时，表单中所有控件的"名称/值"被提交，提交目标是 < form > 元素的 action 属性所定义的 URL 地址。

📖 如果有多个提交按钮，可以为每个按钮设置 name 属性和 value 属性，从而让脚本知道用户按下的是哪个按钮，否则，最好省略 name 属性。

5.2.7 重置按钮

当访问者发现表单中的内容输入错误时，可以全部重置表中的所有内容。此时就需要设置重置按钮。创建重置按钮的步骤如下。

1）输入 < input type = " reset"。

2）如果需要，输入 value = "submit message"，这里的 submit message 是将要出现在按钮上的标题文字。

3）最后输入 > 或 / >，结束提交按钮。

具体示例详见【例 5-23】。

5.3　表单输出元素和验证

表单从访问者那里收集信息，然后通过输出元素和脚本进行提交。在提交表单时，要对用户输入的每个字段的内容进行检查，看是否符合预期的格式。

5.3.1　表单的输出元素

表单的输出使用的标签是＜output＞，此标签可以定义不同类型的输出，如脚本的输出。＜output＞标签是 HTML5 中的新标签，其标准属性如表 5-1 所示。

表 5-1　＜output＞标签的标准属性

属　　性	值	描　　述
fornew	element_id	定义输出域相关的一个或多个元素
formnew	form_id	定义输入字段所属的一个或多个表单
namenew	name	定义对象的唯一名称（表单提交时使用）

【例 5-24】表单输出元素应用举例。

```
< body >
< form oninput = "x. value = parseInt( a. value) + parseInt( b. value)" >0
< input type = "range" id = "a" value = "50" >100
+ < input type = "number" id = "b" value = "50" >
= < output name = "x" for = "a b" > </output >
</form >
< p > < b >注释: </b > Internet Explorer 不支持 ＜output＞ 标签。</p >
</body >
```

这段代码在浏览器中的显示效果如图 5-24 所示。

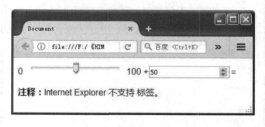

图 5-24　表单的输出元素

5.3.2　表单验证

表单验证是一套系统，它为终端用户检测无效的数据并标记这些错误，是一种用户体验的优化，让 Web 应用更快地抛出错误；但它仍不能取代服务器端的验证，重要数据还要依赖于服务器端的验证，因为前端验证是可以绕过的。

目前任何表单元素都有 8 种可能的验证约束条件，如表 5-2 所示。

表 5-2　验证约束条件

名　称	用　途	用　法
valueMissing	确保控件中的值已填写	将 required 属性设为 true， < input type = "text" required = "required" / >
typeMismatch	确保控件值与预期类型相匹配	< input type = "email" / >
patternMismatch	根据 pattern 的正则表达式判断输入是否为合法格式	< input type = "text" pattern = "[0-9]｛12｝"/ >
toolong	避免输入过多字符	设置 maxLength，< textarea id = "notes" name = "notes" max-Length = "100" > < /textarea >
rangeUnderflow	限制数值控件的最小值	设置 min， < input type = "number" min = "0" value = "20"/ >
rangeOverflow	限制数值控件的最大值	设置 max， < input type = "number" max = "100" value = "20"/ >
stepMismatch	确保输入值符合 min、max 和 step 的设置	设置 max、min 和 step， < input type = "number" min = "0" max = "100" step = "10" value = "20"/ >
customError	处理应用代码明确设置及计算产生错误	例如，验证两次输入的密码是否一致

5.4　案例：E-M 在线注册应用

至此，表单及其涉及的基本知识已经介绍完毕，为了更好地理解以上所讲述的内容，下面来完成一个 E-M 在线注册界面的设计。该界面的样式如图 5-25 所示。

图 5-25　E-M 在线注册界面

该界面的代码如下。

```html
<!DOCTYPE html>
<html lang = "zh - cmn - Hans">
<head>
    <link rel = "stylesheet" href = "./css/bootstrap. min. css" >
    <link rel = "stylesheet" href = "./css/bootstrap - theme. min. css" >
</head>
<body>
    <div class = "container">
        <div class = "row clearfix">
        <div class = "col - md - 3 column">
        </div>
        <div class = "col - md - 6 column">
        <center> <h3> <strong> E - M 在线注册 </strong> </h3> </center>
        <form role = "form" action = "#" method = "post">
        <div class = "form - group">
        <label> 账   号 </label> <input type = "text" class = "form - control" id = "id"
required = "required" />
        </div>

        <div class = "form - group">
        <label> 密   码 </label> <input type = "password" class = "form - control" id =
"password" required = "required" />
        </div>

        <div class = "form - group">
        <label> 昵   称 </label> <input type = "text" class = "form - control" id = "nick-
name" required = "required" />
        </div>

        <div class = "form - group">
        <label> 真   实   姓   名 </label> <input type = "text" class = "form -
control" id = "realname" />
        </div>

        <div class = "form - group">
        <label> 邮   箱 </label> <input type = "email" class = "form - control" id =
"email" required = "required" />
        </div>

        <div class = "form - group">
        <label> 手   机   号   码 </label> <input type = "text" class = "form -
control" id = "phone" required = "required" />
        </div>

        <label> 性别 </label> <br>
        男 <input type = "radio" id = "sex" value = "man" /> <br>
        女 <input type = "radio" id = "sex" value = "female" /> <br> <br>

        <label> 个人爱好 </label> <br>
        篮球：<input type = "checkbox" id = "basketball" value = "1" /> <br>
```

```
                    其他：< input type = " checkbox"   id = " other" value = " 1" / > < br >
                    < textarea id = " other_favorite" class = " form - control" required = " required" >  < / textarea >
        < br >

                    < div class = " form - group" >
                    < label  > 职业：< / label >
                    < select class = " form - control" id = " career"  >
                    < option value  = " stu" > 学生 < / option >
                    < option value = " tea" > 老师 < / option >
                    < option value = " opel" > Opel < / option >
                    < option value = " other" > other < / option >
                    < / select >
                    / div > < br > < br > < br >

                    < button type = " submit" class = " btn btn - default" > 提交 < / button >
                    < button type = " reset" class = " btn btn - default" > 重置 < / button >
                    < br > < br > < br > < br > < br >
                    < / form >
                    < / div >
                    < div class = " col - md - 3 column" >
                    < / div >
                    < / div >
            < / div >
            < script src = " . /js/bootstrap. min. js"  < / script >
    < / body >
    < / html >
```

本章小结

　　本章主要介绍了表单常用的一些属性标签，讲解了如何在表单中创建文本控件、密码域、单选按钮、复选框等不同模式的按钮，最后介绍了如何将表单中的元素进行输出提交，以及提交过程中如何进行验证。最后，以一个 E - M 在线注册界面为例对本章的知识内容进行了总结与实践。

实践与练习

1. HTML5 新的表单属性主要涉及哪些新属性？
2. 文本控件和密码域的主要区别是什么？
3. 单选按钮在设计时如何实现单选功能？
4. 常用的按钮一共有几种模式？它们分别能实现哪些功能？
5. 表单的输出使用的是什么标签？它有哪些标准属性？

实验指导

　　HTML5 中的表单增加了很多新的属性，因此，实训的目的是通过对表单属性标签和一些常用控件的使用，熟悉并掌握 HTML5 中与表单相关的属性标签和应用，以及表单中经常使用的各类控件的应用。

实验目的和要求

- 掌握并练习 HTML5 表单的新属性。
- 熟练掌握文本控件和密码域控件的应用。
- 熟练掌握单选按钮和复选框的应用。
- 能根据实际需求使用普通按钮、提交按钮和重置按钮。

实验 1　CRM 系统注册页面实现

随着电子商务的广泛应用，人们的生活方式也随之改变。企业为提高核心竞争力，利用相应的信息技术及互联网技术来协调企业与顾客间在销售、营销和服务上的交互，从而提升其管理方式，向客户提供创新的、个性化的客户交互和服务过程。其最终目标是吸引新客户、保留老客户，以及将已有客户转变为忠实客户，增加市场份额。在这种背景下，越来越多的 CRM（Customer Relationship Management）系统随之产生。

题目　CRM 注册页面的设计

1. 任务描述

为 CRM 系统设计新用户的注册界面。

2. 任务要求

1）新用户要输入 CRM 系统管理需要的基本信息。

2）为了实现客户的个性化管理，要求客户输入自己的兴趣爱好等信息。

3. 知识点提示

本任务主要用到以下知识点。

1）单选按钮和复选框的实际应用。

2）能很好地根据需要使用普通按钮、提交按钮和重置按钮。

4. 操作步骤提示

1）根据需求，设计用户需要填写的基本信息，选择相应的控件及其属性。

2）使用单选按钮和复选框设计用户的个性化信息。

3）根据需要，设计提交按钮、重置按钮或普通按钮。

实验 2　QQ 登录系统实现

计算机网络的飞速发展影响着人们的生活方式，人们的沟通方式也逐渐被网络所影响。例如，使用 QQ 或微信等方式来实现人与人之间的沟通。本实验将通过所学的 HTML 知识来完成一个 QQ 登录界面的设计。

题目　登录页面的设计

1. 任务描述

使用 HTML5 的表单和基本控件完成 QQ 登录界面的设计。

2. 任务要求

1）掌握表单设计的基本方法。

2）使用表单的基本控件完成相应的设计。

3. 知识点提示

本任务主要用到以下知识点。

1）HTML5 表单设计的基本方法。

2）能很好地根据需要使用普通按钮、提交按钮和重置按钮。

4. 操作步骤提示

1）设计文本框和密码域，完成登录基本信息的填写。

2）根据需要，设计提交按钮、重置按钮或普通按钮。

第 6 章　CSS3 样式

CSS3 使用了层叠样式表技术，可以对网页布局、字体、颜色和背景灯效果进行控制。CSS3 作为 CSS 的进阶版，拆分并增加了盒子模型、列表模块、语言模块、背景和边框、文字特效，以及多栏布局等。CSS3 的改变有很多，增加了文字特效，丰富了下画线样式，加入了圈重点的功能。在边框方面有了更多的灵活性，可以更加轻松地操控渐变效果和动态效果等。在文字效果方面，特意增加了投影。

CSS3 在兼容性上下了很大功夫，并且网络浏览器也还支持 CSS2，因此原来的代码无须做太多的改变，只会变得更加轻松。

6.1　CSS 概述

CSS 即层叠样式表（Cascading Style Sheet）。在网页制作时采用 CSS 技术，可以有效地对页面的布局、字体、颜色、背景和其他效果实现更加精确的控制。只要对相应的代码做一些简单的修改，就可以改变同一页面的不同部分，或者不同的网页的外观和格式。

CSS3 是 CSS 技术的升级版本，CSS3 语言开发是朝着模块化发展的。以前的规范作为一个模块太庞大且比较复杂，所以，把它分解为一些小的模块，更多新的模块也被加入进来。这些模块包括盒子模型、列表模块、超链接方式、语言模块、背景和边框、文字特效，以及多栏布局等。

6.2　CSS 的属性和背景

6.2.1　CSS 属性

CSS 属性的名称是合法的标识符，是 CSS 语法中的关键字。一种属性规定了格式修饰的一方面。例如，color 是文本的颜色属性，而 text – indent 则规定了段落的缩进。要掌握一个属性的用法，有以下 6 个方面需要了解。

1）该属性的合法属性值（Legal Value）。显然段落缩进属性 text – indent 只能赋给一个表示长度的值，而表示背景图案的 background – image 属性则应该取一个表示图片位置链接的值，或者是关键字 none（表示不用背景图案）。

2）该属性的默认值（Initial Value）。当在样式表中没有规定该属性，而且该属性不能从它的父级单位那里继承时，浏览器将认为该属性取它的默认值。

3）该属性所适用的元素（Applies to）。有的属性只适用于某些个别的元素，如 white – space 属性就只适用于块级元素，可以取 normal、pre 和 nowrap 这 3 个值，当取 normal 值时，浏览器将忽略掉连续的空白字符，而只显示一个空白字符；当取 pre 值时，则保留连续的空白字符；当取 nowrap 值时，连续的空白字符被忽略，而且不自动换行。

4）该属性的值是否被下一级继承（Inherited）。

5）如果该属性能取百分值（Percentage），那么该百分值将如何解释，即百分值所相对的标准是什么。如 margin 属性可以取百分值，表示外边距为基于父元素的宽度的百分比。

6）该属性所属的媒介类型组（Media Groups）。一个简单的例子就是 color 属性。由于只有那些基于显示器或打印机的浏览软件才用得着该属性，所以 color 属性所属的媒介类型组就是 visual。

CSS 的基本属性主要包括背景属性、文本属性、字体属性、边界属性、边框属性、边距属性、列表属性和定位属性等。CSS 规范了长属性列表，但在大多数 Web 站点中不会用到所有项目。常见的 CSS 属性如表 6-1 所示。

表 6-1　CSS 属性

CSS 属性	描　　述	应 用 示 例
background – color background – image	指定元素的背景色或图像	background – color； white background – image；url(Image. jpg)
border	指定元素的边框	border；3px solid black
color	修改字体颜色	color；Green
display	修改元素的显示方式，允许隐藏或显示它们	display；none； 它使元素被隐藏，不占用任何屏幕空间
float	允许用左浮动或右浮动将元素浮动在页面上	float；left； 该设定使跟着一个浮动的其他内容被放在元素的右上角
font – family font – size font – style font – weight	修改页面上使用的字体外观	font – family；Arial font – size；18px font – style；italic font – weight；bold
height width	设置页面中元素的高度或宽度	height；100px width；200px
margin padding	设置元素内部（填料）或外部（边空）的自由空间数量	margin；20px padding；0
visibility	控制页面中的元素是否可见。不可见的元素仍然占用屏幕空间，只是看不到它们而已	visibility；hidden； 这会使元素不可见

CSS 中有些属性属于缩写属性，即允许使用一个属性设置多个属性值。例如，background 属性就是缩写属性，它可以一次设置 background – color、background – image、background – repeat、background – attachment 和 background – position 的属性值。在缩写属性中如果有一些值被省略，那么被省略的属性就被赋予其初始值。举例如下。

```
div
{
    background – color；red；
```

```
background – image:none;
background – repeat:repeat;
background – repeat:0%  0%;
background – attachment:scroll;
}
```

等价于

```
div
{
    background:red;
}
```

示例中 background – image、background – repeat、background – attachment 和 background – position 这 4 个属性设置的值都是其初始值，因此可以省略。

其他 CSS 缩写属性如下。

- CSS font 属性，可以表示 font – style、font – variant、font – weight、font – size、line – height 和 font – family。
- CSS list – style 属性，可以表示 list – style – type、list – style – position 和 list – style – image。
- CSS border 属性，可以表示 border – width、border – style 和 border – color。

【例 6-1】使用 CSS3 中的 border – style 属性定义边框样式示例。

```
< !DOCTYPE html >
< html >
< head >
< title > aa </ title >
< style >
p. none  {border – style:none;}
p. dotted  {border – style:dotted;}
p. solid  {border – style:solid;}
</ style >
</ head >
< body >
< p class = " none" > No border.  </ p >
< p class = " dotted" > A dotted border.  </ p >
< p class = " solid" > A solid border.  </ p >
</ body >
</ html >
```

这段代码在浏览器中的显示效果如图 6-1 所示。

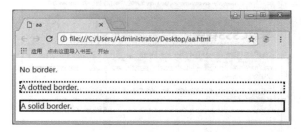

图 6-1　border – style 属性示例

151

6.2.2 CSS3 背景

CSS3 添加了几个新的背景属性，提供了对背景更强大的控制。在 CSS3 中可以通过 background－image 属性来添加背景图片。

📖 CSS3 允许在元素中添加多个背景图像，不同的背景图像之间用逗号隔开，所有的图片中显示在最顶端的为第一张。

【例 6-2】 利用 background－image 属性添加背景。

```
< link href = " https://fonts. gogleapis. com/css? family = Lobster" rel = " stylesheet" type = " text/
css" >
< !DOCTYPE html >
< html >
< head >
< title > background － image </title >
< style >
#example1 {
    background － image:url( 1. jpg) ,url( 2. jpg) ;
    background － position:right bottom,left top;
    background － repeat:no － repeat,repeat;
    padding:15px;
}
</style >
</head >
< body >
< div id = " example1" >
<h1 >学习 CSS3 样式 </h1 >
< p > CSS 即层叠样式表( Cascading Style Sheet) 。</p >
< p > 在网页制作时采用 CSS 技术,可以有效地对页面的布局、字体、颜色、背景和其他效果实现
      更加精确的控制。</p >
< p > 只要对相应的代码做一些简单的修改,就可以改变同一页面的不同部分,或者页数不同的
      网页的外观和格式。</p >
</div >
</body >
</html >
```

这段代码在浏览器中的显示效果如图 6-2 所示。

图 6-2　利用 background － image 属性添加背景

在 CSS3 中还有一些其他重要属性可用来控制背景图像，如 background – size 属性、background – origin 属性和 background – clip 属性等。

1. background – size 属性

该属性用于定义背景图片的大小，图片大小可以通过像素来指定。例如，可以按照下面方式定义。

```
< style >
{
    background:url( img/camera. jpeg) ;
    background – size:80px 60px ;
    background – repeat:no – repeat;
    padding – top:40px ;
}
</style >
```

背景图片还可以按照百分比来定义，如按照下面方式定义。

```
div
{
    background:url(/statics/images/course/img_flwr. gif) ;
    background – size:100% 100% ;
    background – repeat:no – repeat;
}
```

2. background – origin 属性

background – origin 属性指定了背景图像的位置区域。可在 content – box、padding – box 和 border – box 区域内放置背景图像。

【例 6-3】利用 background – origin 属性指定图像的位置区域。

```
< !DOCTYPE html >
< html >
< head >
< meta charset = "UTF – 8" >
< title > background – origin </title >
< style >
div
{
    border:1px solid black;
    padding:35px;
    background – image:url( img/camera. jpg) ;
    background – repeat:no – repeat;
    background – position:left;
}
#div1
{
    background – origin:border – box;
}
#div2
{
    background – origin:content – box;
}
```

```
    </style >
    </head >
    < body >
    < p > background − origin:border − box: </p >
    < div id = "div1" >
    background − origin 属性指定了背景图像的位置区域。可在 content − box、padding − box 和 border −
        box 区域内放置背景图像。
    </div >
    < p > background − origin:content − box: </p >
    < div id = "div2" >
    background − origin 属性指定了背景图像的位置区域。可在 content − box、padding − box 和 border
        − box 区域内放置背景图像。
    </div >
    </body >
    </html >
```

这段代码在浏览器中的显示效果如图 6-3 所示。

图 6-3　background − origin 属性示例

3. background − clip 属性

background − clip 属性用于从指定位置开始裁剪背景图像。

【例 6-4】利用 background − clip 属性进行区域裁剪背景。

```
    < !DOCTYPE html >
    < html >
    < head >
    < meta charset = "UTF − 8" >
    < style >
    #example1 {
        border:5px dotted black;
        padding:10px;
        background:yellow;
    }
    #example2 {
        border:5px dotted black;
        padding:10px;
        background:yellow;
```

```
            background – clip:content – box;
        }
    </style>
    </head>
    < body >
    < p > No background – clip ( border – box is default ) : </p >
    < div id = " example1" >
    < h2 > Lorem Ipsum Dolor </h2 >
    < p > background – clip 属性用于从指定位置开始裁剪背景图像。</p >
    </div >
    < p > background – clip:content – box: </p >
    < div id = " example2" >
    < h2 > Lorem Ipsum Dolor </h2 >
    < p > background – clip 属性用于从指定位置开始裁剪背景图像。</p >
    </div >
    </body >
    </html >
```

这段代码在浏览器中的显示效果如图 6-4 所示。

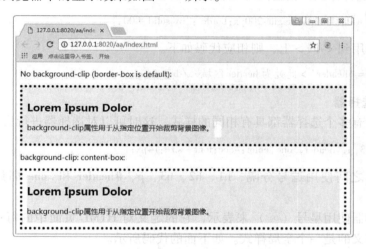

图 6-4   background – clip 属性

6.3   选择器

所有 HTML 语言中的标签样式都是通过不同的 CSS 选择器进行控制的。用户只需要通过选择器对不同的 HTML 标签进行选择，并赋予各种样式声明，即可实现各种效果。

1. 标签选择器

一个 HTML 页面由很多不同的标签组成，标签选择器用来声明哪些标签采用哪种 CSS 样式。因此，每一种 HTML 标签的名称都可以作为相应的标签选择器的名称，如 p、h1 等，代码如下所示。

```
p{color:#ff0000;}
```

页面中所有的 <p> 段落都显示为红色字体。

2. 类选择器

如果声明了 <p> 标签为红色，那么页面中所有的 <p> 标签都将显示为红色。若希望其中的某一个 <p> 标签显示为蓝色，就需要使用类选择器。定义类选择器时，类名前面有"."号，类名可任意命名，但最好根据元素的用途来定义名称。如下面的代码所示。

```
. one { color:#00f;font – size:16px;text – decoration:underline;}
```

若某个标签（如 <p>）要采用该样式，则相应的代码如下。

```
<p class = "one" >蓝色、16 像素、下画线效果 </p>
```

3. ID 选择器

在 HTML 网页中，每个标签都可以使用 id 属性来唯一标识当前标签，每个网页中的每个 id 值只能使用一次。ID 选择器与 class 类选择器的不同之处在于 ID 选择器只能在 HTML 页面中使用一次，只能用在唯一的元素上，而类选择器可以用在不止一个元素上。ID 选择器使用"#"号进行标识，相应代码如下。

```
#header { width:400px;height:200px;border:2px solid #f00 ;}
```

若要将其应用到 <div> 上，则相应代码如下。

```
<div id = "header" >此处为 header 区域 </div>
```

4. 通配符选择器

如果页面中有多个选择器都具有相同的样式，这时可以对选择器进行集体声明。

```
h1,h2,h3,p,#header,. one { color:#ccc;font – size:14px ;}
```

多个选择器之间使用逗号分隔，h1、h2、h3、p、#header 和 .one 都具有相同的样式定义。

通配符选择器使用星号（＊）来表示，它的定义对 HTML 页面中的每一个元素都会起作用，实际上定义的是一个全局样式。如下面的代码所示。

```
＊{ margin:0px;border:0px;padding:0px;}
```

这个样式定义可以清除页面中所有的标签默认的外边距、边框与内边距的样式。

5. 派生选择器

派生选择器又称为包含选择器或后代选择器，该选择器作用于某个元素中的任意后代元素，格式如下。

```
A   B{…}
```

该样式将应用于元素 B，并且元素 B 是元素 A 的任意后代，而不仅仅是元素 A 的直接子元素。

```
<style >
p span { text – decoration:underline;}
```

```
        </style >

    < p > 这是 < span > 段落 p 下的 span 内的文字 </span > </p >
    < p > 这是单独的段落 p </p >
    < span > 这是单独的 span </span >
    < h2 > 这是 < span > 标题 h2 下的 span 内的文字 </span > </h2 >
```

上述代码中，只有 < p > 标签下的 < span > 标签应用了 text – decoration：underline 的样式设置，对于单独的 < p > < span > 及其他非 < p > 标签下的 < span > 标签均不会应用此样式。派生选择器除了可以两者包含外，也可以多级包含。

6. 伪类

伪类可以用来指定一个或多个与其相关的选择器的状态。CSS 对于超链接的样式控制就是通过伪类来实现的，CSS 中提供了 4 个伪类，分别对应于超链接的不同状态。这 4 个伪类分别如下。

- a：link：未被访问的链接。
- a：visited：已经访问过的链接。
- a：hover：鼠标悬停时的链接。
- a：active：被激活时的链接。

这 4 个伪类定义的先后顺序很重要，通常要按照下面这个顺序来定义。

> a：link→a：visited→ a：hover→ a：active

在实际应用中，通常采取 a + a：hover 这种组合。

6.4　CSS 的定位

HTML 中的所有对象几乎都默认为两种类型。

1）块状对象（block）：是指当前对象显示为一个方块，在默认的显示状态下将占据整行，其他对象在下一行显示，如 p、h1 和 div。

2）行间对象（inline）：正好和 block 相反，它允许下一个对象与其本身在同一行中显示，如 a、strong 和 span。

📖 使用 display 属性可以修改对象的类型，将 display 属性值设为 block，可以将行间对象显示为块状对象。

相对于其他 HTML 标签，< div > 和 < span > 标签只是一种语法结构，没有任何语义上的呈现，也没有任何样式信息可用。但它们可以包含其他标签，通过定义样式信息来改变它的呈现效果。在使用 DIV + CSS 布局页面过程中，首先将页面在整体上进行 < div > 标签的块状排版，将页面分成几个区块，然后对各个块进行 CSS 定位，最后在各个块中添加相应的内容，并设定相应的 CSS 样式，实现网页内容与样式的分离。

在设计网页时，能否控制好各个模块在页面中的位置是非常重要的。CSS 规范定义了 3 种定位方式。

1. 相对定位

如果对一个元素进行相对定位，可设置 position 属性的属性值为 relative，然后根据 left、

right、top 和 bottom 等属性，让这个元素相对于它在文档流中的位置的起始点进行移动。

> 注意，在使用相对定位时，即使元素被偏移了，但仍占据着它没被偏移前的空间。

如果将 top 设置为 30 px，那么会在原位置顶部下面 30 像素的地方；如果将 left 设置为 50 像素，那么会在元素左边创建 50 像素的空间，也就是将元素向右移动。假如，页面上有两个块，初始状态如图 6-5a 所示，对第一个块设置相对定位，代码如下。

```
.move{ position:relative;left:50px;top:30px;}
```

此时页面效果如图 6-5b 所示。第一个块仍然占据原来的空间，它的偏移不会把别的块从文档流中原来的位置挤开，如果有重叠的地方，它会重叠在其他文档流元素之上，而不是把它们挤开，此时它已经覆盖在了第二个块之上。

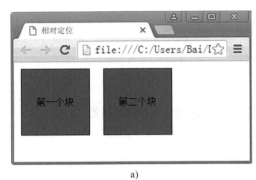 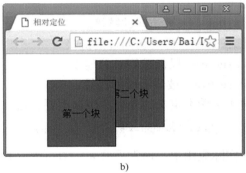

图 6-5　相对定位

2. 绝对定位

如果某元素设置了绝对定位，那么它在文档流中的位置会被删除，这个元素就浮在网页的上面了。绝对定位是相对于最近的已定位的父元素，如果不存在已定位的父元素，那就相对于最初的包含块。已定位的父元素是指那些设置了除 static 之外的定位，如 position：relative/absolute/fixed 的父元素，位置通过 left、top、right 和 bottom 属性来设定。编写如下代码。

```
< style >
body{ margin:0;padding:0;font − family:arial;font − size:13px;}
#father{ width:310px;height:155px;border:1px dashed #000000;margin:10px;padding:5px;
/ *  position:absolute; * /}
#block{ width:100px;height:100px;border:1px dashed #000000;float:left;}
#block2{ width:100px;height:100px;border:1px dashed #000000;
position:absolute;left:50px;top:50px;       }
</style >

< body >
< div id = "father" >
    < div id = "block" >block1 </div >
    < div id = "block" >block2 </div >
```

```
< div id = "block" > block3 </div >
</div >
</body >
```

上述页面初始预览效果如图 6-6a 所示。现对第二个块设置绝对定位，修改 body 中 block2 所在 < div > 标签的代码如下。

```
< div id = "block2" > block2 </div >
```

此时页面效果如图 6-6b 所示，block2 的绝对定位是相对于最初的包含块 body。

若将#father 样式中的注释语句/ * position:absolute; */两边的注释符号去掉，成为一条可以使用的声明，则预览效果如图 6-6c 所示，此时 block2 的绝对定位是相对于父元素——id 值为 father 的 < div > 标签。

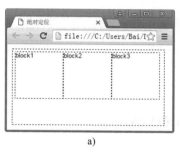 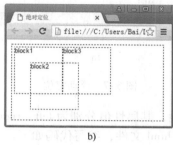 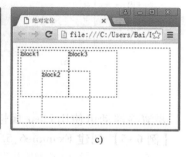

图 6-6　绝对定位

3. 浮动定位

浮动定位是 CSS 排版中非常重要的方法。浮动的框可以向左或向右移动，直到其外边缘碰到包含框或另一个浮动框的边框为止。float 属性用于设置浮动定位，其属性值可以是 none、left 和 right，如下面的代码所示。

```
float:left;    / *设置元素左浮动 */
```

由于浮动框是"浮"在页面之上的，所以其并不在文档的普通流中。

假设，页面上有 3 个 < div > 标签，代码分别如下。

```
< div id = "box" >
< div id = "left" > left </div >
< div id = "main" > main </div >
< div id = "right" > right </div >
</div >
```

不设浮动效果的 CSS 样式代码如下。

```
< style type = "text/css" >
div{ border:1px dotted #f00;font - size:12px;}
#box{ width:245px;}
#left{ width:60px;height:50px;margin:10px;}
#main{ width:60px;height:50px;margin:10px;}
```

```
#right{width:60px;height:50px;margin:10px;}
</style>
```

此时页面效果如图 6-7a 所示。设置 left 为右浮动,修改代码如下。

```
#left{width:60px;height:50px;margin:10px;float:right;}
```

修改后的页面效果如图 6-7b 所示,left 将脱离文档流并向右移动,直到其右边框碰到包含框的右边框为止。

若将 left、main 和 right 都设为左浮动,此时页面效果如图 6-7c 所示。

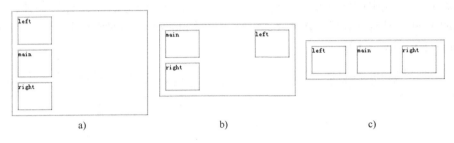

图 6-7　浮动定位

要清除浮动可使用 clear 属性,其属性值分别为 left、right 和 both。

【例6-5】创建 Example6_5.html 文件,编写代码如下。

```
<html>
<head>
<title>CSS 排版</title>
<style>
body {margin:10px;font-size:16px;font-family:arial;text-align:center;}
#container{margin:0 auto;width:800px;}
#banner{height:40px;width:798px;border:1px solid #000000;        margin-bottom:2px;}
#main{height:202px;width:800px;margin-bottom:2px;}
#content{float:right;width:594px;height:200px;border:1px solid #000000;}
#links{float:left;width:200px;height:200px;border:1px solid #000000;}
#footer{height:30px;border:1px solid #000000;}
</style>
<body>
<div id="container">
    <div id="banner">banner</div>
    <div id="main">
        <div id="links">links</div>
        <div id="content">content</div>
    </div>
    <div id="footer">footer</div>
</div>
</body>
</html>
```

页面预览效果如图 6-8 所示。

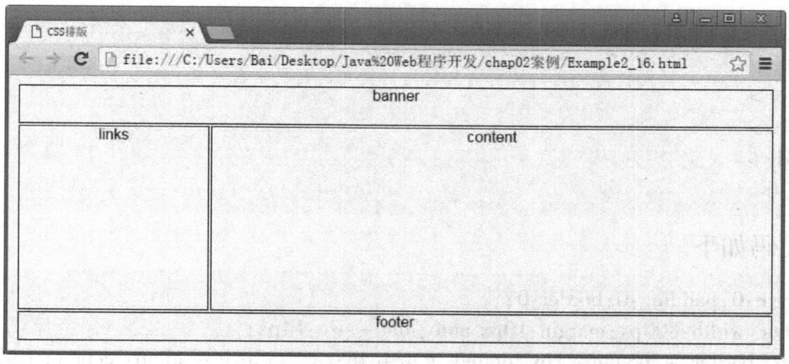

图 6-8　CSS 排版

6.5　页面设计案例

本节将完成一个新闻页面的设计。整个新闻页面放在一个容器 container 中。在 container 中按照上、中、下的结构进行排版，分别定义为 header、main 和 footer。在"热点推荐"部分使用了 < tt > 标签，< tt > 标签将呈现出类似打字机或者等宽的文本效果。

【例 6-6】 创建 Example6_6. html 文件，代码如下。

```
< html >
< head >
< title >体育明星进入娱乐圈 </title >
< link href = " style/news. css"  type = " text/css"  rel = " stylesheet"/ >
</head >
< body >
< div id = " container" >
< div id = " header" >
   < h1 >中国进入完全贸易自由时代 </h1 > < br/ >
   < p class = " p1" >2017 年 06 月 23 日   08:01   新闻网 - 生
活报 </p >
</div >
< div id = " main" >
< p > < strong >中荷元首将会晤 都是体育爱好者 </strong > </p >
< p >随后三天多时间,国家领导人的访荷日程与核安全峰会日程将交叉进行。访问期间,国
家领导人将会见荷兰王国第七代君主威廉·亚历山大国王,会见议会领导人,并同首相吕特举行
会谈。双方将签署农业、能源、金融、文化等领域多项合作协议,推动中荷合作取得更多实实在在
的成果。威廉 - 亚历山大曾多次访华,是一位爱好网球、滑雪、登山的"60 后"。同样是超级体育
爱好者,中荷两国元首或许将有不少有趣的共同语言。 </p >
</div >
< div id = " footer" >
   < span >热点推荐 </span >
   < ul
   < li > < a href = "#" >世界进入全智能化时代 </a >
< tt >2017/06/23 09:01:19 </tt > </li >
   < li > < a href = "#" >媒体人:银行不合理利润太多 年赚息差 3 万亿 </a >
   < tt >2017/06/23 09:01:19 </tt > </li >
   < li > < a href = "#" >云南幼儿中毒:当地幼儿园不足 按规定无资质 </a >
```

```
          < tt > 2017/06/23 09:01:19 < /tt > < /li >
        < /ul >
      < /div >
    < /div >
  < /body >
< /html >
```

news. css 代码如下。

```
 * { margin:0;padding:0;border:0; }
#container{ width:800px;margin:10px auto;font – size:14px; }
#header { border – bottom: 1px dotted # 4c4c4c;        text – align: center; padding: 20px 10px
10px 10px; }
#header h1{ font – family:" 黑体",arial;        font – size:26px; }
. p1 { font – size:12px;color:#4c4c4c; }
#main{ width:90% ;margin:10px auto; }
#main p{ line – height:2em;text – indent:2em; }
#footer{ width:90% ;margin:20px auto; }
#footer span{ font – weight:bold; }
ul { margin:10px 0 0 15px;list – style – type:square; }
li { height:18px;padding – top:3px;padding – bottom:3px; }
li a { text – decoration:none;color:#4c4c4c; }
li a:hover { text – decoration:underline; }
li tt { float:right; }
```

页面预览效果如图 6-9 所示。

图 6-9 新闻页面

6.6 案例：DIV + CSS 精美窗口设计

在使用 CSS 排版的页面中，利用 < div >标签，加上 CSS 对其样式的控制，可以很方便地实现各种效果，而且还实现了网站结构、表现和行为三者分离的目的。案例的最终效果如图 6-10 所示。

本节案例将在 MyEclipse 环境下实现美食网首页的设计，具体操作步骤如下。

图 6-10　美食网页面

1. 创建 Java Web 项目

在 HBuilder 中新建一个空的移动 Web 项目 Example6 – 7，按照 HBuilder 编辑器的格式创建好文件夹 html、css、font 和 images 等，后期可将相应的代码文件放入对应的文件夹中。

2. 设计页面

（1）页面主体结构

首先定义页面主体结构。将整个页面放在容器 box 里，并将整个页面分成 header、content 和 footer 这 3 部分。

```
< % @ page language = "java" contentType = "text/html;charset = UTF – 8" pageEncoding = "UTF –
8" % >
< !DOCTYPE html" >
< html >
< head >
< meta http – equiv = "Content – Type" content = "text/html;charset = UTF – 8" >
< title >美食网 </title >
< link href = "css/style. css" rel = "stylesheet" type = "text/css" / > </head >
< body >
< div id = "box" >
< div id = "header" > </div >
< div id = "content" > </div >
< div id = "footer" > </div >
</div >
</body >
</html >
```

设计页面的初始化样式，代码如下。

```
* {margin:0;padding:0;border:0;}
body{font – family:Verdana,Arial,"宋体";background:#444;}
ol,ul{list – style:none;}
```

```
a{text - decoration:none;}
#box{width:1024px;        margin:0 auto;background:#fff;}
```

（2）header 部分

header 部分主要完成 logo 和搜索框的设计，页面结构的代码如下。

```
< div id = "header" >
    < div class = "logo" > < a href = "#" > < img src = "images/logo. jpg" / > < /a > < /div >
    < div class = "search" >
        < form >
            < input type = "text"  value = " "/ > < input type = "submit"  value = " "/ >
        < /form >
    < /div >
    < div class = "clear" > < /div >
< /div >
```

对应的样式代码如下。

```
. logo{float:left;margin - left:20px;width:197px;height:101px;}
. search{float:right;border:1px solid #eee;margin:60px 60px 0 100px;padding:5px;
    - webkit - border - radius:1em;    - moz - border - radius:1em;        border - radius:1em;      }
. search input[type = "text"]{background:none;border:none;width:250px;outline:none;color:#aaa;}
. search input[type = "submit"]{background:url(../images/search. png);border:none;width:16px;
    height:16px;        margin:0 10px 0 0;}
. clear{clear:both;}/ * 清除浮动 */
```

（3）content 部分

content 部分主要完成页面主要内容的设计，包括侧边栏 sidebar、导航栏 nav 和主要产品展示的 main 共3部分，页面结构的代码如下。

```
< div id = "content" >
< div class = "sidebar" > < /div >
< div class = "nav" > < /div >
< div class = "main" > < /div >
< div class = "clear" > < /div >
< /div >
```

sidebar 部分的代码如下。

```
< div class = "sidebar" >
    <h3 >美食天下 </h3 >
    < ul >
        < li > < a href = "#" >菜谱 </a > < /li >
        < li > < a href = "#" >食材 </a > < /li >
        ...
        < li > < a href = "#" >活动 </a > < /li >
    < /ul >
< /div >
```

nav 部分的代码如下。

```
< div class = "nav" >
    < ul >
```

```
<li > <a href = "#" >健脾养胃</a></li>
<li > <a href = "#" >消暑解渴</a></li>
    ...
<li > <a href = "#" >更多...</a></li>
</ul>
</div>
```

（4） main 部分

main 部分页面结构的代码如下。

```
<div class = "main" >
<div class = "grid" >
<div class = "prev" > <a href = "#" > <img src = "images/shanghai. jpg" alt = "生煎包" / > </a
> </div >
<ul class = "details" >
<li > <a href = "#" >生煎包</a></li>
<li >生煎包是流行于上海、浙江、江苏及广东的一种汉族传统小吃，简称为生煎，由于上海人习
惯称"包子"为"馒头",因此在上海生煎包一般被称为生煎馒头。特点:皮酥、汁浓、肉香、精巧。
</li>
</ul>
</div >
<div class = "grid" > ... </div >
<div class = "grid" > ... </div >
<div class = "grid" > ... </div >
</div >
```

对应的样式代码如下。

```
#content{ padding:15px;}
. sidebar{ border - left:1px solid #e7e6e6; border - right:1px solid #e7e6e6; border - bottom:1px solid #
e7e6e6; - webkit - border - radius:7px; - moz - border - radius:7px; border - radius:7px;
width:200px;
margin - bottom:20px; margin - left:5px; float:left;}
. sidebar h3{ background:url(../images/button. png) no - repeat; padding:10px; font - size:14px;
    text - align:center; color:#fff;}
. sidebar ul{ margin:0; padding:0;}
. sidebar li{ border - bottom:1px dotted #ddd;}
. sidebar li:last - child{ border - bottom:none;}
. sidebar li a{ color:#666; font - size:14px; display:block; text - align:center; letter - spacing:40px;
padding:10px 10px 10px 50px;}
. sidebar li a:hover{ color:#0066CC;}
. nav{ float:left; width:787px;}
. nav ul{ padding - left:25px; margin:0;}
. nav li{ display:inline - block;}
. nav li a{ color:#eee; display:block; font - size:14px; padding:11px 30px; background:#4096ee;
    - webkit - border - top - right - radius:5px; - moz - border - top - right - radius:5px; border - top
- right - radius:5px;
    - webkit - border - top - left - radius:5px; - moz - border - top - left - radius:5px; border - top -
left - radius:5px;
background: - moz - linear - gradient( top,#4096ee 0% ,#60abf8 56% ,#7abcff 100% );
background: - webkit - gradient( linear, left top, left bottom, color - stop(0% ,#4096ee),
color - stop(56% ,#60abf8) , color - stop(100% ,#7abcff) );
```

```
background: - webkit - linear - gradient(top,#4096ee 0% ,#60abf8 56% ,#7abcff 100% ) ;
background: - o - linear - gradient(top,#4096ee 0% ,#60abf8 56% ,#7abcff 100% ) ;
background: - ms - linear - gradient(top,#4096ee 0% ,#60abf8 56% ,#7abcff 100% ) ;
background:linear - gradient(to bottom,#4096ee 0% ,#60abf8 56% ,#7abcff 100% ) ;
filter:progid:DXImageTransform. Microsoft. gradient(startColorstr ='#4096ee',
    endColorstr='#7abcff',GradientType =0 ) ;}
. nav li a:hover{color:#fff;text - decoration:underline;text - shadow:#666 1px 1px 1px;}
. main{ float:left;width:756px;padding - bottom:10px;margin - left:20px;border:1px solid #f3f2f2 ;
    - webkit - border - bottom - right - radius: 5px;        - moz - border - bottom - right -
radius:5px;
border - bottom - right - radius:5px;      - webkit - border - bottom - left - radius:5px;
  - moz - border - bottom - left - radius:5px;        border - bottom - left - radius:5px;}
. grid{      float:left;width:350px;      padding:5px;      margin:11px 0 3px 11px;
    - webkit - box - shadow:0 0 4px #ddd; - moz - box - shadow:0 0 4px #ddd; - box - shadow:0 0
4px #ddd;}
. grid img{ width:150px;height:150px;}
. prev{       float:left;padding:10px;width:150px;height:150px;}
ul. details{float:left;padding - left:5px;margin:0;width:175px;}
ul. details li:first - child{ margin - top:8px;}
ul. details li:first - child a{ font - size:15px;color:#0066CC;}
ul. details li{ padding:2px 0;font - size:12px;}
ul. details li a{       font - size:12px;       color:#888;}
```

（5）footer 部分

footer 部分主要完成页面版权信息的设计，页面结构的代码如下。

```
< div id = "footer" >
    < div class = "copy" >（c）Copyright 2010 – 2016 美食网 | Design by 美食爱好者 </div >
</div >
```

对应的样式代码如下。

```
#footer { position:relative;width:100% ;background:#202020;height:auto;padding:20px 0 ;}
. copy{       font - size:12px;       color:#FFF;text - align:center;}
```

至此，整个页面设计完成。

3. 测试 Web 应用程序

在浏览器中运行项目。

本章小结

本章主要介绍了 CSS3 的一些属性和作用，讲解了如何创建边框和背景，以及选择器的一些功能特性，并且穿插了实际案例进行说明和陈述。通过一个前端页面的设计，让大家对 CSS 在前端页面样式设计中的作用和使用方法有了深刻的理解。最后，以一个精美窗口设计为例，总结了本章的知识内容，并进行了升华。

实践与练习

1. 选择题

1）（　　）为正确的 CSS 语法。
   A. body {color:black;}   B. {body;color:black}
   C. body:color = black {body:color = black(body} D. {body:color = black}

2）在 CSS 中，设置某个元素的文字颜色的选项是（　　）。
   A. color: B. fgcolor: C. text – color =   D. text – color:

3）在 CSS 中，设置超链接没有下画线的选项是（　　）。
   A. a {decoration:no underline}   B. a {text – decoration:none}
   C. a {underline:none}   D. a {text – decoration:no underline}

2. 填空题

1）在 CSS 中，_____ 属性是用来设置底边框的。

2）使用 link 元素引用外部 CSS 文件，_____ 属性用来指定 CSS 文件的路径。

3）在 CSS 中，设置外边距用_____ 属性，设置内边距用_____ 属性。

4）CSS 的中文名是_____。

3. 简答题

1）有一个 < div > 标签的宽是 1000 px，如何让它在浏览器中居中，并且左右自适应？

2）CSS 选择器有几种，各自的书写方式是什么？（举例说明）

实验指导

CSS 为 HTML 标记语言提供了一种样式描述，定义了其中元素的显示方式。因此，实验的主要目的在于让同学们熟悉控制多重网页的样式和布局，以及 CSS 中的选择器及其应用。

实验目的和要求

- 掌握并练习 CSS3 样式。
- 熟练掌握 CSS3 的选择器及其应用。
- 熟练掌握滑动门技术的应用。
- 能够根据实际需求熟练使用各种布局及属性。

实验 1　创建手风琴效果

下拉菜单或导航是网站开发中不可或缺的网站元素之一，使用 JS 可以制作出简洁易用、美观大方的下拉菜单效果或是导航菜单，但实现具有手风琴效果的菜单还是有一定的难度。随着 CSS3 的内容更新，现在已经可以使用纯 CSS3 做出手风琴效果的菜单，从而给用户带来更好的使用体验。

题目　手风琴菜单的创建

1. 任务描述

使用纯 CSS3 创建手风琴效果菜单。

2. 任务要求

1）使用 CSS3 做出菜单的基本效果。

2）展开菜单时标题呈三角效果。

3. 知识点提示

本任务主要用到以下知识点。

1）目标伪类选择器"E:target"的灵活使用。

2）此选择器可展现手风琴效果的浏览器版本。

4. 操作步骤提示

1）在创建菜单前，熟悉"E:target"选择器的功能。

2）查找到支持"E:target"选择器的浏览器。

3）根据要求，用纯 CSS3 设计手风琴效果菜单。

实验2　仿九宫格排列的按钮组

"九宫格"是我国书法史上临帖写仿的一种界格，又称"九方格"，即在纸上画出若干大方框，再在每个方框内分出 9 个小方格，以便对照法帖范字的笔画部位进行练字。随着计算机网络的出现九宫格有了更加先进的作用，网页和手机对于九宫格的使用也越来越多。本实验就通过所学的 CSS3 知识来完成一个九宫格排列按钮组设计。

题目　仿九宫格排列按钮组设计

1. 任务描述

使用 CSS3 中新增的 border – image 属性设计九宫格排列按钮组。

2. 任务要求

1）掌握按钮组设计的基本方法。

2）使用 border – image 属性的基本功能完成相应的设计。

3. 知识点提示

本任务主要用到以下知识点。

1）CSS3 中新增 border – image 属性的学习。

2）熟知 border – image 的兼容性、特性和参数。

4. 操作步骤提示

1）url 属性，通过相对或绝对路径链接图片，再通过数值参数剪裁边框图片，形成九宫格。

2）剪裁图片填充边框，再执行重复属性。

第 7 章 JavaScript 基础

本章主要学习 JavaScript 的相关知识，要了解 JavaScript，首先要回顾一下 JavaScript 的诞生。1995 年，网景公司凭借其 Navigator 浏览器而成为 Web 时代开启时最著名的第一代互联网公司。由于网景公司希望能在静态 HTML 页面上添加一些动态效果，于是让 Brendan Eich 设计出了 JavaScript 脚本语言。为什么起名为 JavaScript？原因是当时 Java 语言非常流行，所以网景公司希望借 Java 的名气来推广，但事实上 JavaScript 除了语法上有点像 Java 外，其他部分与 Java 基本上没关系。在网景开发了 JavaScript 脚本语言一年后，微软又模仿 JavaScript 开发了 JScript 脚本语言。为了让 JavaScript 有一个统一的标准，几个大公司联合 ECMA（European Computer Manufacturers Association，欧洲计算机制造商协会）组织定制了 JavaScript 语言的标准，被称为 ECMAScript 标准。ECMAScript 是一种语言标准，而 JavaScript 是网景公司对 ECMAScript 标准的一种实现。那么，为什么不直接把 JavaScript 定为标准呢？因为 JavaScript 是网景的注册商标。

7.1 JavaScript 概述

JavaScript 最初的设计目的是为了增加 HTML 页面的动态效果，所以它的执行就由浏览器来完成。由于浏览器的厂商不同，导致各个浏览器对 JavaScript 的解释执行也不完全一样，这就给开发者的编程工作带来了困难。当然，随着 JavaScript 应用得越来越广泛，浏览器厂商对它的重视程度也越来越高，各个主流浏览器的最新版本对 JavaScript 的解释执行时的差异已经很小了。现在市场有很多 JavaScript 的框架也很好地解决了这个问题。

JavaScript 具有以下几个特点。

- 与服务器交互少：可以在提交页面到服务器之前，对用户输入的内容进行验证，这样就减少了与服务器的通信量，提高了运行效率。
- 对访问者快速反馈：不用等待页面重新加载后才可以看到是否输入了错误的信息。
- 自动修正小错误：例如，如果系统有一个数据库，预期的日期格式为 dd – mm – yyyy，而用户输入的格式为 dd/mm/yyyy，一个智能的 JavaScript 脚本可以在提交表单前纠正这样的错误。
- 增强交互性：可以创建界面，在鼠标滑过时做出反应，这一点 CSS 和 HTML 也可以做到，但是 JavaScript 为用户提供了更多的支持与选择。
- 界面更丰富：如果用户允许，可以使用 JavaScript 包含一些播放式的模块和进度条。
- 使环境轻量级：不用像 Java applet 或者 Flash 影片那样需要下载一个大文件，JavaScript的脚本文件一般是比较小的，并且一旦被加载就会被缓存起来（保存到内存中）。JavaScript 还使用浏览器控件而不是它自己的用户界面来操作其功能，使用户操作起来更容易。

7.2　JS 基础元素和功能

JavaScript（以下简单 JS）是一门语言，它的语法结构类似于 Java、C 和 Perl，但不完全相同。JS 的基础概念如下。

- 区分大小写：与 Java 一样，变量名、函数名、运算符，以及其他一切东西都是区分大小写的。
- 变量是弱类型的：这一点与 Java 和 C 不同，JS 中的变量无特定类型，定义变量时只用 var 运算符，可以将它初始化为任意值，这样可以随时改变变量所存储数据的类型（应该尽量避免这样做）。
- 每行代码结尾后的分号可有可无：Java、C 和 Perl 都要求每行代码以分号（；）结束才符合语法。JS 则允许开发者自行决定是否以分号结束一行代码，如果没有分号，JS 就把这行代码的结尾看作该语句的结尾（与 Visual Basic 相似），前提是这里没有破坏代码的语义。最好的代码编写习惯是加上分号，因为没有分号，有的浏览器是不能运行的。例如，下面两行代码的语法都是正确的。

```
var test = "red"
var first = "blue";
```

- 括号表明代码块：从 Java 中借鉴的另一个概念是代码块，代码块表示一系列应该按顺序执行的语句，这些语句被封装在左括号（｛）和右括号（｝）之间。举例如下。

```
if( test1  ==  "red") {
    test = "bule";
    alert( test) ;
}
```

7.2.1　JS 注释

JS 借用了 Java、C 和 PHP 语言的注释语法，主要有两种类型的注释：单行注释和多行注释。单行注释以双斜线（//）开头；多行注释以单斜线和星号（/*）开头，以星号加单斜线结尾（*/）。浏览器在解释执行 JS 语句时，会忽略带有注释标识的语句信息，举例如下。

单行注释示例代码。

```
// 输出标题：
document. getElementById("myH1"). innerHTML = "Welcome to my Homepage";
// 输出段落：
document. getElementById("myP"). innerHTML = "This is my first paragraph. ";
```

多行注释示例代码。

```
/*
下面的这些代码会输出
一个标题和一个段落
并将代表主页的开始
```

```
*/
document. getElementById("myH1"). innerHTML = "Welcome to my Homepage";
document. getElementById("myP"). innerHTML = "This is my first paragraph. ";
```

在代码编写与调试过程中，注释还可以用来临时阻止代码的执行。在下面的例子中，注释用于阻止其中一条代码行的执行（可用于调试）。

```
//document. getElementById("myH1"). innerHTML = "Welcome to my Homepage";
document. getElementById("myP"). innerHTML = "This is my first paragraph. ";
```

在下面的例子中，注释用于阻止代码块（多行代码）的执行（可用于调试）。

```
/*
document. getElementById("myH1"). innerHTML = "Welcome to my Homepage";
document. getElementById("myP"). innerHTML = "This is my first paragraph. ";
*/
```

7.2.2 JS 输出

JS 没有任何打印或者输出函数。JS 可以通过下面 4 种方式来输出数据。

1. 使用 window. alert() 弹出警告框

可以通过弹出警告框的方式来显示数据。

【例 7-1】 使用 alert() 方法弹出警告框。

```
< html >
  < head >
    < script type = "text/javascript" >
      function display_alert()
        {
            alert("I am an alert box!!")
        }
    </script >
  </head >
  < body >
    < input type = "button" onclick = "display_alert()"
    value = "Display alert box" />
  </body >
</html >
```

上面语句中部分代码的含义如下。

- < script type = "javascript" >…</script >：用于告诉浏览器标签内的代码是脚本语言代码，要按照脚本语言代码的语法规则来解释执行，脚本语言都要写在此标签对中，其中首标签内的 type 属性用来定义此处所用的脚本为 JS，它的默认值也是 JS，所以可以不写。

- function display_alert(){…}：定义了一个函数，function 为关键字，display_alert 为函数名。

- alert()：window. alert() 的缩写，因为 window 是 JS 的内置对象，alert() 是它的一个方法，因为是内置对象，所以 window 可以不写。

- onclick = "display_alert()"：通过标签 <input> 的 onclick（单击）事件来调用 display_alert()函数。

2. 使用 document. write()方法将内容写到 HTML 文档中

document 对象是 window 对象的一部分，下面的例子直接把 <p> 元素写到 HTML 文档输出中，并使用 write()方法将内容写到 HTML 文档中。

```
<!DOCTYPE html >
<html >
  <body >
    <h1 >My First Web Page </h1 >
    <script >
      document. write(" <p >My First JavaScript </p >");
    </script >
  </body >
</html >
```

如果在文档已完成加载后执行 document. write，整个 HTML 页面将被覆盖。下面代码执行的结果是单击"单击这里"后，整个文档显示为"糟糕！文档消失了。"原来文档的内容被覆盖了。

```
<!DOCTYPE html >
<html >
  <body >
    <h1 >My First Web Page </h1 >
    <p >My First Paragraph. </p >
    <button onclick = "myFunction()" >单击这里 </button >
    <script >
      function myFunction()
        {
          document. write("糟糕！文档消失了。");
        }
    </script >
  </body >
</html >
```

3. 使用 innerHTML 写入到 HTML 元素

如果需要用 JS 访问某个 HTML 文档元素，可以使用 document. getElementById(id)方法来读取。当然，要在文档中使用 id 属性来标识要读取的 HTML 元素，并用 innerHTML 来获取或插入元素内容。下面代码演示了 innerHTML 的用法。

```
<!DOCTYPE html >
<html >
  <body >
    <h1 >这是我的第一个 Web 页面 </h1 >
    <p id = "demo" >第一个段落 </p >
    <script >
      document. getElementById("demo"). innerHTML = "段落已修改";
    </script >
  </body >
</html >
```

上面语句中部分代码的含义如下。

- document. getElementById("demo")：使用 id 属性来查找 HTML 元素的 JS 代码。
- innerHTML = "段落已修改"：用于修改元素的 HTML 内容的 JS 代码。

4. 使用 console. log( ) 写入到浏览器的控制台

如果所使用的浏览器支持 JS 调试，可以使用 console. log( ) 方法在浏览器中显示 JS 值。这里用 Chrome 浏览器的调试模式来演示下列代码。

【例 7-2】 console. log( ) 的用法。

```html
<!DOCTYPE html>
<html>
  <head>
    <meta charset = "UTF - 8"/>
  </head>
  <body>
    <h1>这是我的第一个 Web 页面</h1>
    <script>
      a = 5;
      b = 6;
      c = a + b;
      console. log( c );
    </script>
  </body>
</html>
```

用 Chrome 浏览器打开文件，按〈F12〉键，在调试窗口中单击 Console 菜单，结果如图 7-1 所示。

图 7-1　在 Chrome 中 console. log( ) 执行的结果

7.2.3　JS 运算符

每种编程语言都有运算符，JS 也不例外，运算符与操作数组合到一起构成表达式。本节将介绍 JS 的运算符。

1. 算术运算符

算术运算符用于执行 JS 中的算术运算过程。具体如表 7-1 所示（设定 y = 5）。

表 7-1　算术运算符

运　算　符	描　　述	例　　子	结　　果
+	加	x = y + 2	x = 7

运 算 符	描 述	例 子	结 果
-	减	x = y - 2	x = 3
*	乘	x = y * 2	x = 10
/	除	x = y/2	x = 2.5
%	求余数（保留整数）	x = y%2	x = 1
++	累加	x = ++y	x = 6
--	递减	x = --y	x = 4

跟数学一样，JS 也定义了运算优先级，乘法比加法的优先级要高，比如说 $1 + 2 * 3$，它的结果应该是 7，先算乘法后算加法。乘法、除法和求余的优先级相同，优先级相同时，按照从左到右的顺序执行，比如说 $2 * 10/5\%3$，结果为 1。如果在表达式中使用了小括号()，那么小括号的优先级就是最高的。

2. 赋值运算符

赋值运算符用于给 JS 变量赋值。具体如表 7-2 所示（设定 x = 10 和 y = 5）。

表 7-2　赋值运算符

运 算 符	例 子	等 价 于	结 果
=	x = y	x = y + 2	x = 5
+=	x += y	x = x + y	x = 15
-=	x -= y	x = x - y	x = 5
*=	x *= y	x = x * y	x = 50
/=	x /= y	x = x/y	x = 2
%=	x /= y	x = x%y	x = 0

3. 比较运算符

比较运算符用于逻辑语句中，以测定变量或值是否相等，由逻辑运算符构成的表达式的结果最终都是布尔值，也就是 false 或 true。具体如表 7-3 所示（设定 x = 5）。

表 7-3　比较运算符

运 算 符	描 述	例 子
==	等于	x == 8 为 false
===	全等（值和类型）	x === 5 为 true；x === "5" 为 false
!=	不等于	x != 8 为 true
>	大于	x > 8 为 false
<	小于	x < 8 为 true
>=	大于或等于	x >= 8 为 false
<=	小于或等于	x <= 8 为 true

4. 逻辑运算符

逻辑运算符用于测定操作数或变量之间的逻辑，结果为布尔值。具体如表 7-4 所示

（设定 x = 6，y = 3）。

表7-4　逻辑运算符

运　算　符	描　　述	例　　子
&&	And（逻辑与）	（x < 10 && y > 1）为 true
‖	Or（逻辑或）	（x = = 5 ‖ y = = 5）为 false
!	Not（逻辑非）	!（x == y）为 true

5. 其他运算符

1）条件运算符。JS 包含了基于某些条件的结果来对变量进行赋值的条件运算符。
语法格式如下。

```
variablename = (condition)? value1 : value2
```

variablename 为变量名，condition 为条件，value1 和 value2 为两个值，当条件成立时，变量的值为 value1，当变量不成立时，变量的值为 value2。

举例如下。

```
greet = (visitor = = "PRES")?"Dear president":"Dear";
```

如果变量 visitor 中的值是" PRES"，则向变量 greet 赋值" Dear president"，否则赋值" Dear"。

2）字符串运算符加号（+）。加号（+）运算符用于把文本值或字符串变量加起来（连接起来）。

如需把两个或多个字符串变量连接起来，请使用加号（+）运算符。代码如下。

```
txt1 = "What a very";
txt2 = "nice day";
txt3 = txt1 + txt2;
```

在上面语句执行后，变量 txt3 包含的值是"What a verynice day"。
要想在两个字符串之间增加空格，需要把空格插入到一个字符串中。

```
txt1 = "What a very ";
txt2 = "nice day";
txt3 = txt1 + txt2;
```

或者把空格插入到表达式中。

```
txt1 = "What a very";
txt2 = "nice day";
txt3 = txt1 + " " + txt2;
```

在以上语句执行后，变量 txt3 包含的值是:"What a very nice day"
对数字和字符串进行加法运算，代码如下。

```
x = 5 + 5;
document. write(x);
x = "5" + "5";
document. write(x);
```

```
x = 5 + "5";
document. write( x );
x = "5" + 5;
document. write( x );
```

上面语句的运行结果为 10，55，55，55。

7.2.4　流程控制语句

掌握 JS 控制语句，可以更好地控制程序流程，提高程序的灵活性。JS 中常用的语句包括：选择语句（if – else 和 switch）、循环语句（for、for – in、while、do – while）和跳转语句（continue 和 break）。一个 JS 程序可以通过这些常用语句的组合实现特定的功能。在学习这些语句之前，先介绍一下变量。

在 JS 中，变量是用 var 运算符（variable 的缩写）加变量名来定义的，举例如下。

```
var test = "hi";
```

在这个例子中，声明了变量 test，并把它的值初始化为"hi"（字符串）。由于 JS 是弱类型的语言，所以解释程序会为 test 自动创建一个字符串值，无须明确的类型声明。还可以用一个 var 语句定义两个或多个变量。

```
var test = "hi",test2 = "hola";
```

变量的名称需要遵守下面的规则：首字符必须是字母、下画线（_）或美元符号（$），余下的字符可以是下画线、美元符号、任何字母或者数字。

下面的变量都是合法的。

```
var test;
var $test;
var $1;
var _ $te $t2;
```

1. if – else 语句

选择语句（条件语句）主要包括两种类型，分别为 if 语句和 switch 语句。

if – else 语句是 JS 中最常用的语句之一（事实上在许多语言中都是如此）。if 语句的语法格式如下。

```
if( condition) statement1 else statement2
```

其中 condition 可以是任何表达式，计算的结果甚至不必是真正的布尔值，JS 会把它转换成布尔值。如果条件结果为 true，执行 statement1；如果条件计算结果为 false，执行 statement2。每个语句既可以是单行代码，也可以是代码块。举例如下。

```
if( i > 25)
    alert( "Greater than 25. ");
else{
    alert( "Less than or equal to 25");
}
```

📖 使用代码块被认为是一种编程最佳实践，即使要执行的代码只有一行，这样做可以使每个条件要执行什么一目了然。

还可以串联使用多个 if‐else 语句，举例如下。

```
if( condition1 ) statement1 else if ( condition2 ) statement2 else statement3
```

串联使用 if 语句的示例代码如下。

```
if( i > 25) {
    alert( "Greater than 25" );
} else if( i < 0 ) {
    alert( "Less than 0" );
} else {
    alert( "Between 0 and 25,inclusive. " );
}
```

2. switch 语句

switch 语句用来为表达式提供一系列情况（多个选择）。switch 语句的语法格式如下。

```
switch( expression) {
    case value: statement
        break;
    case value: statement
        break;
    case value: statement
        break;
    case value: statement
        break;
    . . .
    default: statement
}
```

部分参数的含义如下。

- case：如果 expression 等于 value，就执行 statement。
- break：会使代码执行跳出 switch 语句。如果没有关键词 break，代码执行就会继续进入下一个情况的判断。
- default：说明了表达式的结果不等于任何一种情况时的操作（事实上，它是 else 从句）。

switch 语句主要是为了避免让开发者编写下面这种代码形式。

```
if( i == 25)
    alert( "25" );
else if( i == 35 )
    alert( "35" );
else if( i == 45 )
    alert( "45" );
else
    alert( "Other" );
```

等价的 switch 语句如下。

```
switch(i) {
  case 25:alert("25");
    break;
  case 35:alert("35");
    break;
  case:45 alert("45");
    break;
  default:alert("Other");
}
```

JS 和 Java 中的 switch 语句有两点不同，在 JS 中，switch 语句可以使用字符串，而且能用不是常量的值说明情况，如下面的代码所示。

```
var BLUE = "blue",RED = "red",GREEEN = "green";
switch(sColor) {
  case BLUE:alert("Blue");
    break;
  case RED:alert("Red");
    break;
  case GREEN:alert("Green");
    break;
  default:alert("Other");
}
```

在这里，switch 语句用字符串 sColor，而且先声明 case 使用的是变量 BLUE、RED 和 GREEN，这在 JS 中是有效的。

7.2.5　JS 循环语句

JS 中支持 4 种不同类型的循环语句，分别是 do – while 语句、while 语句、for 语句和 for – in 语句。

1. do – while 语句

do – while 语句是后测试循环，即退出条件在执行过循环内部的代码之后计算，这意味着在计算表达式之前，至少会执行循环体一次。其语法格式如下。

```
do {
  statement
} while (expression);
```

举例如下。

```
var i = 0;
do {
  i += 2;
  alert(i);
} while(i < 100);
```

2. while 语句

while 语句是前测试循环。这意味着退出条件是在执行循环体的代码之前计算的。因此，循环体可能根本不被执行。其语法格式如下。

```
while( expression ) statement
```

举例如下。

```
var i = 0;
while (i < 100) {
  i += 2;
  alert(i);
}
```

如果 i 为 100，则循环主体不被执行。

3. for 语句

for 语句是前测试循环，而且在进入循环主体之前能够初始化变量，并定义循环后要执行的代码。其语法格式如下。

```
for (initialization; expression; post - loop - expression) statement
```

参数说明如下。

- initialization 语句：在循环体（statement）开始之前执行，而且只执行一次。通常会使用 initialization 语句来初始化循环中所用的变量，当然，也可以初始化一个或多个变量，initialization 语句是可选的。
- expression 语句：用来定义执行循环体（statement）执行的条件。如果条件成立，则执行循环体（statement）；如果条件不成立，则不执行循环体（statement）。expression 语句是可选的。
- post - loop - expression 语句：在循环体（statement）被执行后执行。post - loop - expression 语句也是可选的。

举例如下。

```
for (var i = 0; i < 5; i ++ )
{
  x = x + "The number is " + i + " < br > ";
}
```

在此例中，先执行 var i = 0；然后判断 "i < 5" 是否成立。如果成立，执行大括号内的语句，然后执行 "i ++" 语句；如果不成立，则不执行。

4. for - in 语句

for - in 语句主要用作循环遍历对象的属性。可通过下面的例子来理解它。

```
var MyText = {one:"One", two:"Two", three:"Three"};
for(var prop in MyText)
{
  document. write(prop + " < br > ");
}
```

执行结果如下。

```
one
two
three
```

在这里，对数组元素进行了遍历。

7.2.6   JS 错误和验证

当 JS 引擎执行 JS 代码时，会发生各种错误：可能是语法错误，通常是程序员造成的编码错误或错别字；可能是拼写错误或语言中缺少的功能（可能由于浏览器差异引起的）；可能是来自服务器或用户的错误输出而导致的错误；当然，也可能是其他不可预知的因素。

当错误发生时，JS 引擎通常会停止并生成一个错误消息，这时，JS 会抛出一个错误。

JS 可以用来对用户提交的数据在被送往服务器之前进行验证，这可以减少对服务器的访问，提高运行效率。下面分别对错误处理和数据验证进行介绍。

1. try – catch 语句

try – catch 的语法结构如下。

```
try
{
  //在这里运行代码
}
catch(err)
{
  //在这里处理错误
}
```

说明如下。

- try 语句：允许定义在执行时进行错误测试的代码块。
- catch 语句：定义当 try 代码块发生错误时所执行的代码块，也就是错误处理逻辑代码块。
- err：为错误对象，在 JS 中，try 和 catch 语句是成对出现的。

【例 7-3】try – catch 语句的用法。

```
<!DOCTYPE html >
< html >
  < head >
    < script >
      var txt = " " ;
      function message( )
      {
        try
        {
          adddlert("Welcome HTML5!" );
        }
        catch(err)
        {
          txt = "本页有一个错误. \n\n" ;
          txt += "错误描述:" + err. message + " \n\n" ;
          txt += "单击确定继续。\n\n" ;
          alert(txt) ;
        }
```

```
        }
      </script>
    </head>
    <body>
      <input type = "button" value = "View message" onclick = "message( )" >
    </body>
</html>
```

adddlert( )不是一个有效的方法，JS 解释器执行到此处时会抛出一个错误，这时开始执行 catch 代码块。其中 \n\n 是转义字符，效果为换行；err. message 是获取错误信息的属性。执行单击 view message 按钮，弹出对话框，效果如图 7-2 所示。

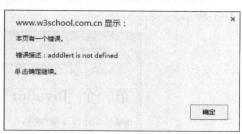

2. throw 语句

throw 的语法结构如下。

图 7-2　执行 try–catch 语句的结果

```
throw exception
```

throw 语句允许创建自定义错误，这个过程称为创建或抛出异常（exception）。如果把 throw 与 try 和 catch 一起使用，就能控制程序流，并生成自定义的错误消息。

【例 7-4】throw 语句的用法。

```
< ! DOCTYPE html >
< html >
  < body >
    < script >
    function myFunction( )
      {
        try
          {
            var x = document. getElementById( "demo" ). value;
            if( x == "" )      throw "值为空";
            if( isNaN( x ) ) throw "不是数字";
            if( x > 10 )      throw "太大";
            if( x < 5 )        throw "太小";
          }
        catch( err )
          {
            var y = document. getElementById( "mess" );
            y. innerHTML = "错误:" + err + "。";
          }
      }
    </script>
    <h1>第一个 JavaScript 程序</h1>
    <p>请输入 5 到 10 之间的数字:</p>
    < input id = "demo" type = "text" >
    < button type = "button" onclick = "myFunction( )" >测试输入值</button>
    < p id = "mess" > </p>
```

```
            </body >
            </html >
```

说明如下。

- getElementById("demo")：获取 id 为 demo 的元素。
- isNaN(x)：判断变量 x 是不是数字，如果是，返回 false，否则返回 true。

执行程序：在输入框中输入 fg，就会弹出消息"错误：不是数字"，程序执行结果如图 7-3 所示。

图 7-3　执行 throw 语句的结果

3. 数据验证

下面做一个"必填项目"的验证，其他方面的验证在"7.5　表单交互"一节中会有详细说明。下面的代码段为验证数据是否为空。

```
            < body >
              < script >
              function myFunction( )
              {
                var k = document. getElementById("data"). value;
                if( k == "" )
                  alert("数据不能为空,请重新输入!");
              }
              </script >
              <h1 >我的第一个 JavaScript 程序 </h1 >
              < p >请在输入框中输入相应的数据,不能为空: </p >
              < input id = "data" type = "text" >
              < button type = "button" onclick = "myFunction( )" >此处数据不能为空 </button >
            </body >
```

运行代码，单击"此处数据不能为空"链接，如果输入了数据，程序正常运行；如果没有输入数据，则会执行"alert("数据不能为空,请重新输入!")"这条语句。

7.3　JS 函数与内置对象

函数是 JS 语言中重要的组成部分，其主要作用是完成一定的逻辑功能，描述这个逻辑功能的代码块可以多次复用，复用的行为是通过调用或事件驱动来完成的。在其执行过程中，可以通过参数改变其内部的处理对象，这样函数就非常灵活了。JS 也是一个面向对象的语言，JS 中的所有事物都是对象，如字符串、数值、数组和函数等。系统为了提高开发效率，提供了大量的内置对象，也就是系统定义好的对象，开发者直接使用它们即可。

7.3.1　JS 函数

使用函数要遵循"先定义（声明），后使用"的原则。本节介绍函数定义的两种方式，声明式的/静态的和匿名式的/动态的。

1. 静态函数定义

静态的函数定义是最常见的，采用这种方式，首先需要一个 function 关键字，接着是函数的名字、放在圆括号内的零个或多个参数，然后就是函数体。

```
function functionname( param1 , param2 , . . . , paramn ) {
    function statements
}
```

代码说明如下。

- 函数体必须放在一对花括号中，即使函数体中只有一条语句。在前面的例子中，也用到了这种方式定义函数。
- 执行过程是当页面载入后，JS 引擎就会对这个静态的函数进行解析，在每次调用该函数时将复用其解析结果。要从代码中找到函数定义也很容易，它易于阅读和理解。函数使用的示例代码如下。

```
<!DOCTYPE html >
<html >
  <head >
    <script >
    function myFunction( )
      {
          alert( "Hello World!" );
      }
    </script >
  </head >
  <body >
    <button onclick = "myFunction( )" >单击这里 </button >
  </body >
</html >
```

在上面的代码中，通过 < button > 标签的 onclick 事件来调用定义好的 myFunction( ) 函数。

（1）函数的参数

函数与调用它的程序之间的通信是通过传入函数的参数及函数的返回值来完成的。参数中的变量传给函数的实际上是原始值，如一个字符串、一个布尔值或一个数字等。这就意味着如果在函数中修改实际参数值，那么它是不会影响调用程序的。另一方面，对于传给函数的对象而言，传递的则是一个引用。在函数中对这个对象的修改会反映在调用程序中。在参数列表中如果有多个参数，每个参数用"，"隔开。示例代码如下。

```
< button onclick = "myFunction('Bill Gates','CEO')" >单击这里 </button >
< script >
function myFunction( name , job )
```

```
        }
    alert("Welcome " + name + ",the " + job);
    }
    </script>
```

在上面的代码中，函数 myFunction 的参数有两个：name 和 job，在函数调用过程中，也要有两个参数，并且与函数中的参数一一对应。

（2）函数的返回值

一个函数可以有返回值，也可以没有返回值。如果它有返回值，那么可以将 return 语句放在函数代码的任何位置上，甚至可以有多个 return 语句。如果 JS 应用程序在运行时遇到一个 return 语句，那么就会停止函数代码的执行，并将控制权返回调用函数语句。使用多个 return 语句的原因通常是需要在某个条件满足时停止并退出该函数。在下面的代码中，如果条件满足，那么该函数将立即停止运行，否则将继续执行。

```
function testValues(numValue){
    if(isNaN(numValue)){
        return "It is not a number";
    }
}
```

函数并不是一定要有返回值，虽然返回值对于错误处理而言十分有用，例如，当函数没有被成功执行时返回一个 false 值。

2. 匿名函数

函数就是一个对象，因此，可以像创建字符串、数组一样通过一个构造器来创建它们，并将该函数赋给一个变量。在下面的代码中，将通过函数构造器创建一个新的函数。使用函数构造器创建一个匿名函数的语法格式如下。

```
var variable = new Function ("param1","param2",...,"paramn","function body");
```

相关参数的含义如下。
- param1...paramn：函数的参数。
- function body：函数体。

利用函数构造器创建一个匿名函数，代码如下。

```
var sayHi = new Function("toWhom","alert('Hi' + toWhom);");
sayHi("world!");
```

这样类型的函数之所以被称为匿名函数，是因为这个函数本身并不是直接声明的，也没有对其进行命名。当 JS 解析它时，和声明函数不一样，它将动态创建一个匿名函数，当其被调用执行后，该函数就将被自动删除。如果该函数在一个循环语句中使用，就意味着每次循环都创建一次函数，而静态函数只会被创建一次。因此，匿名函数对于定义一个在运行时才能确定需求的函数而言是一个很好的方法。

【例 7-5】匿名函数的使用。

```
<!DOCTYPE html >
<html >
    <head>
```

```
        < meta charset = "UTF - 8" >
        < title > 匿名函数 </title >
        < script type = "text/javascript" >
          function buildFunction( ) {
              //输入函数体和参数
              var func  =  prompt("Enter function body:");
              var x  =  prompt("Enter value of x :");
              var y  =  prompt("Enter value of y:");
              //调用这个匿名函数
              var op  =  new Function("x","y",func);
              var theAnswer  =  op(x,y);
              //输出函数执行结果
              alert("Function is :" + func);
              alert("x is:" + x + "y is:" + y);
              alert("The answer is:" + theAnswer);
          }
        </script >
      </head >
      < body onload = "buildFunction( );" >
          < p > Some content </p >
      </body >
   </html >
```

由于 JS 是弱类型语言，因此该函数能够接受数字参数。

```
Function is:return x  *  y
x is:12 y is:10
The answer is:120
```

也可以接受字符串型参数。

```
Function is:return x + y
x is:This is   y is:a dog
The answer is:This is a dog
```

唯一的要求是输入的操作符对于输入的数据类型有意义。即使没有意义，也不会遇到 JS 错误，因为浏览器看不到这样的错误，它将发生在运行时，最终可能会看到类似于下面的结果。

```
Function is :return x  *  y
x is:This is   y is:a dog
The answer is:NaN
```

另外，还可能会得到一个预料之外的结果。如果输入两个数据，并且定义的操作符是"＋"号，那么将得到如下所示的结果（而不是两数相加的结果），因为 JS 将根据上下文将其视为字符串，所以将执行字符串操作。

```
Function is :return x + y;
x is:12 y is:10
The answer is:1210
```

要想确保得到预期结果，需要进行显式的类型转换。

```
Function is:return parseInt(x) + parseInt(y);
```

```
x is:2 y is:3
The answer is:5
```

在使用匿名函数时必须小心谨慎。最好不要让 Web 页面访问者定义一个用于页面的函数。不过，用动态函数对用户输入进行处理是可以的，只需消除用户输入可能带来的问题即可，如嵌入的链接、混乱的 Cookie、对服务器功能的调用或创建新函数等。

7.3.2　JS 对象

JS 对象是 JS 语言中固有的组件，与 JS 的执行环境无关，所以无论在什么环境下都可以访问 JS 对象。JS 对象拥有方法和属性，可以通过对象属性操作符（.）进行访问。例如，String 对象的长度可以通过该对象的 length 属性来访问。

```
var myName = "shenyang";
alert(myName. length);
```

对象的方法也可以通过属性操作符进行访问，因为在 JS 中，方法也被认定是对象的属性。下面的示例调用了 String 对象的 strike 方法，该方法将字符串的内容输出到 HTML 标签中，代码如下。

```
var myName = "shenyang";
alert(myName. strike());          //返回 < strike > shenyang </strike >
```

读者可能会对该示例存在一些困惑，因为该示例只是创建了一个字符串基本类型，而不是 String 对象。在代码中的确只是创建了字符串基本类型的变量 myName，然而，当在该变量上调用与 String 相关的方法时，甚至是 String 的所有属性时（包括 length 和 strike 方法），该变量就会被当作 String 对象实例来处理。

在 JS 的基本对象中，有一些是与数据类型平行的对象，如表示字符串的 String、表示布尔值的 Boolean 和表示数字的 Number。这些对象封装了基本类型，并在其基本功能上进行了一定的扩展。

此外，还有 3 种提供其他功能的内建对象：Math、Date 及 RegExp。Math 对象用于执行数学任务，Date 对象用于处理日期和时间，RegExp 对象表示正则表达式，它是对字符串执行模式匹配的工具。

JS 还有另外一个内建的集合型对象，即 Array。事实上，JS 中的所有对象都是数组，只是在实际使用中并没有将对象当成数组来访问而已。下面分别介绍这些对象。

1. String 对象

String 对象是最常用的 JS 内建对象，主要用于处理文本。创建 String 对象的方式是显式地通过 new String 构造函数创建新的 String 对象，并传入字符串作为参数。

```
var sObject = new String("sample string");
```

返回一个新创建的 String 对象。

```
var sObject = String("sample string");
```

返回"sample string"这个字符串的值。

String 对象有着不同的属性和用法，有些方法用于 HTML，而有些方法则用于其他用途。

其属性如表 7-5 所示。

表 7-5　String 对象属性

属　　性	描　　述
constructor	对创建该对象的函数的引用
length	字符串的长度
prototype	允许向对象添加属性和方法

下列代码使用了 String 对象的 length 属性。

```html
<html>
  <body>
    <script type = "text/javascript">
      var txt = "Hello World!"
      document. write(txt. length)
    </script>
  </body>
</html>
```

length 属性为字符串的长度，运行结果为 12。

String 对象的方法如表 7-6 所示。

表 7-6　String 对象方法

方　　法	描　　述
anchor( )	创建 HTML 锚
charAt( )	返回在指定位置的字符
charCodeAt( )	返回在指定位置的字符的 Unicode 编码
concat( )	连接字符串
fixed( )	以打字机文本显示字符串
fontcolor( )	使用指定的颜色来显示字符串
fontsize( )	使用指定的尺寸来显示字符串
fromCharCode( )	从字符编码创建一个字符串
indexOf( )	检索字符串
lastIndexOf( )	从后向前搜索字符串
localeCompare( )	用本地特定的顺序来比较两个字符串
match( )	找到一个或多个正则表达式的匹配
replace( )	替换与正则表达式匹配的子串
search( )	检索与正则表达式相匹配的值
slice( )	提取字符串的片断，并在新的字符串中返回被提取的部分
split( )	把字符串分割为字符串数组
substr( )	从起始索引号提取字符串中指定数目的字符
substring( )	提取字符串中两个指定的索引号之间的字符
toLocaleLowerCase( )	把字符串转换为小写

方　　法	描　　述
toLocaleUpperCase( )	把字符串转换为大写
toSource( )	代表对象的源代码
toString( )	返回字符串
valueOf( )	返回某个字符串对象的原始值

下面对部分方法举例说明其使用情况。

【例7-6】用indexOf( )方法检索字符串。

```html
< html >
  < body >
    < script type = "text/javascript" >
      var str = "Hello world!"
      document. write( str. indexOf( "Hello" ) + " < br / > " )
      document. write( str. indexOf( "World" ) + " < br / > " )
      document. write( str. indexOf( "world" ) )
    </script >
  </body >
</html >
```

运行结果如图7-4所示。

图7-4　用indexOf( )方法检索字符串

【例7-7】用match( )查找字符串中的特定字符。

```html
< html >
  < body >
    < script type = "text/javascript" >
      var str = "Hello world!"
      document. write( str. match( "world" ) + " < br / > " )
      document. write( str. match( "World" ) + " < br / > " )
      document. write( str. match( "worlld" ) + " < br / > " )
      document. write( str. match( "world!" ) )
    </script >
  </body >
</html >
```

利用match( )方法查找特定字符，如果找到了，返回找到的字符；如果没找到，返回null。运行结果如图7-5所示。

2. Boolean 对象

创建 Boolean 对象实例有不同的方法，这取决于其初始值是 false 还是 true。如果创建的

图 7-5　用 match( )方法查找特定字符

对象不指定初始值，那么该 Boolean 对象的默认值为 false。

> var boolFlag = new Boolean( );

初始值还可以通过数字的方式设置，例如，用 0 代表 false。

> var boolFlag = new Boolean(0);

或者用 1 代表 true。

> var boolFlag = new Boolean(1);

此外，还可以通过 true 和 false 来设定初始值，举例如下。

> var boolFlag1 = new Boolean(false);
> var boolFlag2 = new Boolean(true);

如果以空字符串创建 Boolean 对象实例，那么对象的初始值将为 false；如果以任何非空字符串创建 Boolean 对象实例，那么对象的初始值将为 true。

> var boolFlag1 = new Boolean(" ");　　　　　//初始值为 false
> var boolFlag2 = new Boolean("false");　　　//初始值为 true

无论字符串的内容是什么，即使是 false，只要字符串非空，那么对象实例的初始值就是 true。

Boolean 对象的属性与方法分别如表 7-7 和表 7-8 所示。

表 7-7　Boolean 对象属性

属　　性	描　　述
constructor	返回对创建此对象的 Boolean 函数的引用
prototype	向对象添加属性和方法

表 7-8　Boolean 对象方法

方　　法	描　　述
toSource( )	返回该对象的源代码
toString( )	把逻辑值转换为字符串，并返回结果
valueOf( )	返回 Boolean 对象的原始值

下面是 Boolean 对象的使用实例。

【例 7-8】用 Boolean 对象实例来检验逻辑值。

```
< html >
  < body >
    < script type = "text/javascript" >
      var b1 = new Boolean( 0)
      var b2 = new Boolean(1)
      var b3 = new Boolean("")
      var b4 = new Boolean( null)
      var b5 = new Boolean( NaN)
      var b6 = new Boolean( "false")
      document. write("0 是逻辑的 " + b1 +" < br / >")
      document. write("1 是逻辑的 " + b2 +" < br / >")
      document. write("空字符串是逻辑的 " + b3 +" < br / >")
      document. write("null 是逻辑的 " + b4 + " < br / >")
      document. write("NaN 是逻辑的 " + b5 +" < br / >")
      document. write("字符串 'false'是逻辑的 " + b6 +" < br / >")
    < /script >
  < /body >
< /html >
```

运行结果如图 7-6 所示。

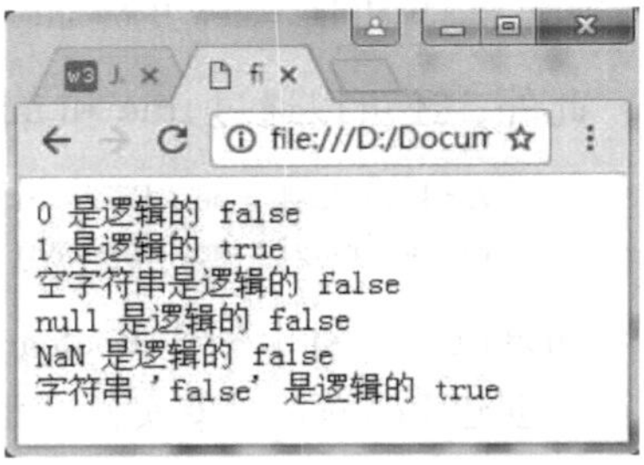

3. Number 和 Math 对象

前面 Boolean 对象提供的方法称为实例方法，因为这些方法是基于对象实例 boolFlag 而存在的，它不是基于对象类 Boolean 而存在的。所以在使用它们时，必须先创建对象，然后使用。对象方法的另一种存在方式是静态方法，静态方法不是基于对象实例的，而是直接为对象类所调用的。所有 Math 对象的方法都是静态方法。

创建 Number 对象的语法格式如下 。

图 7-6　用 Boolean 对象实例
检验逻辑值

```
var myNum = new Number( value);
var myNum = Number( value);
```

参数 value 是要创建的 Number 对象的数值，或是要转换成数字的值。当 Number( )和运算符 new 一起作为构造函数使用时，它返回一个新创建的 Number 对象。如果不用 new 运算符，把 Number( )作为一个函数来调用，它将把自己的参数转换成一个原始的数值，并且返回这个值（如果转换失败，则返回 NaN）。Number 对象的属性如表 7-9 所示。

表 7-9　Number 对象属性

属　性	描　述
constructor	返回对创建此对象的 Number 函数的引用
MAX_VALUE	可表示的最大的数
MIN_VALUE	可表示的最小的数
NaN	非数字值
NEGATIVE_INFINITY	负无穷大，溢出时返回该值
POSITIVE_INFINITY	正无穷大，溢出时返回该值
prototype	向对象添加属性和方法

无穷大属性通常只用来判断是否溢出，溢出表示数字太大或太小，超过了 MAX_VALUE 和 MIN_VALUE 属性。

```
var someValue = -1 * Number. MAX_VALUE * 2;
alert(someValue);
someValue = Number. MAX_VALUE * 2;
alert(someValue);
```

alert 语句首先会显示 NEGATIVE_INFINITY 所表示的负无穷大，然后是 POSITIVE_INFINITY 所表示的无穷大。在此使用 Number 对象，是强调访问这些属性是基于 Number 对象本身的，而不是 Number 对象实例。如果基于 Number 实例访问这些属性，那么将会返回 undefined。Number 对象的方法如表 7-10 所示。

表 7-10　Number 对象方法

方　　法	描　　述
toString	把数字转换为字符串，使用指定的基数
toLocaleString	把数字转换为字符串，使用本地数字格式顺序
toFixed	把数字转换为字符串，结果的小数点后有指定位数的数字
toExponential	把对象的值转换为指数计数法
toPrecision	把数字格式化为指定的长度
valueOf	返回一个 Number 对象的基本数字值

valueOf 和 toString 等全局方法同样适用于 Number 实例，此外还有 toLocaleString 方法，它返回与环境相关的数值格式。与 Boolean 不同的是，Number 对象实例的 toString 方法可以有一个参数，该参数可以是十进制和十六进制，或者在十进制与八进制之间进行转换。

Math 对象提供了许多与数学相关的功能，如获得一个数的平方或者产生一个随机数。不能显式地创建一个 Math 对象，直接使用它就可以了，因为它是静态的。Math 对象不存储数据。Math 对象并不像 Date 和 String 那样是对象的类，因此没有构造函数 Math()，像 Math. sin()这样的函数只是函数，不是某个对象的方法。无须创建它，通过把 Math 作为对象使用就可以调用其所有属性和方法。Math 对象的属性如表 7-11 所示。

表 7-11　Math 对象属性

属　　性	描　　述
E	返回算术常量 e，即自然对数的底数（约等于 2.718）
LN2	返回 2 的自然对数（约等于 0.693）
LN10	返回 10 的自然对数（约等于 2.302）
LOG2E	返回以 2 为底的 e 的对数（约等于 1.414）
LOG10E	返回以 10 为底的 e 的对数（约等于 0.434）
PI	返回圆周率（约等于 3.14159）
SQRT1_2	返回 2 的平方根的倒数（约等于 0.707）
SQRT2	返回 2 的平方根（约等于 1.414）

以下是一个用 round()方法完成四舍五入的实例

【例7-9】用round( )方法完成四舍五入。

```
< html >
  < body >
    < script type = "text/javascript" >
      document. write( Math. round(0. 60) + " < br / > " )
      document. write( Math. round(0. 50) + " < br / > " )
      document. write( Math. round(0. 49) + " < br / > " )
      document. write( Math. round( - 4. 40) + " < br / > " )
      document. write( Math. round( - 4. 60) )
    </ script >
  </ body >
</ html >
```

执行结果如图7-7所示。

图7-7　用round( )方法完成四舍五入

round( )方法可以把一个数字舍入为最接近的整数。Math 对象的方法如表7-12 所示。

表7-12　Math 对象方法

方　　法	描　　　述
abs(x)	返回数的绝对值
acos(x)	返回数的反余弦值
asin(x)	返回数的反正弦值
atan(x)	以介于 – PI/2 与 PI/2 弧度之间的数值来返回 x 的反正切值
atan2(y,x)	返回从 X 轴到点（x，y）的角度（介于 – PI/2 与 PI/2 弧度之间）
ceil(x)	对数进行上舍入
cos(x)	返回数的余弦
exp(x)	返回 e 的指数
floor(x)	对数进行下舍入
log(x)	返回数的自然对数（底为 e）
max(x,y)	返回 x 和 y 中的最高值
min(x,y)	返回 x 和 y 中的最低值
pow(x,y)	返回 x 的 y 次幂
random( )	返回 0～1 的随机数
round(x)	把数四舍五入为最接近的整数
sin(x)	返回数的正弦

方　　法	描　　述
sqrt(x)	返回数的平方根
tan(x)	返回角的正切
toSource( )	返回该对象的源代码
valueOf( )	返回 Math 对象的原始值

可以使用 Math 对象的 random( )方法生成一个大于等于 0 但小于 1 的随机小数，通常为了使用它，需要乘以某个数。

下面来举个例子，为了模拟一次掷骰子事件，需要生成一个 1 ～ 6 的随机数，可以通过把随机小数乘以 5，获得 0 ～ 5 的一个小数，接着使用 round( )方法对这个小数进行四舍五入得到一个整数。然后把这个数加 1，这样就可以得到一个 1 ～ 6 的整数了。其具体实现代码如下。

```html
< html >
  < body >
    < script >
      var diceThrow = Math. round( Math. random( ) * 5) +1;
      document. write( "You threw a " + diceThrow) ;
    </script >
  </body >
</html >
```

用 max( )取两个数中的最大数的示例代码如下。

```html
< html >
  < body >
    < script type = "text/javascript" >
      document. write( Math. max( 5,7) + " < br /  >" )
      document. write( Math. max( -3,5) + " < br /  >" )
      document. write( Math. max( -3, -5) + " < br /  >" )
      document. write( Math. max( 7. 25,7. 30) )
    </script >
  </body >
</html >
```

4. Date 对象

在 JS 中，Date 对象可以用来创建日期实例。当创建了日期对象实例后，就可以使用不同的方法访问或修改日期了，如年、月、日等信息。

当创建日期对象时，如果没有传入任何参数，那么所创建的日期是当前客户端计算机的日期。

```
var dtNow = new Date( ) ;
```

如果在 Date 构造函数中传入参数，那么将创建出具有指定日期值的对象。例如，传入的参数可以是自 1970 年以来的毫秒数。

```
var dtMilliseconds = new Date( 5999000920) ;
```

上述代码的执行结果如下。

Wed,11 Mar 1970 10:23:20 GMT

Date 对象的属性如表7-13 所示。

表7-13　Date 对象属性

属　　性	描　　述
constructor	返回对创建此对象的 Date 函数的引用
prototype	向对象添加属性和方法

可以通过日期格式正确的字符串来创建日期对象，举例如下。

var newDate = new Date("March 12,1983 11:19:24");

日期格式中可以只包含日期部分，而不要时间部分，举例如下。

var newDate = new Date("March 12,2010");

还可以传入多个表示日期的整数值，依次为年份、月份（0～11）、天数、小时、分钟、秒，甚至毫秒，举例如下。

var newDt = new Date(1977,11,23);
var newDt = new Date(1977,11,24,19,30,30,30);

Date 对象的实例方法包括 getter 部分、setter 部分及其他。表7-14 所示为 getter 部分对象方法。

表7-14　Date 的 getter 部分对象方法

方　　法	描　　述
Date( )	返回当日的日期和时间
getDate( )	从 Date 对象返回一个月中的某一天（1～31）
getDay( )	从 Date 对象返回一周中的某一天（0～6）
getMonth( )	从 Date 对象返回月份（0～11）
getFullYear( )	从 Date 对象以 4 位数字返回年份
getHours( )	返回 Date 对象的小时（0～23）
getMinutes( )	返回 Date 对象的分钟（0～59）
getSeconds( )	返回 Date 对象的秒数（0～59）
getMilliseconds( )	返回 Date 对象的毫秒（0～999）
getTime( )	返回 1970 年 1 月 1 日至今的毫秒数
getTimezoneOffset( )	返回本地时间与格林威治标准时间（GMT）的分钟差
getUTCDate( )	根据世界时从 Date 对象返回月中的一天（1～31）
getUTCDay( )	根据世界时从 Date 对象返回周中的一天（0～6）
getUTCMonth( )	根据世界时从 Date 对象返回月份（0～11）
getUTCFullYear( )	根据世界时从 Date 对象返回 4 位数的年份
getUTCHours( )	根据世界时返回 Date 对象的小时（0～23）
getUTCMinutes( )	根据世界时返回 Date 对象的分钟（0～59）
getUTCSeconds( )	根据世界时返回 Date 对象的秒钟（0～59）
getUTCMilliseconds( )	根据世界时返回 Date 对象的毫秒（0～999）

含有 UTC 字符串的方法是与格林威治时间相对应的方法，get 系列方法的应用如下。用 Date( )方法返回现在的日期与时间的示例代码如下。

```
< html >
  < body >
    < script type = " text/javascript" >
      document. write( Date( ) )
    </ script >
  </ body >
</ html >
```

执行结果如下。

Thu Mar 16 2017 10:05:10 GMT +0800(中国标准时间)

大多数 get 方法都有与之相对应的 set 方法。例如，getFullYear( )与 setYear( )对应。用 getTime( )方法计算从 1970 年到今天的毫秒数的示例代码如下。

```
< html >
  < body >
    < script type = " text/javascript" >
      var d = new Date( );
      document. write(" 从 1970/01/01 至今已有:" + d. getTime( ) + " 毫秒。");
    </ script >
  </ body >
</ html >
```

执行结果如下。

从 1970/01/01 至今已有:1489630155409 毫秒。

Date 对象中，setter 部分对象方法如表 7-15 所示。

表 7-15　Date 的 setter 部分对象方法

parse( )	返回 1970 年 1 月 1 日午夜到指定日期（字符串）的毫秒数
setDate( )	设置 Date 对象中月的某一天（1～31）
setMonth( )	设置 Date 对象中月份（0～11）
setFullYear( )	设置 Date 对象中的年份（4 位数字）
setYear( )	请使用 setFullYear（）方法代替
setHours( )	设置 Date 对象中的小时（0～23）
setMinutes( )	设置 Date 对象中的分钟（0～59）
setSeconds( )	设置 Date 对象中的秒钟（0～59）
setMilliseconds( )	设置 Date 对象中的毫秒（0～999）
setTime( )	以毫秒设置 Date 对象
setUTCDate( )	根据世界时设置 Date 对象中月份的一天（1～31）
setUTCMonth( )	根据世界时设置 Date 对象中的月份（0～11）
setUTCFullYear( )	根据世界时设置 Date 对象中的年份（4 位数字）
setUTCHours( )	根据世界时设置 Date 对象中的小时（0～23）

setUTCMinutes( )	根据世界时设置 Date 对象中的分钟（0～59）
setUTCSeconds( )	根据世界时设置 Date 对象中的秒钟（0～59）
setUTCMilliseconds( )	根据世界时设置 Date 对象中的毫秒（0～999）

用 setFullYear( )方法设置日期的示例代码如下。

```
< html >
  < body >
    < script type = " text/javascript" >
      var d = new Date( );
      d. setFullYear( 1992,10,3);
      document. write( d);
    </script >
  </body >
</html >
```

执行结果如下。

```
Tue Nov 03 1992 10:18:22 GMT +0800(中国标准时间)
```

Date 对象中，其他部分方法如表 7-16 所示。

表7-16　Date 其他部分对象方法

toSource( )	返回该对象的源代码
toString( )	把 Date 对象转换为字符串
toTimeString( )	把 Date 对象的时间部分转换为字符串
toDateString( )	把 Date 对象的日期部分转换为字符串
toGMTString( )	请使用 toUTCString( ) 方法代替
toUTCString( )	根据世界时，把 Date 对象转换为字符串
toLocaleString( )	根据本地时间格式，把 Date 对象转换为字符串
toLocaleTimeString( )	根据本地时间格式，把 Date 对象的时间部分转换为字符串
toLocaleDateString( )	根据本地时间格式，把 Date 对象的日期部分转换为字符串
UTC( )	根据世界时返回 1970 年 1 月 1 日到指定日期的毫秒数
valueOf( )	返回 Date 对象的原始值

用 toUTCString( )方法把当前的日期转换为字符串的示例代码如下

```
< html >
  < body >
    < script type = " text/javascript" >
      var d = new Date( )
      document. write( d. toUTCString( ))
    </script >
  </body >
</html >
```

执行结果如下。

5. RegExp 对象

RegExp 对象表示正则表达式，它是对字符串执行模式匹配的工具。正则表达式是由字符串组成的表达式，用于匹配、替换或者查找特定的字符串。大多数的编程语言都提供了对正则表达式的支持，当然 JS 也不例外。

通过 RegExp 对象可以显式地创建正则表达式，当然也可以通过文字量方式创建正则表达式。下面是显式创建的例子。

```
var searchP = new RegExp('s + ');
```

下面这行代码则是使用文字量方式创建的正则表达式。

```
var searchP = /s + /;
```

表达式中的加号表示字符 s 必须在字符串中出现 1 次以上，而字符串(/s + /)中的斜杠表示这是一个正则表达式，不是其他对象类型。

在 RegExp 对象中有两个实例方法：test 和 exec。test 方法将判断以参数传入的字符串是否与正则表达式相匹配。下面的示例将判断字符串是否匹配正则表达式/JavaScriptTest/。

```
var re = /JavaScriptTest/;
var str = "JavaScriptTest";
if(re. test(str)) document. writeln("I guess it does rule");
```

正则表达式的匹配过程是区分大小写的，如果表达式是/javaScripttest/，那么结果将是不匹配的。如果希望不区分大小写进行匹配，可以在正则表达式后面添加修饰符 i，举例如下。

```
var re = /JavaScriptTest/i;
```

这样在匹配过程中就会忽略大小写。正则表达式的修饰符功能如表 7-17 所示。

表 7-17　正则表达式修饰符

修　饰　符	描　　　述
i	执行对大小写不敏感的匹配
g	执行全局匹配（查找所有匹配而非在找到第一个匹配后停止）
m	执行多行匹配

全局匹配是查找与正则表达式匹配的所有字符串，而忽略正则表达式的位置，如果不使用全局匹配修饰符 g，那么只会返回第一个匹配项。多行匹配修饰符 m 可以使用与行相关的字符，例如^表示一行的开始，$表示一行的结束，以便在多行的字符串中进行匹配。

如果是 RegExp 对象实例，那么第二个参数表示匹配选项，举例如下。

```
var searchP = new RegExp('s + ','g');
```

在下面的代码中，RegExp 方法 exec() 将根据正则表达式/JS∗/在字符串中进行查找（全局匹配并忽略大小写）。返回的结果数组中，第一个元素就是匹配正则表达式的字符串，接着继续查找下一个匹配，代码如下。

```
var re = new RegExp("JS",'ig');
var str = "cfdsJS * (&YJSjs 888JS";
var resultArray = re. exec(str);
while(resultArray){
    document. writeln(resultArray[0]);
    document. writeln("next match starts at " + re. lastIndex + " <br>");
    resultArray = re. exec(str);
}
```

正则表达式首先是字母 J，接着是任何数量的字母 S。由于使用了选项 i，所以匹配过程中将忽略大小写，因此也会查找到 js 字符串。并且由于设置了选项 g，RegExp 中的 lastIndex 属性会设置为上一次匹配的位置，所以每次 exec 调用都会查找下一个匹配。该示例中总共找到了 4 次匹配，当没有匹配时，返回的数值将是空值。因为循环条件是基于数组变量的，所以当数组为空值时会结束循环。该示例的执行结果如下。

```
JS next match starts at 6
JS next match starts at 13
JS next match starts at 15
JS next match starts at 21
```

exec 方法返回一个数组，但是数组元素并不是所有的匹配项，而是当前匹配项和所有带圆括号的子字符串。如果在表达式中使用圆括号引用正则表达式的某部分，那么在匹配的时候，这些括号所匹配的字符串也会体现在返回的数组中。RegExp 对象属性如表 7-18 所示。

表 7-18　RegExp 对象属性

属　　性	描　　述
global	RegExp 对象是否具有标志 g
ignoreCase	RegExp 对象是否具有标志 i
lastIndex	一个整数，标示开始下一次匹配的字符位置
multiline	RegExp 对象是否具有标志 m
source	正则表达式的源文本

【例 7-10】RegExp 所匹配的字符串和子字符串。

```
<html>
  <head>
    <script type = "text/javascript">
    window. onload = function(){
      var re = /(ds) + (j+s)/ig;
      var str = "cfdsJS * (&dsjjjsYJSjs 888dsdsJS";
      var resultArray = re. exec(str);
      while(resultArray){
        document. writeln(resultArray[0]);
        document. writeln("nest match strarts at " + re. lastIndex +" <br>");
        for(var i = 1;i < resultArray. length;i ++){
          document. writeln("substring of " + resultArray[i] +" <br>");
        }
        document. writeln(" <br>");
```

```
                resultArray = re. exec( str) ;
            }
        }
    </script >
    </head >
    < body >
        < p > </p >
    </body >
</html >
```

执行结果如图7-8 所示。

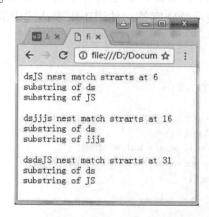

图 7-8　用 RegExp 所匹配的字符串和子字符串

在上面的例子中应用了正则表达式的特殊字符，这些都是正则表达式的专有字符。表 7-19 列出了正则表达式的元字符（特殊含义字符）的作用。

表 7-19　正则表达式元字符（特殊含义字符）

元　字　符	描　　述
.	查找单个字符，除了换行和行结束符
\w	查找单词字符
\W	查找非单词字符
\d	查找数字
\D	查找非数字字符
\s	查找空白字符
\S	查找非空白字符
\b	匹配单词边界
\B	匹配非单词边界
\0	查找 NUL 字符
\n	查找换行符
\f	查找换页符
\r	查找回车符
\t	查找制表符

元 字 符	描 述
\v	查找垂直制表符
\xxx	查找以八进制数 xxx 规定的字符
\xdd	查找以十六进制数 dd 规定的字符
\uxxxx	查找以十六进制数 xxxx 规定的 Unicode 字符

反斜杠，也称为转义符，用来对字符进行转义。在 JS 的正则表达式中，转义符有两种用途，如果是一般的字符，如 s，那么\s 表示特殊字符；如果是特殊字符，如加号，那么\ + 表示是一般加号，而不是表示特殊字符。使用正则表达式中的转义符的示例代码如下。

```
< ! DOCTYPE html >
< html >
  < head >
    < meta charset = " UTF - 8 " >
    < script >
    function matchString( ) {
        var regExp = /\s\ * /g;
      var str = " This * is * a * test * string";
      var resultString = str. replace( regExp,' - ');
      alert( resultString);
      }
    </ script >
  </ head >
< body onload = " matchString( )" >
  < p > Some page content </ p >
</ body >
</ html >
```

执行结果如下。

This – is – a – test – string

如果希望将所有空格都替换成横杠，那么在 replace 方法中引用的正则表达式应该是/\s +/g，替换字符则是横杠。这里用到了 String 对象的方法。表 7-20 列出来了在 String 对象中支持正则表达式的方法。

表 7-20　支持正则表达式的 String 对象方法

方　　法	描　　述
search	检索与正则表达式相匹配的值
match	找到一个或多个正则表达式的匹配
replace	替换与正则表达式匹配的子串
split	把字符串分割为字符串数组

正则表达式中关于匹配字符出现次数的字符称为量词，有 4 种字符被定义为量词：星号（ * ）、加号（ + ）、问号（?）和点号(.)。量词的功能如表 7-21 所示。

表 7-21　正则表达式中量词的功能

量　词	描　述
n +	匹配任何包含至少一个 n 的字符串
n *	匹配任何包含零个或多个 n 的字符串
n?	匹配任何包含零个或一个 n 的字符串
n{X}	匹配包含 X 个 n 的序列的字符串
n{X,Y}	匹配包含 X～Y 个 n 的序列的字符串
n{X,}	匹配包含至少 X 个 n 的序列的字符串
n $	匹配任何结尾为 n 的字符串
^n	匹配任何开头为 n 的字符串
? = n	匹配任何其后紧接指定字符串 n 的字符串
?! n	匹配任何其后没有紧接指定字符串 n 的字符串

【例 7-11】 使用正则表达式中的转义符。

```
<! DOCTYPE html >
<html >
  <head >
    <meta charset = "UTF - 8" >
    <script >
    function findDate( ) {
      var regExp = /:\D * \s\d + \s\d +/;
      var str = "This is a date:March 12 2017";
      var resultString = str. match( regExp) ;
      alert("Date" + resultString) ;
    }
    </script >
  </head >
  <body onload = "findDate( )" >
    <p >Some page content </p >
  </body >
</html >
```

该正则表达式的第一个字符是冒号，接着是反斜杠和大写字母 D，即 \D，用来表示查找任何非数字符号。后面的星号表示匹配任何数量的非数字符号，接下来的部分是空格符（\s），然后是\d。与 \D 不同的是，小写的\d 表示只匹配数字，加号表示匹配一个或多个数字。接着又一个空格符(\s)，以及又一个\d +。在这里也可以使用方括号、数字范围和脱字符(^)。如果想要匹配数字以外的任何字符，那么就用[^0 - 9]，这个方法同样适用于 \ d。执行结果如图 7-9 所示。

图 7-9　使用正则表达式中的转义符

在正则表达式中方括号的功能如表 7-22 所示。

表 7-22 正则表达式中方括号的功能

表　达　式	描　　述
[abc]	查找方括号之间的任何字符
[^abc]	查找任何不在方括号之间的字符
[0-9]	查找任何从 0～9 的数字
[a-z]	查找任何从小写 a～z 的字符
[A-Z]	查找任何从大写 A～Z 的字符
[A-z]	查找任何从大写 A 到小写 z 的字符
[adgk]	查找给定集合内的任何字符
[^adgk]	查找给定集合外的任何字符
(red|blue|green)	查找任何指定的选项

如果希望匹配一种以上的字符类型，那么可以在方括号中列出这些字符。下面的正则表达式将匹配所有大写或小写字符。

```
[A-Za-z]
```

6. 数组对象

与 Math 或 String 类似，JS 数组也是一个对象，可以用构造函数来创建一个数组，举例如下。

```
var newArray = new Array('one','two');
```

基本类型也可以创建数组，这时就不需要显式地调用 Array 对象。

```
var newArray = ['one','two'];
```

与 String 和 Number 对象不同的是，JS 会立即将这样的基本类型转换为 Array 对象，并将结果赋给变量。而 String、Number 或者 Boolean 对象只在调用对象方法时才进行转换。

【例 7-12】 使用 Array 对象创建数组。

```
<html>
  <body>
    <script type = "text/javascript">
    var mycars = new Array()
    mycars[0] = "Saab"
    mycars[1] = "Volvo"
    mycars[2] = "BMW"
    for(i = 0;i < mycars.length;i ++)
    {
      document.write(mycars[i] + " <br/>")
    }
    </script>
  </body>
</html>
```

运行结果如图 7-10 所示。

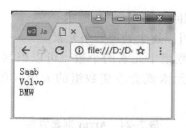

图 7-10 使用 Array 对象创建数组

在该实例中，创建时没有指明数组个数，而在给数组元素赋值时确定了数组元素的个数。创建数组对象实例后，就可以通过下标访问数组元素，下标就是数组元素在数组中的位置。

```
alert( newArray[0] );
```

数组下标是从 0 开始的，一直到"元素总数 - 1"为止。所以对于拥有 5 个元素的数组而言，下标范围就是 0 ~ 4。Array 对象的属性如表 7-23 所示。

表 7-23　Array 对象属性

属　　性	描　　述
constructor	返回对创建此对象的数组函数的引用
length	设置或返回数组中元素的数目
prototype	向对象添加属性和方法

数组不一定是一维的，在 JS 中管理多维数组的方法是为每个数组元素创建一个新的数组。以下代码将创建一个二维数组。

```
var threedPoints = new Array( );
threedPoints[0] = new Array(1.5,3.4,2);
threedPoints[1] = new Array(5.4,5.6,5.5);
threedPoints[1] = new Array(6.4,2.2,1.0);
```

【例 7-13】使用 for - in 声明来遍历数组中的元素。

```
< html >
  < body >
    < script type = "text/javascript" >
    var x
    var mycars = new Array( )
    mycars[0] = "Saab"
    mycars[1] = "Volvo"
    mycars[2] = "BMW"
    for( x in mycars )
    {
        document. write( mycars[x]  +  " < br / >")
    }
    </script >
  </body >
</html >
```

运行结果与【例7-12】相同，如图7-10所示。

通过对数组元素的遍历，可以逐个处理数组元素。

JS语言中不需要提前知道数组中元素的个数。可以根据固定元素个数创建数组，也可以任意添加新的元素，添加新元素就会改变数组的大小。在数组中可用的方法如表7-24所示。

表7-24　Array对象方法

方　　法	描　　述
concat( )	连接两个或更多的数组，并返回结果
join( )	把数组的所有元素放入一个字符串中。元素通过指定的分隔符进行分隔
pop( )	删除并返回数组的最后一个元素
push( )	向数组的末尾添加一个或更多元素，并返回新的长度
reverse( )	颠倒数组中元素的顺序
shift( )	删除并返回数组的第一个元素
slice( )	从某个已有的数组返回选定的元素
sort( )	对数组的元素进行排序
splice( )	删除元素，并向数组添加新元素
toSource( )	返回该对象的源代码
toString( )	把数组转换为字符串，并返回结果
toLocaleString( )	把数组转换为本地数组，并返回结果
unshift( )	向数组的开头添加一个或更多元素，并返回新的长度
valueOf( )	返回数组对象的原始值

【例7-14】合并两个数组。

```
<html>
  <body>
    <script type = "text/javascript">
      var arr = new Array(3)
      arr[0] = "George"
      arr[1] = "John"
      arr[2] = "Thomas"
      var arr2 = new Array(3)
      arr2[0] = "James"
      arr2[1] = "Adrew"
      arr2[2] = "Martin"
      document. write( arr. concat( arr2) )
    </script>
  </body>
</html>
```

运行结果如图7-11所示。

通过concat( )方法可将两个或多个数组合并成一个数组。

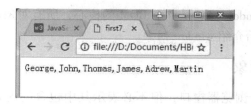

图 7-11　合并两个数组

【例 7-15】使数组元素组成字符串。

```html
<html>
  <body>
    <script type = "text/javascript">
    var arr = new Array(3);
    arr[0] = "George"
    arr[1] = "John"
    arr[2] = "Thomas"
    document.write(arr.join());
    document.write("<br/>");
    document.write(arr.join("."));
    </script>
  </body>
</html>
```

运行结果如图 7-12 所示。

通过 join()方法可以将数组转化为字符串。

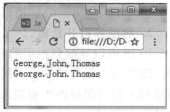

图 7-12　数组转为字符串

7.4　JS 窗口对象

窗口对象也称为 window 对象,它的主体是浏览器对象模型 BOM(Browser Object Model),是一组从浏览器上下文中继承而来的对象。BOM 提供了独立于内容而与浏览器窗口进行交互的对象。

BOM 由一系列相关的对象构成。图 7-13 展示了基本的 BOM 体系结构。

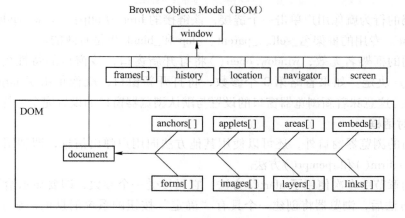

图 7-13　BOM 体系结构图

从图中可以看到，window 对象是整个 BOM 的核心，所有对象和集合都以某种方式回接到 window 对象。下面开始介绍 window 对象。

7.4.1 window 对象

window 对象表示整个浏览器窗口，但不必表示其中包含的内容。此外，window 对象还可用于移动或调整它表示的浏览器的大小，或者对浏览器产生其他影响。window 对象是一个全局对象，它始终存在，即使是隐式的。在前面的章节中使用的 alert() 全局函数，该函数虽然看起来和所有对象都"不相关"，但它实际上是 window 对象的一部分（隐式的）。对 window 对象常用的操作分别如下。

1. 窗口操作

window 对象对操作浏览器窗口非常有用，这意味着开发者可以移动或调整浏览器窗口的大小，可用 4 种方法实现这些操作。

- moveBy（dx，dy）：把浏览器窗口相对当前位置水平移动 dx 个像素，垂直移动 dy 个像素。
- moveTo（x，y）：移动浏览器窗口，使它的左上角位于用户屏幕的(x,y)处。可以使用负数，不过这样会把部分窗口移出屏幕的可视区域。
- resizeBy（dw，dh）：相对于浏览器窗口的当前大小，把窗口的宽度调整 dw 个像素，高度调整 dy 个像素。
- resizeTo（w，h）：把窗口的宽度调整为 w，高度调整为 h。不能为负数。

2. 导航和打开新窗口

用 JS 可以导航到指定的 URL，并用 window. open() 方法打开新窗口。该方法接受 4 个参数，即要载入新窗口的页面的 URL、新窗口的名称（为目标所用）、特性字符串和说明是否用新载入的页面替换当前载入的页面的 Boolean 值。一般只用前 3 个参数，因为最后一个参数只有在调用 window. open() 方法却不打开新窗口时才有效。

如果用已有框架的名称作为 window. open() 方法的第二个参数调用它，那么 URL 所指的页面就会被载入该框架。例如，要把页面载入名为 topFrame 的框架，可以使用下面的代码。

```
window. open("http://www. baidu. com/","topFrame");
```

这行代码的行为就像用户单击一个链接，该链接的 href 为 http://www. baidu. com/，target 为 topFrame。专用的框架名_self、_parent、_top 和_blank 也是有效的。

如果声明的框架名无效，window. open() 将打开新窗口，该窗口的特性由第 3 个参数（特性字符串）决定。如果省略第 3 个参数，将打开新窗口，就像单击了 target 被设置为_blank的链接。这意味着新浏览器窗口的设置与默认浏览器窗口的设置完全一样。

3. 系统对话框

除弹出新的浏览器窗口外，还可以使用其他方法向用户弹出信息，即利用 window 对象的 alert()、confirm() 和 rpompt() 方法。

在前面的章节中多次使用了 alert()方法，它只接受一个参数，即要显示给用户的文本。调用 alert() 方法后，浏览器将创建一个具有"确定"按钮的系统消息框，显示指定的文本内容。例如，下面的代码将显示如图 7-14 所示的消息框。

```
alert("Hello world");
```

通常在提示用户注意某些不能控制的东西（如错误）时，使用警告对话框。

第二种类型的对话框通过调用confirm()方法显示，确认对话框看起来与警告对话框相似，因为都是向用户显示信息。这两种对话框的主要区别是确认对话框中除了有"确定"按钮外还有"取消"按钮，这样允许用户说明是否执行指定的动作。例如，下面的代码显示的确认对话框如图7-15所示。

```
confirm("Are you sure?");
```

图7-14　alert方法弹出对话框　　　　图7-15　confirm()方法弹出的对话框

为了判断用户单击的是"确定"按钮还是"取消"按钮，confirm()方法返回一个Boolean值。如果单击的是"确定"按钮，返回true；如果单击的是"取消"按钮，返回false。确认对话框的典型用法如下。

```
if(confirm("Are you sure?")){
    alert("I am so glad you're sure!");
}else{
    alert("I am sorry to hear you're not sure.");
}
```

在这个例子中，第一行代码向用户显示确认对话框，这个confirm()方法是if语句的条件，如果用户单击"确定"按钮，显示的警告信息是"I am glad you're sure!"；如果用户单击的是"取消"按钮，则显示的警告信息是"I am sorry to hear you're not sure!"。

最后一个类型的对话框通过调用prompt()方法显示，该对话框提示用户输入某些信息。除了包括"确定"按钮和"取消"按钮外，该对话框还有文本框，要求用户在此输入某些数据。prompt()接受两个参数，即要显示给用户的文本和文本框中的默认文本（如果不需要，可以是空串）。下面的代码将显示如图7-16所示的对话框。

```
prompt("What's your name?","Michael");
```

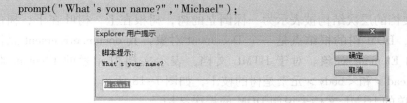

图7-16　prompt()方法弹出的对话框

如果单击"确定"按钮，则将文本框中的值作为函数值返回。如果单击"取消"按钮，则返回 null。通常以下面的方式使用 prompt( )方法。

```
var sResult = prompt("What is your name?","");
if(sResult ! = null){
  alert("Welcome," + sResult);
}
```

4. 状态栏

状态栏是底部边界内的区域,用于向用户显示信息,如果 7-17 所示。

图 7-17　页面状态栏信息

一般来说,状态栏告诉用户何时开始载入页面,何时完成载入页面,可以用 window 对象的两个属性设置它的值,即 status 和 defaultStatus。

7.4.2　document 对象

DOM（Document Object Model,文档对象模型）是表示文档（如 HTML 文档）,以及访问和操作构成文档的各种元素（如 HTML 标记和文本串）的应用程序接口（API）。它提供了文档中独立元素的结构化及面向对象的表示方法,并允许通过对象的属性和方法访问这些对象;另外,文档对象模型还提供了添加和删除文档对象的方法,这样能够创建动态的文档内容。

在 DOM 中,文档的层次结构被表示为一棵倒立的树,树根在上,树叶在下,树的结点表示文档中的内容,DOM 树的根结点是一个 Document 对象,其 documentElement 属性引用表示文档根元素的 Element 对象。对于 HTML 文档,表示文档根元素的 Element 对象是<html>标签,<head>和<body>元素是树的枝干,如图 7-18 所示。

下面用一个简单的 HTML 文档来说明 DOM 的层次结构。

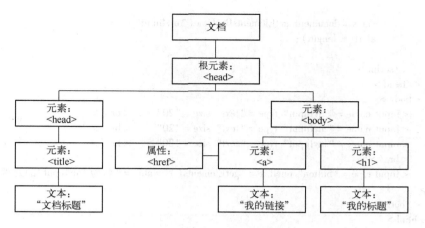

图 7-18 DOM 模型结构

```
< html >
  < head >
    < title > 沈阳师范大学网站 </title >
  </head >
  < body >
    你好! < a href = "www. synu. edu. cn" > 沈阳师范大学欢迎您! </a >
  </body >
</html >
```

在这段文档中, < html > 元素是根结点, < head > 和 < body > 是 < html > 的子结点, < title > 是 < head > 的子结点, < a > 是 < body > 的子结点。DOM 对象的属性如表 7-25 所示。

表 7-25   DOM 对象属性

属　　性	描　　述
body	提供对 < body > 元素的直接访问。 对于定义了框架集的文档,该属性引用最外层的 < frameset >
cookie	设置或返回与当前文档有关的所有 Cookie
domain	返回当前文档的域名
lastModified	返回文档被最后修改的日期和时间
referrer	返回载入当前文档的文档的 URL
title	返回当前文档的标题
URL	返回当前文档的 URL

下面的例子是对文档对象内容的操作。

【例 7-16】对文档元素的操作。

```
< html >
  < head >
    < script type = "text/javascript" >
      function getElements()
      {
```

209

```
                    var x = document. getElementsByName("myInput");
                    alert(x. length);
                }
        </script>
    </head>
    <body>
        <input name = "myInput" type = "text" size = "20" /> <br />
        <input name = "myInput" type = "text" size = "20" /> <br />
        <input name = "myInput" type = "text" size = "20" /> <br />
        <br />
        <input type = "button" onclick = "getElements()" value = "名为'myInput'的元素有多少个?"
/ >
    </body>
</html>
```

执行结果如图 7-19 所示。

图 7-19   对文档元素的操作

document. getElementsByName("myInput") 用于获得 name 为 myInput 的元素。DOM 对象的方法如表 7-26 所示。

表 7-26   DOM 对象方法

方　　法	描　　述
close()	关闭用 document. open() 方法打开的输出流, 并显示选定的数据
getElementById()	返回对拥有指定 id 的第一个对象的引用
getElementsByName()	返回带有指定名称的对象集合
getElementsByTagName()	返回带有指定标签名的对象集合
open()	打开一个流, 以收集来自任何 document. write() 或 document. writeln() 方法的输出
write()	向文档写 HTML 表达式或 JavaScript 代码
writeln()	等同于 write() 方法, 不同的是在每个表达式之后写一个换行符

在 DOM 中, HTML 文档的各个结点被视为各种类型的 Node 对象, 并且将 HTML 文档表示为 Node 对象的树。对于任何一个树形结构来说, 最常用的操作是遍历树。在 DOM 中可以通过 Node 对象的相关属性来遍历树。

7.4.3   timing 对象

Java 开发者熟悉对象的 wait() 方法, 可使程序暂停, 在继续执行下一行代码之前, 等待指定的时间量, 这种功能非常有用。遗憾的是 JS 未提供相应的支持, 但这种功能并非完全不能实现, 有几种方法可以采用。

JS 支持暂停和时间间隔, 这可有效地告诉浏览器应该何时执行某行代码。所谓暂停,是指在指定的毫秒数后执行指定的代码。所谓时间间隔，是指反复执行指定的代码，每次执行之间等待指定的毫秒数。

可以用 window 对象的 setTimeout( )方法设置暂停。该方法接受两个参数：要执行的代码和在执行它之前要等的毫秒数（1/1000 秒）。第一个参数可以是代码串，第二个参数是毫秒数。举例如下。

【例 7-17】在循环中的计时方法。

```
< html >
  < head >
    < script type = " text/javascript" >
      var c = 0
      var t
      function timedCount( )
      {
        document. getElementById( 'txt '). value = c
        c = c + 1
        t = setTimeout( " timedCount( )" ,1000 )
      }
    </ script >
  </ head >
  < body >
    < form >
      < input type = " button"  value = " 开始计时!"  onClick = " timedCount( )" >
      < input type = " text"  id = " txt" >
    </ form >
    < p > 请单击上面的按钮。输入框会从 0 开始一直进行计时。</ p >
  </ body >
</ html >
```

执行结果如图 7-20 所示。

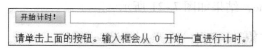

图 7-20　循环中的计时方法

7.4.4　navigator 对象

Web 编程的一个重要工作是确定目标浏览器和操作系统，无论是构建一个简单的网站还是一个复杂的 Web 应用，在工作开始之前都必须确定这些信息，因为不同的浏览器支持不同级别的 HTML 和 JS，而且往往操作系统不同，支持级别也不同。如果了解了目标，就可以节省很多时间，而且保证程序中不会包含用户不可用的特性。在客户端浏览器检测中最重要的对象是 navigator 对象，其属性如表 7-27 所示。

表 7-27　navigator 对象属性

属　　性	描　　述
appCodeName	返回浏览器的代码名
appMinorVersion	返回浏览器的次级版本

属　性	描　述
appName	返回浏览器的名称
appVersion	返回浏览器的平台和版本信息
browserLanguage	返回当前浏览器的语言
cookieEnabled	返回指明浏览器中是否启用 Cookie 的布尔值
cpuClass	返回浏览器系统的 CPU 等级
onLine	返回指明系统是否处于脱机模式的布尔值
platform	返回运行浏览器的操作系统平台
systemLanguage	返回 OS 使用的默认语言
userAgent	返回由客户机发送服务器的 user – agent 头部的值
userLanguage	返回 OS 的自然语言设置

【例 7-18】 检测浏览器的名称和版本号。

```
< html >
  < body >
    < script type = " text/javascript" >
    var browser = navigator. appName
    var b_version = navigator. appVersion
    var version = parseFloat( b_version)
    document. write("浏览器名称:" + browser)
    document. write(" < br / > ")
    document. write("浏览器版本:" + version)
    </ script >
  </ body >
</ html >
```

执行浏览器为 Chrome，结果如图 7-21 所示。

7.4.5 history 对象

history 对象可以访问浏览器窗口的历史。所谓历史，就是用户访问过的站点的列表，出于安全原因，所有导航只能通过历史完成，不能得到浏览器历史中包含的页面的 URL。

不必通过时间机器实现历史导航，只需使用 window 对象的 history 属性及其相关方法即可。history 对象包含用户（在浏览器窗口中）访问过的 URL。history 对象的属性 length 是返回浏览器历史列表中的 URL 数量。history 对象的方法如表 7-28 所示。

图 7-21　检测浏览器的名称与版本号

表 7-28　history 对象方法

方　法	描　述
back( )	加载 history 列表中的前一个 URL
forward( )	加载 history 列表中的下一个 URL
go( )	加载 history 列表中的某个具体页面

go()方法只有一个参数，即前进或后退的页面数。如果是负数，就在浏览器历史中后退。如果是正数，则在浏览器历史中前进。后退一页的代码如下。

```
window. history. go( -1);
```

当然，window 对象的引用不是必需的，也可使用下面的代码。

```
history. go( -1);
```

通常用该方法创建网页中嵌入的 Back 按钮，举例如下。

```
< a href = "javascript:history. go( -1)" > Back to the previous page </a >
```

要前进一页，只需要使用正数 1，代码如下。

```
history. go(1);
```

另外，用 back( )和 forward( )方法可以实现同样的操作。

```
//go back one
history. back( );
//go forward one
history. forward( );
```

这些代码更有意义一些，因为它们精确地反映出浏览器的 Back 和 Forward 按钮的行为。虽然不能使用浏览器历史中的 URL，但可以用 length 属性查看历史中的页面数。

```
alert("there are currently" + history. length + "pages in history. ");
```

如果想前进或后退多个页面，想知道是否可以这样做，那么上面的代码就非常有用了。

7. 4. 6 location 对象

location 对象存储在 window 对象的 location 属性中，表示窗口中当前显示的文档的 Web 地址。它的 href 属性存放的是文档的完整 URL，其他属性则分别描述了 URL 的各个部分。location 对象的属性如表 7-29 所示。

表 7-29 location 对象属性

属　　性	描　　述
hash	设置或返回从井号（#）开始的 URL（锚）
host	设置或返回主机名和当前 URL 的端口号
hostname	设置或返回当前 URL 的主机名
href	设置或返回完整的 URL
pathname	设置或返回当前 URL 的路径部分
port	设置或返回当前 URL 的端口号
protocol	设置或返回当前 URL 的协议
search	设置或返回从问号（?）开始的 URL（查询部分）

这些属性与 anchor 对象（或 area 对象）的 URL 属性非常相似。当一个 location 对象被转换成字符串后，href 属性的值被返回。这意味着可以使用表达式 location 来替代

location. href。

不过 anchor 对象表示的是文档中的超链接，location 对象表示的却是浏览器当前显示的文档的 URL（或位置）。但是 location 对象还能控制浏览器显示的文档的位置。如果把一个含有 URL 的字符串赋予 location 对象或它的 href 属性，浏览器就会把新的 URL 所指的文档装载进来并显示。location 对象可用的方法如表 7-30 所示。

表 7-30　location 对象方法

属　　性	描　　述
assign( )	加载新的文档
reload( )	重新加载当前文档
replace( )	用新的文档替换当前文档

除了设置 location 或 location. href 用完整的 URL 替换当前的 URL 之外，还可以修改部分 URL，只需给 location 对象的其他属性赋值即可。这样做就会创建新的 URL，其中的一部分与原来的 URL 不同，浏览器会将它装载并显示出来。例如，假设设置了 location 对象的 hash 属性，那么浏览器就会转移到当前文档中的一个指定位置。同样，如果设置了 search 属性，那么浏览器就会重新装载附加了新的查询字符串的 URL。

除了 URL 属性外，location 对象的 reload( )方法可以重新装载当前文档，replace( )方法可以装载一个新文档而无须为它创建一个新的历史记录，也就是说，在浏览器的历史列表中，新文档将替换当前文档。

7.5　表单交互

创建表单是为了满足用户向服务器发送数据的需求。Web 表单使用 HTML 的 < form/ > < input/ > < select/ > 和 < textarea/ > 等元素。利用这些元素，浏览器可以渲染文本框、组合框及其他输入控件，从而实现客户端与服务器端的通信。

1. 表单基础

HTML 表单是通过 < form/ > 元素定义的，有以下几个特性。

- method：表示浏览器发送的 GET 请求或是发送的 POST 请求。
- action：表示表单所要提交到的地址 URL。
- entype：当向服务器发送数据时，数据应该使用的编码方法。
- accept：当上传文件时，列出服务器能正确处理的 mime 类型。
- accept – charset：当提交数据时，列出服务器接受的字符编码。

表单可以包含任意数目的输入元素： < input/ > < select/ > 和 < textarea/ > 。

2. 获取表单的引用

开始对表单进行编程前，必须先获取 < form/ > 元素的引用，有多种方法可以完成这一操作。

首先，可使用典型 DOM 树中定位元素的方法 getElementById( )，只需传入表单的 ID 即可。

```
var oForm = document. getElementById( "form1" ) ;
```

另外，还可用 document 的 forms 集合，并通过表单 forms 集合中的位置或者表单的 name 特性来进行引用。

```
var oForm = document. forms[ 0 ] ;
var oOtherForm = document. forms[ "formz" ] ;
```

使用这些方法都是可行的，它们都返回相同的对象。

3. 访问表单字段

每个表单字段，不论它是按钮、文本框或者其他内容，均包含在表单的 elements 集合中，可以用它们的 name 特性或是它们在集合中的位置来访问不同的字段。

```
var oFirstField = oForm. elements[ 0 ] ;
var oTextbox1 = oForm. elements[ "textbox1" ] ;
```

还有一种通过名称来直接访问字段的方法，每个表单字段都是表单的特性，可以直接通过它的 name 来访问。

```
var oTextbox1 = oForm[ "text box 1" ] ;
```

当然也可以通过 document. getElementById( )和表单字段的 ID 来直接获取这个元素。

4. 表单字段的共性

所有的表单字段（除了隐藏字段）都包含同样的特性、方法和事件。

- disabled：可用来获取或设置表单控件是否被禁用（被禁用的控件不允许用户输入，如果控件被禁用也会在外观上反映出来）。
- form：用来指向字段所在的表单。
- blur( )：此方法可以使表单字段失去焦点（将焦点移动到别处）。
- focus( )：此方法让表单字段获取焦点（控件被选中以便进行键盘交互）。
- 当字段失去焦点时，发生 blur 事件，执行 onblur 事件处理函数。
- 当字段获取焦点时，发生 focus 事件，执行 onfocus 事件处理函数。

举例如下。

```
var oField1 = oForm. elements[ 0 ] ;
var oField2 = oForm. elements[ 1 ] ;
```

第一个字段被禁用。

```
oField1. disabled = true ;
```

第二个字段获取焦点。

```
oField2. focus( ) ;
```

5. 表单验证

除了对内容是否为空进行验证外，也可以对内容的格式进行验证，当然，这就要用到正则表达式了。下面的例子是对邮箱地址的验证。

【例 7-19】 对邮箱地址是否合理进行验证。

```
< html >
  < head >
    < script type = " text/javascript" >
      function validate_email( field , alerttxt )
      {
        with( field )
        {
          apos = value. indexOf( " @ " )
          dotpos = value. lastIndexOf( " . " )
          if( apos < 1 | | dotpos - apos < 2 )        { alert( alerttxt ) ; return false }
          else { return true }
        }
      }
function validate_form( thisform )
{
    with( thisform )
    {
      if( validate_email( email , " Not a valid e - mail address!" ) == false )
      { email. focus( ) ; return false }
    }
}
    </ script >
  </ head >
  < body >
    < form action = " submitpage. htm" onsubmit = " return validate_form( this ) ;" method = " post" >
    Email: < input type = " text" name = " email" size = " 30" >
      < input type = " submit" value = " Submit" >        </ form >
  </ body >
</ html >
```

在本例中，with 语句的作用是设置代码在特定对象中的作用域，验证的要求是输入的数据必须包含@符号和点号(.)，@不可以是邮件地址的首字符，并且@之后需要有至少一个点号，当在输入框中输入 wer，一个非邮箱地址时，执行结果如图 7-22 所示。

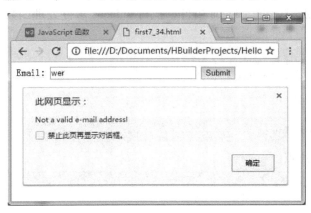

图 7-22　对邮箱地址的验证结果

7.6 Cookie 存储信息

随着 Web 的发展，要求 JS 能向服务器发送数据，接收响应。Cookie 技术就是在这种形势下产生的。

Cookie 是网站服务器放在用户机器上的一小块信息，Cookie 通常用于保存登录信息，这样用户就无须每次从同一台机器上访问受限制页面时都登录了（到处都可以看到"记住我"的复选框）。

因为 Cookie 对于用户来说是唯一的，网站可以判断用户上次访问网站的时间，以及它访问了哪些页面。这就涉及隐私问题，的确，Cookie 可用于在某个网站跟踪用户访问的页面，但无法用它来获取个人信息（如信用卡号、电子邮件地址等）。

Cookie 是一个 JS 可以利用的客户端到服务器端之间的交互手段，浏览器向服务器发送请求时，为这个服务器存储的 Cookie 与其他信息一起发送给服务器，这使得 JS 可以在客户端设置一个 Cookie，之后服务器端就可以读取它了。

1. Cookie 的组成

- 名称：Cookie 有一个唯一的名称代表，这个名称可以包含字母、数字和下画线。与 JS 的变量不同，Cookie 的名称是不区分大小写的，所以 myCookie 和 MYCookie 是一样的。但是，最好将 Cookie 名称认为是区分大小写的，因为有的服务器端软件是区分的。
- 值：保存在 Cookie 中的字符串值。这个值在存储之前必须用 encodeURIComponent( ) 方法对其进行编码，以免丢失数据。名称和值加起来的字节数不能超过 4 KB。
- 域：出于安全考虑，网站不能访问其他域创建的 Cookie。创建 Cookie 后，域的信息会作为 Cookie 的一部分存储起来。
- 路径：另一个 Cookie 的安全特征，路径限制了对 Web 服务器上特定目录的访问，例如，可指定 Cookie 只能从 http：//www.baidu.com/books 中访问，这样就不能访问 http：//www.baidu.com/上的网页了，尽管都在一个域中。
- 失效日期：Cookie 何时应该被删除，默认情况下，关闭浏览器时，即将 Cookie 删除。不过，也可以自己设置删除时间。这个值是 GMT 格式的日期（可以使用 Date 对象的 toGMTString( )方法），用于指定应该删除 Cookie 的准确时间。因此，Cookie 可在浏览器关闭后依然保存在用户的机器上。如果设置的失效日期是一个以前的时间，则 Cookie 将被立刻删除。
- 安全标志：用于表示 Cookie 是否只能从安全网站（使用 SSL 和 https 协议的网站）中访问，可设置为 true 或者 false。当设置为 true 时，表示加强保护，确保 Cookie 不被其他网站访问。

2. 其他安全限制

为了确保 Cookie 不被恶意使用，浏览器还对 Cookie 的使用进行了一些限制。

- 每个域最多只能在一台 PC 上存储 20 个 Cookie。
- 每个 Cookie 的总尺寸不能超过 4 KB。
- 一台 PC 上的 Cookie 总数不能超过 300 个。

另外，一些新的浏览器还对 Cookie 进行了严格限制，可以让用户阻止所有的 Cookie、阻止某些未知网站的 Cookie 或者在创建 Cookie 时进行提示。

3. JS 中的 Cookie

在 JS 中，document 对象有一个 Cookie 特性，是包含所有给定页面可访问的 Cookie 的字符串。要创建一个 Cookie，必须按照下面的格式创建字符串。

```
cookie_name = cookie_value;expires = expiration_time;path = domain_path;
domain = domain_name;secure
```

只有字符串的第一部分（指定名称和值的字符串）是设置 Cookie 所必需的，其他部分都是可选的。然后将这个字符串复制给 document. cookie 特性，即可创建 Cookie。例如，可用以下代码设置简单的 Cookie。

```
document. cookie = " name = Nicholas " ;
document. cookie = " book = " + encodeURIComponent( " HTML5 JavaScript " );
```

读取 document. cookie 的值即可访问这些 Cookie，以及所有其他可以从给定页面访问的 Cookie。如果在运行上面两行代码后显示 document. cookie 的值，则出现" name = Nicholas ; book = HTML5 JavaScript"。即使制定了其他的 Cookie 特性，如失效时间，document. cookie 也只返回每个 Cookie 的名称和值，并用分号来分隔这些 Cookie。

因为创建和读取 Cookie 均需记住它的格式，所以大部分开发人员用函数来处理这些细节。创建 Cookie 的函数如下。

```
function setCookie( sName,sValue,oExpires,sPath,sDomain,bSecure) {
    var sCookie = sName + " = " + encodeURIComponent( Svalue );
    if( oExpires) {
        sCookie + = " ;expires = " + oExpires. toGMTString( );
    }
    if( sPath) {
        sCookie + = " ;path = " + sPath;
    }
    if( sDomain) {
        sCookie + = " ;domain = " + sDomain;
    }
    if( bSecure) {
        sCookie + = " ;secure";
    }
    document. cookie = sCookie;
}
```

这个 setCookie( )函数可以根据传入的参数创建 Cookie 字符串，因为只有前两个参数是必需的，所以函数在把参数传给 Cookie 字符串前，要对参数进行检测，以确保前两个参数是存在的。第三个参数应该是 Date 对象，这样才能调用 toGMTSting( )方法。

在服务器端，诸如 JSP、ASP. NET 和 PHP 之类的服务器端技术都提供了内置的读取、写入及其他处理 Cookie 的功能。下面举例说明如何创建和存储 Cookie。

【例 7-20】创建和存储 Cookie。

```
< html >
    < head >
```

```
< script type = "text/javascript" >
  function getCookie( c_name)
{
    if( document. cookie. length > 0)
  {
      c_start = document. cookie. indexOf( c_name  +  " = ")
      if( c_start! = -1)
        {                        c_start = c_start  +  c_name. length + 1
          c_end = document. cookie. indexOf( " ;" , c_start)
          if( c_end == -1) c_end = document. cookie. length
            return unescape( document. cookie. substring( c_start, c_end))
        }
  }
  return " "
}
  function setCookie( c_name , value , expiredays)
{
    var exdate = new Date( )
    exdate. setDate( exdate. getDate( ) + expiredays)
    document. cookie = c_name +  " = "  + escape( value) +
    ( ( expiredays == null) ? " " : " ;" ; expires = " + exdate. toGMTString( ))
}
  function checkCookie( )
{
    username = getCookie( 'username ')
    if( username! = null && username! = " " )
     {alert( 'Welcome again ' + username + '! ')}
    else
      {
          username = prompt( 'Please enter your name : ' , " " )
          if( username! = null && username! = " " )
          {
              setCookie( 'username ' , username , 365)
          }
      }
}
  </ script >
  </ head >
  < body onLoad = " checkCookie( )" >
  </ body >
</ html >
```

本例创建了一个存储访问者名字的 Cookie，当访问者首次访问网站时，名字会存储于 Cookie 中，当访问者再次访问网站时，会弹出欢迎信息。函数 setCookie( ) 中的参数存有 Cookie 的名称、值及过期天数。在执行过程中，首先将天数转换成有效的日期，然后将 Cookie 名称、值及其过期日期存入 document. cookie 对象中。函数 getCookie( ) 首先会检查 document. cookie 对象中是否存有 Cookie，假如 document. cookie 对象中存有某些 Cookie，那么会继续检查指定的 Cookie 是否已存储。如果找到了 Cookie，就返回值，否则返回空字符串。函数 checkCookie( ) 的作用是如果 Cookie 已被设置，则显示欢迎信息，否则显示提示框来要求用户输入名字。当输入 yu 时，执行结果如图 7-23 所示。

再次访问此网页时，结果如图 7-24 所示。

图 7-23　创建 Cookie 信息对话框

图 7-24　使用 Cookie 信息对话框

7.7　案例：在线书店购物车

本节将结合本章所学知识，设计一个在线书店购物车。首先给出购物车主界面，如图 7-25 所示，然后介绍相应文件。

图 7-25　购物车主界面

在这里创建一个 Web 项目，项目目录结构如图 7-26 所示。

图 7-26　购物车项目目录结构

在此目录结构中，test. html 为主界面文件，css 文件夹内存放有 style. css 样式表文件，在 images 文件夹中存放相应图片，在 js 文件夹中有 script. js 文件。下面分别进行介绍。

1. test. html 文件

```html
<! DOCTYPE html >
<html >
  <head >
    <meta charset = "UTF - 8" >
    <title >demo </title >
    <!-- 加载样式表文件 -->
    <link rel = "stylesheet" href = "css/style. css"/ >
    <!-- 加载 js 文件 -->
    <script type = "text/javascript" src = "js/demo. js" > </script >
  </head >
  <body >
    <!-- 商品列表区域 -->
    <table id = "cartTable" >
      <thead >
        <tr >
          <th > <label > <input class = "check - all check" type = "checkbox"/ >  全选 </label > </th >
          <th >商品 </th >
          <th >单价 </th >
          <th >数量 </th >
          <th >小计 </th >
          <th >操作 </th >
        </tr >
      </thead >
      <tbody >
        <tr >
          <td class = "checkbox" > <input class = "check - one check" type = "checkbox"/ > </td >
          <td class = "goods" > <img src = "images/1. jpg" alt = ""/ > <span >蔬菜真味 </span > </td >
          <td class = "price" >59 </td >
          <td class = "count" > <span class = "reduce" > </span > <input class = "count - input" type = "text" value = "1"/ > <span class = "add" > + </span > </td >
          <td class = "subtotal" >59 </td >
          <td class = "operation" > <span class = "delete" >删除 </span > </td >
        </tr >
      </tbody >
    </table >
    <!-- 控制区域 -->
    <div class = "foot" id = "foot" >
      <label class = "fl select - all" > <input type = "checkbox" class = "check - all check"/ >  全选 </label >
      <a class = "fl delete" id = "deleteAll" href = "javascript:;" >删除 </a >
      <div class = "fr closing" >结 算 </div >
      <div class = "fr total" >合计: ¥ <span id = "priceTotal" >0. 00 </span > </div >
      <div class = "fr selected" id = "selected" >已选商品 <span id = "selectedTotal" >0 </span > 件
```

```
            < span class = "arrow up" > ︿</span > < span class = "arrow down" > ﹀</span > </div >
          < div class = "selected – view" >
            < div id = "selectedViewList" class = "clearfix" >
                < div > < img src = "images/1. jpg" > < span >取消选择 </span > </div >
            </div >
            < span class = "arrow" >□< span >□</span > </span >
          </div >
        </div >
      </body >
</html >
```

在 test. html 文件中，关于样式与 HTML 元素，在这里就不介绍了，整个文件主体结构由两部分组成，一部分是商品展示区域，另一部分是操作控制区域。商品展示区域是由一个表格构成的，商品信息占用4行（在此只列出了其中1行的代码，其他3行的代码省略了）。

2. script. js 文件的主体部分

```
window. onload = function( ) {
    //读取页面元素,赋给自定义变量
    var cartTable = document. getElementById('cartTable');
    //. rows:读取对应结点中的所有 tr 元素
    var tr = cartTable. children[1]. rows;
    //通过类名获取复选框
    var checkInputs = document. getElementsByClassName('check');
    //获取"全选"框
    var checkAllInputs = document. getElementsByClassName('check – all');
    var selectedTotal = document. getElementById('selectedTotal');
    var priceTotal = document. getElementById('priceTotal');
    var selected = document. getElementById('selected');
    var foot = document. getElementById('foot');
    var selectedViewList = document. getElementById('selectedViewList');
    var deleteAll = document. getElementById('deleteAll');
    //价格与数量汇总计算
    function getTotal( ) {
        var seleted = 0;
        var price = 0;
        var HTMLstr = '';
        //遍历查找被选中的商品信息
        for( var i = 0, len = tr. length; i < len; i ++ ) {
            if( tr[i]. getElementsByTagName('input')[0]. checked) {
                tr[i]. className = 'on';
                //数量累加
                seleted + = parseInt( tr[i]. getElementsByTagName('input')[1]. value);
                //价格累加
                price + = parseFloat( tr[i]. cells[4]. innerHTML);
                HTMLstr + = ' < div > < img src = "' + tr[i]. getElementsByTagName('img')
[0]. src + '" > < span class = "del" index = "' + i + '" >取消选择 </span > </div >'
            }
            else {
```

```
                    tr[i].className = '';
                }
            }
            //写入到对应元素中去
            selectedTotal.innerHTML = seleted;
            priceTotal.innerHTML = price.toFixed(2);
            selectedViewList.innerHTML = HTMLstr;

            if(seleted == 0){
                foot.className = 'foot';
            }
        }
        //复选框单击事件
        for(var i = 0,len = checkInputs.length;i < len;i ++){
            checkInputs[i].onclick = function(){
                if(this.className == = 'check - all check'){
                    for(var j = 0;j < checkInputs.length;j ++){
                        checkInputs[j].checked = this.checked;
                    }
                }
                if(this.checked == false){
                    for(var k = 0;k < checkAllInputs.length;k ++){
                        checkAllInputs[k].checked = false;
                    }
                }
                getTotal();
            }
        }
    }
}
```

在 script.js 文件中，完成了购物车的主要逻辑处理。

本章小结

本章主要介绍了 JavaScript 的概念、常用的基础元素、各种流程控制语句及验证。在对象的讲解中，主要讲解了函数和内置对象的实际应用，以及窗体中出现的几个常用对象的具体应用。

最后，介绍了表单的验证、表单的提交和表单的重置等交互方式，介绍了 Cookie 信息存储的过程。

实践与练习

1. 填空题

1）_____公司希望在静态 HTML 上添加一些动态效果，因此设计出了 JavaScript 脚本语言。

2）JS 语言的单行注释为_____，多行注释为_____。

3）在 JS 中，console.log() 方法的作用是_____。

4）在 JS 中，函数定义的主要方式有_____和_____。

5）String 对象的 valueOf( )方法的功能是_____。

2. 选择题

1）以下选项为 JS 的技术特征的是（　　　　）。

    A. 解释型脚本语言　B. 跨平台　C. 基于对象和事件驱动　D. 具有以上各种功能

2）编辑 JS 程序时（　　　　）。

    A. 只能使用记事本

    B. 只能使用 FrontPage 编辑软件

    C. 可以使用任何一种文本编辑器

    D. 只能使用 Dreamweaver 编辑工具

3）JS 语法格式正确的是（　　　　）。

    A. echo "I enjoy JavaScript"　　　　　　B. document. write（I enjoy JavaScript）

    C. response. write（"I enjoy JavaScript"）D. alert（"I enjoy JavaScript"）

4）下面不是 JS 运算符的是（　　　　）。

    A. =　　　　　　　　B. ==　　　C. &&　　　　　　　　　D. $ #

5）（　　　）表达式的返回值为 True。

    A. !（3 <= 1）　　　　　　　　　B. （1! = 2）&& （2 < 0）

    C. !（20 > 3）　　　　　　　　　D. （5! = 3）&& （50 < 10）

3. 读程序，写结果

1）

```
< html >
  < body >
    < script type = "text/javascript" >
      document. write("Hello World!")
    </ script >
  </ body >
</ html >
```

2）

```
< html >
  < body >
    < script type = "text/javascript" >
      var d = new Date( )
      var time = d. getHours( )
      if( time < 10 )
      {
        document. write(" < b >早安</b >")
      }
      else
      {
        document. write(" < b >祝您愉快</b >")
      }
    </ script >
    < p >本例演示 If...Else 语句。</ p >
```

224

```
          <p>如果浏览器时间小于 10,那么会向您问"早安",否则会向您问候"祝您愉快"。</p>
        </body>
      </html>
```

3)

```
      <html>
        <body>
          <script type = "text/javascript">
            for(i = 0;i <= 5;i ++)
            {
              document. write("数字是 " + i)
              document. write("<br />")
            }
          </script>
          <h1>解释:</h1>
          <p>for 循环的步进值从 i = 0 开始。</p>
          <p>只要 <b>i</b> 小于等于 5,循环就会继续运行。</p>
          <p>循环每循环一次,<b>i</b> 就会累加 1。</p>
        </body>
      </html>
```

实验指导

通过本章的学习,在熟悉了 JS 的基础知识后,要通过编码实验来巩固和加强对 JS 的灵活运用。随着 Web 技术的发展,用户对网上的信息处理速度和精确度要求越来越高,图片处理及视频、音频处理是互联网的必备功能,JS 也具备处理这些问题的能力。

实验目的和要求

- 掌握 JS 编程的基本方法。
- 熟练运用 JS 编程软件。
- 掌握 JS 程序的调试方法。
- 掌握 JS 实现具体功能的编程技巧。

实验1 JS 编程环境及代码调试方法

可以编辑 JS 代码的平台软件有很多,HBuilder 就是一个不错的选择,它是数字天堂(DCloud)的产品。HBuilder 的设计理念就是要快,而且具有完善的代码提示机制。关于 JS 程序的调试,使用 Google 公司的 Chrome 浏览器就可以完成。通过 Chrome 浏览器的控制台技术及其调试功能,可以很好地测试 JS 编码。

题目1 熟悉 HBuilder 的使用及 JS 的调试过程

1. 任务描述

安装并运行 HBuilder,打开 HBuilder,创建项目,在编辑窗口中输入简单的 JS 程序。打开 Chrome 浏览器,打开项目中新创建的 JS 文件,在浏览器下查看执行的效果;打开浏览器的调试功能,实时查看 JS 文件的运行状态。

2. 任务要求

1）创建自己的第一个文件，在代码输入过程中，能用快捷方式的都要用快捷方式进行操作。

2）在代码调试过程中，可以用 HBuilder 自带工具完成，当然也可以用浏览器调试模式来完成。

3）熟练掌握 Chrome 浏览器的各项功能。

3. 知识点提示

本任务主要用到以下知识点。

1）JS 的基本语法。

2）基本程序结构。

3）调试的方法。

4. 操作步骤提示

实现方式不限，在此以创建 3 个 JS 文件、逐一调试运行为例简单提示一下操作步骤。

1）创建 JS 文档：index. html、first. html 和 second. html。

2）输入程序，逐一调试运行。

3）用测试工具进行测试，查看运行状态。

题目2　用 JS 实现视频的动态播放

1. 任务描述

在移动开发项目中创建 JS 文件，完成对视频文件的播放。在播放过程中，能够控制播放速度，能够暂停，能够停止并退出。

2. 任务要求

1）掌握用 JS 控制视频文件播放的技术。

2）编写程序，调试运行，达到设计要求。

3）使用 Chrome 调试，熟练掌握 Chrome 的调试功能。

3. 知识点提示

本任务主要用到以下知识点。

1）JS 对视频播放的支持。

2）完成播放界面文件布局。

3）掌握运行调试的方法与步骤。

4. 操作步骤提示

实现方式不限，以设计一个简单视频播放项目为例简单提示一下操作步骤。

1）打开 HBuilder，创建一个项目。

2）用 HTML5 和 CSS 创建一个布局文件。

3）在文档中加载 JS 文件。

4）完成对 JS 文件的编写。

5）调试运行项目。

实验2　用 JS 实现在线电子商务购物

现在有很多在线电子商务网站，由于它们十分快捷方便，深受广大消费者喜爱。电子商务网店使用起来很方便，用户界面的友好度高，JS 是设计电子商务网店的重要工具之一。

题目1　电子商务网站商品信息的展开与收起效果

1. 任务描述

为了使网站布局美观，应用方便，向用户展示尽可能多的信息，信息的展示方式非常重要。设计一个非常好的商品信息展开与收起效果，会为网站增色不少。

2. 任务要求

1）确定要用 JS 完成的具体任务。

2）掌握用 JS 完成任务所需要的步骤。

3）布局第一个项目。

3. 知识点提示

本任务主要用到以下知识点。

1）用 JS 提出 DOM 元素。

2）用 JS 动态改变网页文件的内容。

3）项目的调试。

4. 操作步骤提示

实现方式不限，在此以用 JS 创建一个项目为例简单提示一下操作步骤。

1）确定任务，完成布局文件内容。

2）编写相应的 JS 文件。

3）编写相应代码，随时查看效果。

4）在浏览器、专用平台或手机上调试结果。

题目2　在线电子商务中的瀑布流布局

1. 任务描述

在电子商务网站上，经常看到展示大量商品信息的网页，在整个网页布局中，信息量大而不乱，布局内容有条不紊而又不死板。瀑布流布局就是一个很好的选择。

2. 任务要求

1）掌握瀑布流布局的特点。

2）熟悉瀑布流布局文件的设计思路。

3）了解瀑布流布局的样式。

3. 知识点提示

本任务主要用到以下知识点。

1）瀑布流布局的 HTML 文档。

2）JS 在其中所起的主要作用。

3）具体代码的实现。

4）完成相应的测试。

4. 操作步骤提示

1）设计瀑布流布局文件的 HTML 文档。

2）编写与之相对应的 JS 文件。

3）设计相应瀑布流布局效果。

第 8 章　移动框架 jQuery Mobile

本章将学习移动框架 jQuery Mobile 的相关知识。jQuery Mobile 是用于创建移动 Web 应用的前端开发框架，可以应用于智能手机与平板电脑。jQuery Mobile 使用 HTML5 & CSS3 最小的脚本来布局网页。jQuery Mobile 是 jQuery 在手机和平板设备上的版本。jQuery Mobile 不仅给主流移动平台带来 jQuery 核心库，也发布了一个完整统一的 jQuery 移动 UI 框架，支持全球主流移动平台。之所以要学习 jQuery Mobile，是因为 jQuery Mobile 将"写得更少、做得更多"这一理念提升到了新的层次：它会自动为网页设计交互的易用外观，并在所有移动设计上保持一致，而且不需要为每一种移动设备和 OS 编写一个应用程序，因为 jQuery Mobile 只用 HTML、CSS 和 JavaScript，这些技术都是所有移动 Web 浏览器的标准。

8.1　实现第一个 Hello World

想要用 jQuery Mobile 实现简单编程，首先要先了解 jQuery Mobile 的基础属性并能熟练使用。在熟悉基础属性后，还要知道怎样实现 jQuery Mobile 库的引用和下载。最后再开始着手编写小程序。本节就来学习一下用 jQuery Mobile 实现 Hello World 的编写。

1. jQuery Mobile 的自定义属性

首先要熟悉 jQuery Mobile 的一些自定义属性。表 8 – 1 中所列出的属性可供大家参考和以后学习。

表 8–1　jQuery Mobile 自定义属性

属　　性	功　　能
data – role	允许定义不同的组件元素及页面视图，例如，定义一个页面视图：data – role = " page " ；
data – title	定义 jQuery Mobile 的视图页面的标题
data – transition	定义视图切换的动画效果
data – rel	定义具有浮动层效果的视图
data – theme	指定元素或组件内的风格和样式
data – icon	在元素内增加一个 icon 小图标
data – iconpos	定义图标位置
data – inline	指定按钮是否是行内的
data – type	定义分组按钮，按水平和竖直方向排列
data – rel	定义具有特定功能的元素，例如，返回按钮：data – rel = " back " ；

属　　　性	功　　　能
data – add – back – btn	指定视图页面自动在页眉左侧添加返回按钮
data – back – btn – text	指定由视图页面自动创建的返回按钮的文本内容
data – position	实现在滑动屏幕时工具栏的显示或隐藏状态
data – fullscreen	指定全屏视图页面
data – native – menu	指定下拉选择功能采用平台内置的选择器
data – placeholder	设置下拉选择功能的占位符
data – inset	实现内嵌列表的功能
data – split – icon	设置列表右侧的图标
data – split – theme	设置列表右侧图标的主题风格样式
data – filter	开启列表过滤搜索功能

2. jQuery Mobile 库的引用和下载

要使用 jQuery Mobile 来实现 Hello World，就要引入 jQuery Mobile 框架，这里提供两种解决方法。

（1）从 CDN 引用 jQuery Mobile

CDN 是在网络各处放置节点服务器所构成的，在现有的互联网基础之上的一层智能虚拟网络。CDN 系统能够实时地根据网络流量和各节点的连接、负载状况，以及到用户的距离和响应时间等综合信息，将用户的请求重新导向到离用户最近的服务节点上。使用 CDN 可让用户就近取得所需内容，解决 Internet 网络拥挤的状况，提高用户访问网站的响应速度。要使用 CDN 引用，可以去 jQuery 官网查询所需要的 CDN。下面给出一个 CDN 的示例。

```
< head >
    < link  rel = " stylesheet"  href = " http://code. jQuery. com/mobile/1. 3. 2/jQuery. mobile –
1. 3. 2. min. css" >
    < script src = "http://code. jQuery. com/jQuery –1. 8. 3. min. js" > </script >
    < script  src = " http://code. jQuery. com/mobile/1. 3. 2/jQuery. mobile – 1. 3. 2. min. js" > </
script >
    </head >
```

（2）从 jQuery 的官网下载 jQuery Mobile 库

如果要下载 jQuery Mobile 库，需要前往 jQuery 官网下载 jQuery Mobile 的 JS、CSS 和 jQuery 的基础包。下面讲解 jQuery Mobile 库的下载方法。

首先在搜索框中搜索 jQuery，然后进入 jQuery 官网。

然后下载 jQuery 库，单击 Download jQuery 按钮进入下载页面，下载 jQuery 的基础包，如图 8-1 所示。

下载完 jQuery 库文件后开始下载 jQuery Mobile 的 CSS 和 JS，首先单击页面上方的 jQuery Mobile 选项，然后单击 Download 按钮，进入 jQuery Mobile 下载界面，里面有许多版本的 JS 和 CSS 文件，这里下载最新的 1.4.5 版本（截稿前），如图 8-2 所示。

这些都下载完以后，只需把下载好的文件复制到自己新建的项目目录中，即可在 index. html 中编写程序了。

图 8-1　下载 jQuery 基础包

图 8-2　下载 jQuery Mobile 库

3. Hello World 的实现

首先创建一个名为 helloworld 的项目，然后将 jQuery Mobile 的 JS 和 jQuery 的 JS 统一放在名为 js 的目录下，将 jQuery Mobile 的 CSS 放在名为 css 的目录下，如图 8-3 所示。当然也可以直接在 index. html 中开始编程。

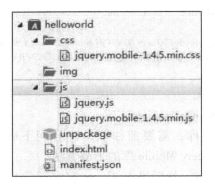

图 8-3　Hello World 示例源码目录

【例 8-1】 Hello World 页面。

```
1    <! DOCTYPE html >
2    < html >
3    < head >
```

```
4        < meta charset = "UTF-8" >
5        < meta name = "viewport" content = "initial-scale=1.0,maximum-scale=1.0,user-scalable=no" / >
6        < title > Hello World </title >
7        < link rel = "stylesheet" href = "css/jQuery.mobile-1.4.5.min.css"/ >//引用 jQuery Mobile 的 CSS 文件
8        < script src = "js/jQuery.js" > </script >//引用 jQuery 的 JS 文件
9        < script src = "js/jQuery.mobile-1.4.5.min.js" > </script >//引用 jQuery Mobile 的 JS 文件
10       </head >
11       < body >
12       < div data-role = "page" id = "firstview" >
13          < div data-role = "header" >
14             < h2 > 我是页眉 </h2 >
15          </div >
16          < div data-role = "content" >
17             < h2 > Hello World </h2 >
18          </div >
19          < div data-role = "footer" >
20             < h2 > 我是页脚 </h2 >
21          </div >
22       </div >
23       </body >
24       </html >
```

📖 在进行 jQuery Mobile 库引用时，jQuery 的 JS 文件必须要在 jQuery Mobile 的 JS 文件的上方，因为 jQuery Mobile 需要 jQuery 库的支持。

在这里运用 data-role 属性，首先使用 data-role = "page" 定义一个页面视图，然后使用 data-role = "header" 定义页面视图的页眉，使用 data-role = "content" 定义视图的中间身体部分，使用 data-role = "footer" 定义页面视图的页脚，在页面视图的 content 部分写入要添加的内容 Hello World。其运行结果如图 8-4 所示。

或许读者会问为什么 < script > 标签中没有 type = "text/javascript" 属性？

在 HTML5 中该属性不是必需的。JavaScript 是 HTML5 及所有现代浏览器中的默认脚本语言。

图 8-4　Hello World 运行结果

8.2　UI 页面设计

UI 是 User Interface（用户界面）的简称。UI 设计是指对软件的人机交互、操作逻辑及界面美观的整体设计。UI 设计包含用户研究、交互设计和页面设计 3 方面，本节主要介绍页面设计的相关知识。页面设计不是单纯的美术绘画，它需要定位使用者、使用环境和使用方式，并且为最终用户而设计，是一个不断为最终用户设计满意视觉效果的过程。

8.2.1　页面与视图

页面与视图是移动 Web 应用程序最重要的用户界面之一，它向用户呈现出整个应用程序的界面。jQuery Mobile 提供了一套自定义元素属性用于搭建各种页面和视图。接下来将详细阐述如何使用 jQuery Mobile 创建页面和视图。

【例 8-2】建立了一个 jQuery Mobile 标准页面，并将它运行在移动设备上。

【例 8-2】建立单视图页面。

```
1   <! DOCTYPE html >
2   < html >
3   < head >
4     < meta charset = "UTF - 8" >
5     < meta name = "viewport" content = "width = device - width,initial - scale = 1" >
6   < title > button </title >
7   < link rel = "stylesheet" href = "../css/themes/default/jQuery. mobile - 1. 4. 5. min. css" >
8   < script src = "../ js/jQuery. js" > </script >
9   < script src = "../ js/jQuery. mobile - 1. 4. 5. min. js" > </script >
10  </head >
11  < body >
12    < div data - role = "page" id = "firstview" >
13       < div data - role = "header" > header </div >
14       < div data - role = "content" >
15            使用 jQuery Mobile 创建一个新页面
16       </div >
17       < div data - role = "footer" > footer </div >
18    </div >
19  </body >
20  </html >
```

运行结果如图 8-5 所示。

在【例 8-2】中，首先指定为 HTML5 标准文档类型，即 <! DOCTYPE html >，还需导入 jQuery Mobile CSS 文件、jQuery 库文件及 jQuery Mobile 文件。jQuery Mobile 在元素（通常采用 div 元素）中指定其属性 data - role = "page"，作为一个页面视图，通过这种方法还可以在一个 Web 页面中定义多个视图，也可以实现多个视图间的切换。每个 page 页面中的任一元素都含有 data - role 属性，如表示页面头部的 header、表示内容区域的 content 和表示页脚的 footer。

图 8-5　单视图在手机运行效果图

前面已经提到，可以实现在一个页面中定义多个视图，只需在 Web 页面中按上述方法多定义几个 div 元素，将其 data - role 属性设置为 page 即可。在【例 8-3】中通过指定视图的 id，在各自视图区域中加入超链接，并在超链接的 href 标签中将属性定义为#符号 + id 的方式，就可以切换到指定 id 的视图。

【例8-3】 多视图页面。

```
1   <! DOCTYPE html >
2   < html >
3   < head >
4       < meta charset = "UTF－8" >
5       < meta name = "viewport"  content = "width = device－width,initial－scale = 1" >
6   < title > button </title >
7   < link rel = "stylesheet" href = "../css/themes/default/jQuery. mobile－1. 4. 5. min. css" >
8   < script src = "../js/jQuery. js" > </script >
9   < script src = "../js/jQuery. mobile－1. 4. 5. min. js" > </script >
10  </head >
11  < body >
12      < div data－role = "page"  id = "firstview" >
13          < div data－role = "header" > header </div >
14          < div data－role = "content" >
15              < a href = "#secondview" >切换到第二个新页面 </a >
16              < p >这是第一个界面 </p >
17          </div >
18          < div data－role = "footer" > footer </div >
19      </div >
20      < div data－role = "page"  id = "secondview" >
21          < div data－role = "header" > header </div >
22          < div data－role = "content" >
23              < a href = "#firstview" >切换到第一个页面 </a >
24              < p >这是第二个界面 </p >
25          </div >
26          < div data－role = "footer" > footer </div >
27      </div >
28  </body >
29  </html >
```

运行结果如下图8－6所示。

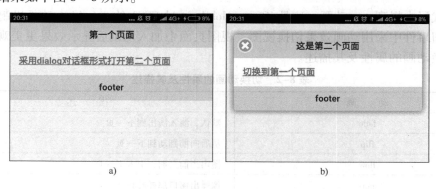

a)   b)

图8-6　多视图切换在手机上的运行效果图

jQuery Mobile 也可以提供对话框的页面视图，只需将标签中的 data－rel 属性定义为 dialog 属性值，就可以得到 dialog 浮动层的效果。

以【例8-3】为基础添加 data－rel 标签，稍作改动后的视图就可以以对话框的形式打开了，如【例8-4】所示。当单击第一个页面中的链接文字时，页面将使用 pop 动画方式切换到第二个页面，单击对话框中的文字链接又可跳转到第一个页面，单击左上角的关闭按

233

钮，将关闭对话框。

【例 8-4】多视图切换。

```
1   < ! DOCTYPE html >
2   < html >
3   < head >
4       < meta charset = "UTF - 8" >
5       < meta name = "viewport" content = "width = device - width, initial - scale = 1" >
6   < title > button < /title >
7   < link rel = "stylesheet" href = "../css/themes/default/jQuery. mobile - 1. 4. 5. min. css" >
8   < script src = "../js/jQuery. js" > < /script >
9   < script src = "../js/jQuery. mobile - 1. 4. 5. min. js" > < /script >
10  < /head >
11  < body >
12      < div data - role = "page" id = "firstview" >
13          < div data - role = "header" > 第一个页面 < /div >
14          < div data - role = "content" >
15              < a href = "#secondview" data - rel = "dialog" data - transition = "pop" >
16                  采用 dialog 对话框形式打开第二个页面
17              < /a >
18          < /div >
19          < div data - role = "footer" > footer < /div >
20      < /div >
21      < div data - role = "page" id = "secondview" >
22          < div data - role = "header" > < h2 > 这是第二个页面 < /h2 > < /div >
23          < div data - role = "content" >
24              < a href = "#firstview" > 切换到第一个页面 < /a >
25          < /div >
26          < div data - role = "footer" > footer < /div >
27      < /div >
28  < /body >
29  < /html >
```

上述代码中提到 pop 动画，这是 jQuery Mobile 通过 CSS3 的 transition 动画机制，在多视图或者按钮事件中采用动画效果切换视图。视图页面中加入动画后显示效果更美观。表 8-2 所示为切换动画的属性及其描述。

表 8-2　切换动画的属性及其描述

动　　画	描　　述
fade	默认，淡入淡出到下一页
flip	从后向前翻动到下一页
flow	抛出当前页面，引入下一页
pop	像弹出窗口那样转到下一页
slide	自右向左滑动到下一页
slidefade	自右向左滑动并淡入到下一页
slideup	自下到上滑动到下一页
slidedown	自上到下滑动到下一页

动 画	描 述
true	转向下一页
none	无过渡效果

动画效果默认为 fade（淡入淡出），当想要自行添加动画效果时，只需在代码中定义 data – transition 属性为上述列表中的值即可。以上动画也支持反向效果，如默认滑动效果是自右向左，添加 data – direction 属性并将值设定为 reverse，可以实现自左向右的滑动。

8.2.2　基本控件

本节将学习 jQuery Mobile 基本控件。按钮是移动 Web 应用程序中的一个重要组成部件，它提供各种操作入口与视图交互功能。接下来将介绍如何在 Web 应用程序中定义按钮。

在移动 Web 页面的内容区域，可以指定超链接的属性 data – role = "button" 将超链接变成 button 按钮。示例代码如下。

```
< a href = "#link"  data – role = "button"  >这是一个 button 按钮 </a >
```

> 除了超链接能自动转换成按钮外，表单元素中类型是 submit、reset、button 或 image 的 input 元素也都会自动转换成 jQuery Mobile 提供的按钮风格。

而在开发移动应用的过程中，会经常接触带有图标的按钮。接下来将详细介绍如何设置这种按钮。

1. 图标类型

jQuery Mobile 提供了一套图标库用于修饰 button 按钮的背景风格，通过设置属性 data – icon 并指定对应的图标名称，就可以实现对 button 添加图标，代码如下。

```
< a href = "#link" data – role = "button" data – icon = "star"  >星星 </a >
```

icon 图标效果如图 8-7 所示。

图 8-7　icon 图标效果图

2. 图标位置

默认情况下，icon 图标位置是在最左侧，也可以通过 data – iconpos 属性更改 icon 图标在按钮上的位置，其位置关系有以下 4 种：left、right、top 和 bottom。效果如图 8-8 所示。

3. 图标按钮

通过设置属性 data – iconpos = "notext"，可以创建一个没有文字的图标作为按钮，代码如下。

```
< a href = "#link" data – role = "button" data – iconpos = "notext" data – icon = "star" > </a >
```

运行结果如图 8-9 所示。

4. 自定义图标按钮

已大致讲解了如何定义一个自带图标的按钮，但这些图标并不能完全满足人们的需要，有时需要自定义图标，而且 jQuery Mobile 也提供了自定义图标的属性值。例如 data – icon = "myapp – microphone"，这里 myapp – microphone 就是自定义的图标名称，它是根据 CSS 编写规范制定的。在 CSS 文件中，myapp – microphone 相对应的样式名称是 . ui – icon – myapp – microphone，并在该样式中把图标设置为背景。自定义 icon 图标的像素大小为 18×18，建议保存时选择 png – 8 格式透明背景图片。

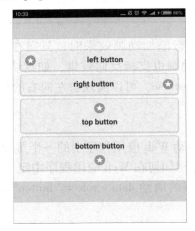

图 8-8　icon 图标的位置关系　　　　图 8-9　icon 图标按钮效果图

5. 具有内联样式的 button

在图 8-8 中可以发现页面中的按钮在默认情况下是占满屏幕整个宽度的，但在实际项目开发中一般很少采用这种效果，需要进行改进。

通过设置 data – inline 属性值为 true，button 按钮的宽度将会自适应调整按钮文本内容和图标组合的关系，示例代码如下。

```
< a href = "#link" data – role = "button" data – icon = "star" data – inline = "true" >星星 </a >
```

同理，可以将两个按钮定义在同一行里，代码如下。

```
< a href = "#link" data – role = "button" data – icon = "star" data – inline = "true" >星星 </a >
< a href = "#link" data – role = "button" data – icon = "star" data – inline = "true" data – theme = "b" >星星 </a >
```

6. 具有分组功能的 button 按钮

jQuery Mobile 提供一种分组按钮列表，需要在按钮列表外增加一个 div 元素并设置 data – role 属性为 controlgroup，如【例 8-5】所示。

【例 8-5】默认排列的图标。

```
1   <! DOCTYPE html >
2   < html >
3   < head >
4      < meta charset = "UTF – 8" >
5      < meta name = "viewport" content = "width = device – width,initial – scale = 1" >
6   < title > button </title >
7   < link rel = "stylesheet" href = "../css/themes/default/jQuery. mobile – 1. 4. 5. min. css" >
8   < script src = "../js/jQuery. js" > </script >
9   < script src = "../js/jQuery. mobile – 1. 4. 5. min. js" > </script >
10  </head >
11  < body >
```

```
12          < div data - role = " page" >
13              < div data - role = " header" > </div >
14              < div data - role = " content" >
15          < div data - role = " controlgroup" >
16              < a href = " #link"  data - role = " button"  >返回 </a >
17              < a href = " #link"  data - role = " button"  data - theme = " b" >首页 </a >
18              < a href = " #link"  data - role = " button"  data - theme = " c" >前进 </a >
19          </div >
20          </div >
21          < div data - role = " footer" > </div >
22          </div >
23      </body >
24      </html >
```

运行结果如图 8-10 所示。

上述示例为默认的分组按钮列表，该示例有两组按钮，一组没有 icon 图标，一组添加了 icon 图标。默认的列表是垂直排列的，可以通过定义 data - type 的属性并添加属性值为 horizontal，将按钮列表定义为水平分布的，如【例 8-6】所示。

【例 8-6】水平排列的图标。

```
1       <!  DOCTYPE html >
2       < html >
3       < head >
4          < meta charset = " UTF - 8" >
5          < meta name = " viewport"  content = " width = device - width, initial - scale = 1" >
6       < title > button </title >
7       < link rel = " stylesheet"  href = " ../css/themes/default/jQuery. mobile - 1. 4. 5. min. css" >
8       < script src = " ../js/jQuery. js" > </script >
9       < script src = " ../js/jQuery. mobile - 1. 4. 5. min. js" > </script >
10      </head >
11      < body >
12          < div data - role = " page"  >
13              < div data - role = " header" > </div >
14              < div data - role = " content" >
15          < div data - role = " controlgroup"  data - type = " horizontal" >
16              < a href = " #link"  data - role = " button" >返回 </a >
17              < a href = " #link"  data - role = " button"  data - theme = " b" >首页 </a >
18              < a href = " #link"  data - role = " button"  data - theme = " c" >前进 </a >
19          </div >
20          < div data - role = " controlgroup"  data - type = " horizontal" >
21              < a href = " #link"  data - role = " button"  data - icon = " back" >返回 </a >
22              < a href = " #link"  data - role = " button"  data - theme = " b"  data - icon = " home" >首页 </a >
23              < a href = " #link"  data - role = " button"  data - theme = " c"  data - icon = " forward" >前进
    </a >
24          </div >
25          </div >
26          < div data - role = " footer" > </div >
27          </div >
28      </body >
29      </html >
```

运行结果如图 8-11 所示。

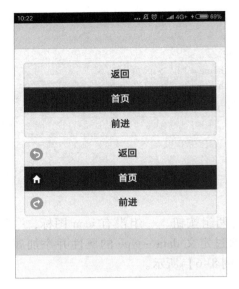

图 8-10　默认分组按钮列表

图 8-11　水平分组按钮列表

根据前面所学知识可知，按钮也可以只以图标的形式出现，那么分组功能的按钮是否也可以实现同样的效果呢？答案是肯定的。只需对【例 8-6】稍作改动即可，代码如下。

```
< div data – role = " controlgroup"  data – type = " horizontal" >
  < a href = " #link"  data – role = " button"  data – icon = " back"  data – iconpos = " notext" > </ a >
  < a href = " #link"  data – role = " button"  data – theme = " b"  data – icon = " home"  data – iconpos
= " notext" > </ a >
  < a href = " #link"  data – role = " button"  data – theme = " c"  data – icon = " forward"  data – iconpos
= " notext" > </ a >
  </ div >
```

● controlgroup：前文已介绍过定义一个 div 元素，并将 data – role 属性值设为 controlgroup，再将按钮定义在 div 中，就可以实现分组效果。

● horizontal：以【例 8-6】为例，定义分组按钮格式为水平。

● data – iconpos = " notext"：这是实现只以图标形式出现的关键语句，data – iconpos 可定义图标位置，notext 为属性值。

8.2.3　列表

在移动应用设备中，由于设备屏幕小，以及采用触控的操作模式，传统的列表形式无法满足现有的需求，其主要原因如下。

1）传统的列表由于移动设备屏幕的大小影响到用户的体验，无法发挥触屏设备的优势，如下拉和触发分页事件等。

2）在早期的 CSS 版本中，列表主要围绕桌面端 Web 浏览器设计，并没有针对移动设备特性做任何优化处理。而 CSS3 的出现，让移动 Web 应用程序的用户界面实现变得更加简单、高效。

列表组件是移动应用 Web 页面中最重要的、使用最频繁的组件，通过列表可以实现展示数据、导航和结果列表等。列表组件为开发者提供了不同的列表类型，以满足项目的需求。

jQuery Mobile 提供了非常多的列表类型，这些列表既可以单独使用，又可以混合多种类型使用。

1. 普通链接列表

实现 jQuery Mobile 的数据列表组件非常容易，只需在列表视图的元素中将 data-role 属性值设置为 listview，就可以实现简单的无序列表。通过设定属性值为 listview，jQuery Mobile 会自动将所有必要的样式追加到列表上，以便在移动设备上出现列表效果。下面建立一个简单列表，如【例 8-7】所示。

【例 8-7】普通链接列表。

```
1    <! DOCTYPE html >
2    < html >
3    < head >
4        < meta charset = "UTF-8" >
5        < meta name = "viewport" content = "width = device-width,initial-scale = 1" >
6    < title > button </title >
7    < link rel = "stylesheet" href = "../css/themes/default/jQuery. mobile-1.4.5. min. css" >
8    < script src = "../js/jQuery. js" > </script >
9    < script src = "../js/jQuery. mobile-1.4.5. min. js" > </script >
10   </head >
11   < body >
12       < div data-role = "page" id = "firstview" >
13           < div data-role = "header" >
14               < h2 >列表视图 </h2 >
15           </div >
16           < div data-role = "content" >
17               < ul data-role = "listview" data-theme = "g" >
18                   < li > < a href = "#link" >list 1 </a > </li >
19                   < li > < a href = "#link" >list 2 </a > </li >
20                   < li > < a href = "#link" >list 3 </a > </li >
21                   < li > < a href = "#link" >list 4 </a > </li >
22                   < li > < a href = "#link" >list 5 </a > </li >
23               </ul >
24           </div >
25           < div data-role = "footer" > </div >
26       </div >
27   </body >
28   </html >
```

在上述代码中，定义了一个视图，在视图内定义了 header 和 footer 区域，在 content 区域内定义了一个列表组件。列表组件使用 ul 元素作为组建的最外层，并定义 data-role 为 listview 表示列表组件，在 data-theme 中定义主题风格样式。

在 ul 元素内部，li 元素为一个列表项，【例 8-7】中实际定义了 5 个列表项，每一个列表项包含一个超链接元素。因此每个列表项都允许指向另外一个视图或页面。运行结果如图 8-12 所示。

图 8-12　普通链接列表效果图

2. 有序编号列表

【例 8-7】讲解了如何构建一个普通链接列表，这个列表是无序列表类型。可以使用 ol 元素创建一组有序列表。

有序列表非常实用，可以通过它创建如音乐排行榜列表、电影排行榜列表等功能。默认情况下，jQuery Mobile 会采用 CSS 的方式对列表实现编号的追加。建立一个有序列表的代码如下。

```
< ol data - role = "listview"  data - theme = "g" >
        < li > < a href = "#link" > list 1 </a > </li >
        < li > < a href = "#link" > list 2 </a > </li >
        < li > < a href = "#link" > list 3 </a > </li >
        < li > < a href = "#link" > list 4 </a > </li >
        < li > < a href = "#link" > list 5 </a > </li >
</ol >
```

从上述代码中可以看出，有序列表的实现方式与普通链接列表非常相似，唯一不同的是采用 ol 元素作为列表组件外层元素。jQuery Mobile 发现此元素时，默认该列表组件采用有序编号列表，并动态生成编号，运行效果如图 8-13 所示。

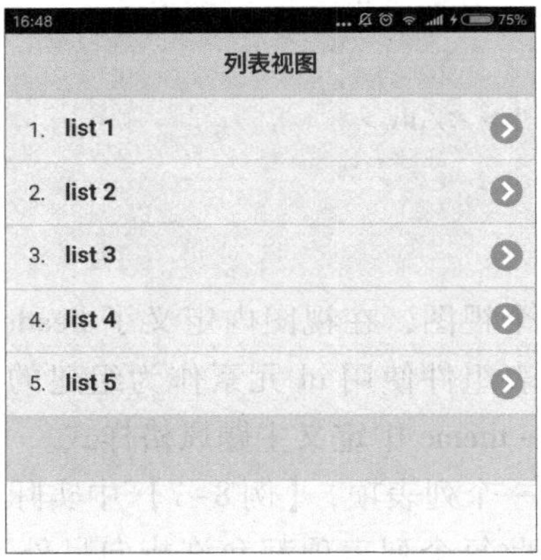

图 8-13　有序编号列表示例效果图

3. 只读列表

只读列表是一种常见的列表形式，通常用在内嵌列表中，实现起来也很容易，只需将列表项的超链接去除即可。注意，只读列表的 data – theme 默认为 c 类型，它可以自动调节字体大小，代码如下。

```
< ul data – role = " listview" data – inset = " true" >
        < li > list 1 </li >
        < li > list 2 </li >
        < li > list 3 </li >
        < li > list 4 </li >
        < li > list 5 </li >
</ul >
```

上述代码中定义了一个无序列表，并将列表设置为只读，设置 data – inset 的属性值为true，并为列表添加了圆角和外边距。

4. 可分割按钮列表

如果一个列表项中存在多于一种操作的情况，可分割按钮列表允许提供两个独立的可单击项：列表项和右侧箭头图标。要实现这种可分割按钮的列表，用户只需在 li 元素内插入第二个链接，jQuery Mobile 就会自动将第二个链接变成只有图标的按钮。列表项中的右侧默认采用箭头图标，可以使用 data – split – icon 属性设置自定义图标，使用 data – split – theme 属性设置图标的主题风格样式，如【例 8-8】所示。

【例 8-8】可分割按钮列表。

```
1               < div data – role = " content" >
2               < ul data – role = " listview" data – theme = " g" data – split – icon = " gear" data – split –
theme = " d" >
3                       < li >
4                       < a href = " #" > list 1 </a >
5                           < a href = " #" > </a >
6                       </li >
7                       < li >
8                           < a href = " #" > list 1 </a >
9                           < a href = " #" > </a >
10                      </li >
11                      < li >
12                          < a href = " #" > list 1 </a >
13                          < a href = " #" > </a >
14                      </li >
15                      < li >
16                          < a href = " #" > list 1 </a >
17                          < a href = " #" > </a >
18                      </li >
19                      < li >
20                          < a href = " #" > list 1 </a >
21                          < a href = " #" > </a >
22                      </li >
23                  </ul >
24              </div >
```

上述代码的运行效果如图8-14所示。

图 8-14　可分割按钮列表示例效果

5. 列表分隔符

列表分隔符一般用于对列表进行分组的列表功能。

具有分组效果的列表可以通过在 li 元素中设置 data－role 属性值为 list－divider 来实现。默认情况下，jQuery Mobile 对用来分割的项使用 b 主题样式风格。同时，data－groupingtheme 属性还可以指定其他主题风格样式，如【例8-9】所示。

【例8-9】其他主题风格样式。

```
1          < div data – role = "header" >
2              <h2 >列表视图 </h2>
3          </div >
4          < div data – role = "content" >
5              < ul data – role = "listview" data – theme = "g" >
6              < li data – role = "list – divider" data – groupingtheme = "b" > A </li >
7              < li >
8                  < a href = "#link" > Adam kinkaid </a >
9              </li >
10             < li data – role = "list – divider" > B </li >
11             < li >
12                 < a href = "#link" > Bob Cabot </a >
13             </li >
14             < li data – role = "list – divider" > C </li >
15             < li >
16                 < a href = "#link" > Caleb Booth </a >
17             </li >
18             < li data – role = "list – divider" > D </li >
19             < li >
20                 < a href = "#link" > David Walsh </a >
21             </li >
22             < li data – role = "list – divider" > E </li >
23             < li >
24                 < a href = "#link" > Elizabeth Bacon </a >
```

```
25          </li>
26          < li data – role = "list – divider" > F </li >
27          < li >
28          < a href = "#link" > Francis Walls </a >
29          </li >
30      </ul >
31  </div >
32  < div data – role = "footer" > </div >
```

6. 带搜索过滤器的列表

jQuery Mobile 提供了一种方案，用于过滤含有大量列表项的列表。当列表中设置 data – filter 属性值时，程序会根据列表中设置的属性值，判断是否启用实时过滤功能。如果 data – filter 为 true，列表上方会动态增加一个搜索文本框，只要用户在搜索框内输入内容，就可以对列表进行实时搜索过滤。但是，这种搜索过滤模式只是搜索当前的列表数据项，如果需要搜索后端数据并显示在页面上，需要自行编写实现逻辑，如【例 8–10】所示。

【例 8–10】带搜索过滤器的列表。

```
1           < ul data – role = "listview" data – theme = "g" data – filter = "true" >
2               < li data – role = "list – divider" data – groupingtheme = "b" > A </li >
3               < li >
4                   < a href = "#link" > Adam kinkaid </a >
5               </li >
6               < li data – role = "list – divider" > B </li >
7               < li >
8                   < a href = "#link" > Bob Cabot </a >
9               </li >
10              < li data – role = "list – divider" > C </li >
11              < li >
12                  < a href = "#link" > Caleb Booth </a >
13              </li >
14              < li data – role = "list – divider" > D </li >
15              < li >
16                  < a href = "#link" > David Walsh </a >
17              </li >
18              < li data – role = "list – divider" > E </li >
19              < li >
20                  < a href = "#link" > Elizabeth Bacon </a >
21              </li >
22          </ul >
```

代码运行效果如图 8–15 所示。当在搜索输入框内输入字母 "M" 时，程序就会实时过滤列表数据。

7. 计数气泡的列表

在使用一些移动应用程序时，如消息提示，会显示一个含数字的气泡。这种列表一般用于对该列表数据项进行数据统计。其实现方法是：只要在每个 li 元素内定义一个 span 元素并指定 class 属性值为 ui – li – count，就可以在列表项的右侧增加一个含数字的气泡，如【例 8–11】所示。

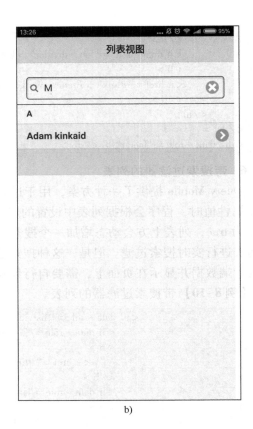

a)   b)

图 8-15　带搜索过滤器的列表及实时搜索效果

【例 8-11】 计数气泡的列表

```
1          < div data – role = "header" > < h2 > 列表视图 </h2 > </div >
2            < div data – role = "content" >
3              < ul data – role = "listview" data – theme = "g" >
4                < li > < a href = "#" > List 1 < span class = "ui – li – count" >25 </span > </a > </li >
5                < li >
6                    < a href = "#link" > list 2 < span class = "ui – li – count" >1 </span > </a >
7
8                </li >
9                < li >
10                   < a href = "#link" > list 3 < span class = "ui – li – count" >61 </span > </a >
11
12                   </li >
13                < li >
14                   < a href = "#link" > list 4 < span class = "ui – li – count" >32 </span > </a >
15
16                   </li >
17                </ul >
18            </div >
19            < div data – role = "footer" > </div >
```

运行效果如图 8-16 所示。

8. 右侧文本的列表

除了能够实现含数字气泡的列表类型外，还可以在每个列表右侧显示一段文本格式的内容。其实现方法是：在 li 元素中将 p 元素的 class 属性设置为 ui－li－aside，就可以在列表项右侧添加一段文本。示例代码如下。

```
1    < div data－role = "header" > < h2 >列表视图 </h2 > </div >
2      < div data－role = "content" >
3        < ul data－role = "listview"  data－theme = "g" >
4                < li >
5                    < a href = "#" >安装状态 < span class = "ui－li－aside" >已安装 </span > </a >
6                </li >
7                < li >
8                    < a href = "#" >安装状态 < span class = "ui－li－aside" >未安装 </span > </a >
9                </li >
10       </ul >
11     </div >
12     < div data－role = "footer" > </div >
```

代码运行效果如图 8-17 所示。

图 8-16　计数气泡的列表示例效果

图 8-17　右侧文本的列表示例效果

9. 列表项含有图标的列表

列表项含有图标的列表类型实际上是在列表项的左侧显示一个 16×16 像素的图标。这种类型的列表的实现方法非常简单，只需在 li 元素内的第一个 img 元素中定义 class 属性值为 ui－li－icon，就可以实现列表项图标的列表。示例代码如下。

```
1    < ul data－role = "listview" data－inset = "true" >
2                < li >
3                    < a href = "#" > < img src = "../img/canada. jpg" class = "ui－li－icon" >
4                    Canada < span class = "ui－li－count" >4 </span > </a >
5                </li >
6                < li >
7                    < a href = "#" > < img src = "../img/china. jpg" class = "ui－li－icon" >
8                    China < span class = "ui－li－count" >3 </span > </a >
9                </li >
10               < li >
11                   < a href = "#" > < img src = "../img/mei. gif" class = "ui－li－icon" >
12                   Amercia < span class = "ui－li－count" >6 </span > </a >
```

13	</li>
14	< li >
15	< a href = "#" > < img src = "../img/uk. jpg" class = "ui – li – icon" >
16	British < span class = "ui – li – count" >4 </span > </a >
17	</li >
18	</ul >

在上述代码中一共定义了 4 个数据，每个数据包括一个 img 元素图片、一个超链接和一个计数提示。而 img 元素设置了 class 属性值为 ui – li – icon，说明这个图片显示的是一个 16×16 像素的图标。该示例代码在移动端的运行效果如图 8-18 所示。

10. 列表项含有图片的列表

列表项含有图片的列表和含小图标的列表两者的实现效果非常类似，唯一的区别是无须为列表项内的图片设置 class 属性。含图片的列表类型必须对 li 元素内的第一个元素定义 img 类型图片，程序会自动识别该图片类型并将图片的大小调整到 80×80 像素。将上述代码稍作改动即可实现，效果如图 8-19 所示。

图 8-18　列表项含有图标的列表示例效果　　　　图 8-19　列表项含有图片的列表示列效果

1	< ul data – role = "listview" >
2	< li >
3	< img src = "../img/blackberry_10. png" >
4	< h2 > BlackBerry 10 </h2>
5	< p > BlackBerry launched the Z10 and Q10 with the new BB10 OS </p>
6	< p class = "ui – li – aside" > BlackBerry </p >
7	</li >
8	< li >
9	< img src = "../img/lumia_800. png" class = "ui – li – thumb" >
10	< h2 > WP 7. 8 </h2 >
11	< p > Nokia rolls out WP 7. 8 to Lumia 800 </p >
12	< p class = "ui – li – aside" > Windows Phone </p >
13	</li >
14	< li >
15	< img src = "../img/galaxy_express. png" class = "ui – li – thumb" >
16	< h2 > Galaxy </h2 >
17	< p > New Samsung Galaxy Express </p >

```
18              < p class = " ui – li – aside" >Samsung </ p >
19          </ li >
20    </ ul >
```

8.2.4　工具栏

前面的章节已讲解了按钮和列表的基本用法，接下来进一步讨论另一个组件——工具栏。jQuery Mobile 提供了两种标准的工具栏。

1）headers 工具栏。headers 工具栏充当视图页面的标题，一般情况下位于一个页面或视图的顶部，属于该页面的第一个元素，通常有一个标题和两个按钮（分别在标题的两侧）。

2）footer 工具栏。一般位于一个页面或视图的底部，属于该页面的最后一个元素。与header 工具栏相比，footer 工具栏的内容和功能范围相对广泛，除了包含文本和按钮外，还允许放置导航条、表单元素（如选择菜单）等。

在前面的章节中已经介绍过如何定义视图的 header 和 footer 区域，代码如下。

```
< div data – role = " header" >header 页眉区域 </ div >
< div data – role = " footer" >footer 页脚区域 </ div >
```

或者也可以采用另一种书写方式，代码如下。

```
< header data – role = " header" >header 页眉区域 </ header >
< footer data – role = " footer" >footer 页脚区域 </ footer >
```

📖 上述代码使用 HTML5 标准新元素定义，使用 header 和 footer 元素作为页眉和页脚的代码元素更能说明页面的语义。

---

1. 含有后退按钮的 header 工具栏

一般情况下，一个视图页面的页头部分都会含有后退按钮，该按钮的作用是回退上一次操作的视图页面，如【例 8-12】所示。

【例 8-12】含有后退按钮的 header 工具栏。

```
1    < body >
2      < div data – role = " page"  id = " firstpage" >
3          < header data – role = " header" >
4              < a >按钮 </ a >
5              < h1 >前进视图标题 </ h1 >
6              < a href = " #secondpage" >前进 </ a >
7          </ header >
8          < div >单击前进按钮进入第二视图 </ div >
9          < footer data – role = " footer" >
10              < h1 >footer bar </ h1 >
11          </ footer >
12      </ div >
13      < div data – role = " page"  id = " secondpage" >
14          < header data – role = " header" >
15              < a data – rel = " back" >后退 </ a >
```

```
16                      < h1 >后退视图标题 </h1 >
17                  </header >
18                  < div >单击后退按钮返回第一个页面 </div >
19                  < footer data - role = "footer" >
20                      < h1 >
21                              footer bar
22                      </h1 >
23                  </footer >
24          </div >
25      </body >
```

从上述代码可以看出，定义了两个视图。在第一个视图的 header 元素内，还定义了两个 a 元素的超链接和 h1 元素。一般情况下，h1 元素用于显示标题的文本，包含 h1 ～ h6 标题级别，因此 h 标签最好有层次感，h1 ～ h6 每个层次都是用在不同栏目或者分类标题上的，通过样式和字体大小来区分各个级别的标题层次关系。

下面来看 id 为 firstpage 的视图，在 header 内共定义了 3 个元素。在默认情况下，header 内的 a 标签会根据超链接的位置进行排序。第一个 a 元素的超链接会出现在视图的顶部工具栏左侧位置，第二个 a 元素的超链接则显示在视图顶部工具栏右侧位置，同时该超链接的 href 属性值是 #secondpage，该值的含义是单击该按钮时视图会被切换到 id 为 secondpage 的视图；当进入 secondpage 的视图后，在 header 部分定义了一个后退的超链接按钮，并且指定属性 data - rel 为 back；当指定 data - rel = "back" 属性后，jQuery Mobile 会忽略 a 元素的 href 属性，并模拟出类似浏览器后退按钮的功能，效果如图 8-20 所示。

a)   b)

图 8-20   含有后退按钮的 header 工具栏示例效果

📖 除了使用 data - rel 属性设置视图的后退功能外，还可以对视图 div 元素制定 data - add - back - btn 属性和 data - back - btn - text 属性，设置默认后退的功能。将 data - add - back - btn 属性值设置为 true，data - back - btn - text 属性设置按钮名称为"后退"，则在视图 header 和 footer 部分的左侧自动添加一个后退按钮。

---

2. 多按钮的 footer 工具栏

footer 的用法基本与 header 工具栏相似，它既能设置 h1 ～ h6 等各级标题文本，又能定义按钮。

但是 footer 工具栏和 header 工具栏在布局上有一些区别。在 footer 工具栏中添加的按钮会被自动设置为 inline 模式，并自适应其文本内容的宽度。具有多按钮的 footer 工具栏示例如【例8-13】所示。

【例8-13】定义 footer 工具栏。

```
1   < body >
2       < div data－role = "page"  id = "fiirstpage" >
3           < header data－role = "header" >
4               < h1 > 前进视图标题 </h1 >
5           </header >
6       < div > 单击前进进入第二个视图 </div >
7       < footer data－role = "footer"  class = "ui－bar" >
8               < a href = "#"  data－role = "button"  data－icon = "delete" > 删除 </a >
9               < a href = "#"  data－role = "button"  data－icon = "plus" > 添加 </a >
10              < a href = "#"  data－role = "button"  data－icon = "arrow－u" > 向上 </a >
11              < a href = "#"  data－role = "button"  data－icon = "arrow－d" > 向下 </a >
12      </footer >
13      </div >
14  </body >
```

运行效果如图8-21所示。

在【例8-13】中，footer 工具栏的 4 个按钮都是各自独立的，可以把这 4 个独立的按钮合并成一个按钮。实现这一组按钮的方法是使用 div 元素并设置 data－role 的属性值为controlgroup，然后再设置 data－type 属性值为 horizontal，说明该按钮是水平排列的。代码如下。

```
1   < footer data－role = "footer"  class = "ui－bar" >
2       < div data－role = "controlgroup"  data－type = "horizontal" >
3           < a href = "#"  data－role = "button"  data－icon = "delete" > 删除 </a >
4           < a href = "#"  data－role = "button"  data－icon = "plus" > 添加 </a >
5           < a href = "#"  data－role = "button"  data－icon = "arrow－u" > 向上 </a >
6           < a href = "#"  data－role = "button"  data－icon = "arrow－d" > 向下 </a >
7       </div >
8   </footer >
```

合并后的 footer 工具栏按钮效果如图8-22所示。

图 8-21   footer bar 示例效果 　　　　　图 8-22   合并后的 footer bar 按钮效果

3. 导航条工具栏

jQuery Mobile 提供了一个非常重要的导航工具栏——navbar，它能提供各种数量的按钮组排列。一般情况下，导航工具栏位于 header 或 footer 工具栏内。

导航工具栏一般是一个包裹在一个容器内的无序超链接列表，并且对容器设置 data－role 属性值为 navbar。在导航工具栏中，通常都需要默认指定其中一个按钮或超链接为激活状态，以表示当前视图的位置。可以通过设置 class 属性值为 ui − btn − active，使按钮处于激活状态。导航工具栏示例如【例 8−14】所示。

【例 8−14】导航工具栏。

```
1    < body >
2      < div data − role = " page"  id = " secondpage" >
3          < header data − role = " header" >
4              < h1 > 导航工具栏 </h1 >
5          </header >
6          < div > 视图内容区域 </div >
7          < footer data − role = " header" >
8              < nav data − role = " navbar" >
9                  < ul >
10                     < li > < a href = " #"  class = " ui − btn − active" > 照片 </a > </li >
11                     < li > < a href = " #" > 状态 </a > </li >
12                     < li > < a href = " #" > 信息 </a > </li >
13                 </ul >
14             </nav >
15         </footer >
16     </div >
17   </body >
```

上述代码中的 8 ~ 14 行在 footer 区域定义了一个 nav 元素，说明这里是一个导航区域，data − role 属性为 navbar。然后在 nav 元素内定义了 3 个无序超链接列表，并对第一个超链接设置 class 样式属性为 ui − btn − active，说明第一个超链接是激活状态。运行效果如图 8−23 所示。

图 8−23　导航工具栏示例效果

从上面的运行结果可以看出，工具栏内定义了 3 个按钮，然而这 3 个按钮并不像前面介绍的那样自适应按钮宽度，而是根据按钮的数量自适应浏览器一行的宽度，也就是说每个按钮的宽度是浏览器的 1/3。

实际上，jQuery Mobile 支持 5 种按钮布局的导航工具栏，每一种按钮布局会根据按钮数量来定，例如，只有 1 个按钮的导航工具栏，其占用的宽度是整个浏览器的宽度；有两个按钮的导航工具栏，每个按钮占据浏览器宽度的 1/2；有三个按钮的导航工具栏，每个按钮占据浏览器宽度的 1/3，以此类推。

在定义工具栏的按钮数量时偶尔会出现按钮数量多于 5 个的情况，这时 jQuery Mobile 会提供另一种导航工具栏排序的方案。例如，现在需要定义 6 个按钮，则 jQuery Mobile 会对整个导航工具栏重新进行排列，分成 3 行，每行 2 个按钮，每个按钮的实际宽度是浏览器宽度的 1/2；而对于 7 个按钮，jQuery Mobile 会将按钮分成 4 行，前 3 行每行 2 个按钮，最后 1 行 1 个按钮。

定义 7 个按钮的代码如下。

```
1    < div data − role = " page"  id = " secondpage" >
2        < header data − role = " header" >
3            < h1 > 导航工具栏 </h1 >
4        </header >
```

```
5              < div > 视图内容区域 </div >
6          < footer data – role = " header" >
7              < nav data – role = " navbar" >
8                  < ul >
9                          < li > < a href = "#"  class = " ui – btn – active" > 照片 </a > </li >
10                         < li > < a href = "#" > 状态 </a > </li >
11                         < li > < a href = "#" > 信息 </a > </li >
12                         < li > < a href = "#" > 签到 </a > </li >
13                         < li > < a href = "#" > 评论 </a > </li >
14                         < li > < a href = "#" > 活动 </a > </li >
15                         < li > < a href = "#" > 链接 </a > </li >
16                  </ul >
17              </nav >
18          </footer >
19  </div >
```

上述代码的运行效果如图 8–24 所示。

由于导航工具栏的实现原理是定义各种超链接按钮作为导航按钮，因此这类按钮都具有图标、位置等属性。例如，定义 data – icon = " home" 和 data – iconpos = " top"，如【例 8–15】所示。

【例 8–15】增加图标的导航工具栏。

```
1   < header data – role = " header" >
2          < h1 > 导航工具栏 </h1 >
3          </header >
4          < div > 视图内容区域 </div >
5          < footer data – role = " header" >
6              < nav data – role = " navbar" >
7                  < ul >
8                      < li > < a href = "#"  class = " ui – btn – active"  data – icon = " home"  data – iconpos
 = " top" > 照片 </a > </li >
9                      < li > < a href = "#"  data – icon = " search"  data – iconpos = " top" > 状态 </a > </li >
10                     < li > < a href = "#"  data – icon = " info"  data – iconpos = " top" > 信息 </a > </li >
11                 </ul >
12             </nav >
13         </footer >
```

上述代码的运行效果如图 8–25 所示。

图 8–24　7 个按钮导航工具栏的示例效果　　　　图 8–25　增加图标的导航工具栏效果

4. 定义 fixed 工具栏

jQuery Mobile 提供了一种功能，当用户在屏幕中轻触屏幕或者滑动屏幕时，header 工具栏或者 footer 工具栏都会消失或者重新出现。

当页面滚动时，工具栏就会隐藏；当页面停止滚动后工具栏又会重新出现。当用户在屏幕中轻触屏幕任一非按钮区域时，工具栏会自动隐藏，再次轻触又会重新显示。实现这种功能非常简单，只需定义 header 和 footer 元素的 data – position 属性值为 fixed 即可。

举例如下。

```
< header data – role = "header" data – position = "fixed" >
        < h1 > 导航工具栏 </ h1 >
</ header >
```

5. 全屏模式工具栏

通常情况下，用户在浏览照片、图像或视频时都需要将上下两个工具栏隐藏，以便于达到最佳的浏览效果。jQuery Mobile 根据该需要，提供了一种方法来实现全屏模式。

首先，在页面或视图的 header 区域或 footer 区域设置 data – position 属性为 fixed，然后再在页面或视图的 div 元素上设置 data – fulls creen 属性值为 true，表示页面或视图采用全屏模式。具体代码如下。

```
< div data – role = "page" id = "secondpage" data – fullscreen = "true" >
        < header data – role = "header" data – position = "fixed" >
                < h1 > 导航工具栏 </ h1 >
        </ header >
        < div > < img src = " . . /img/blackberry_10. png" > </ div >
        < footer data – role = "header" data – position = "fixed" > </ footer >
</ div >
```

8.3 动态事件

在编写程序时，经常会接触到事件。所谓事件，是指是可以被窗体或控件识别的操作，如单击或按下一个键。用户可以在事件过程中编写程序代码，一旦事件发生就会执行它们。事件又分为静态事件和动态事件。静态事件是指触发事件时没有明显的执行过程，动态事件则是对事件触发后有执行的过程。本节将讲解开发过程中的一些动态事件。

8.3.1 表单实现

jQuery Mobile 为原生 HTML 表单元素封装了新样式，并对触屏设备的操作进行了优化。默认情况下，框架会自动渲染标准页面的 form 元素样式风格，一旦渲染成功，这些元素控件就可以使用 jQuery 操作表单。

在 jQuery Mobile 应用程序中，表单的功能和传统的网页表单的功能基本相同，但在实现表单提交功能时，jQuery Mobile 使用 Ajax 提交表单，并在表单页和结果页之间创建一个平滑的过渡效果。任何需要提交到服务器的表单元素都需要包含在 form 元素内。为确保表单的正确提交，建议为 form 表单定义 action 和 method 属性，其中 method 属性允许使用 get 和 post 两种方式提交表单。

1. 文本框类型

文本框是 jQuery Mobile 最常用的表单类型组件之一，除了支持最基本的文本框外，还支持 HTML5 标准规范的新文本类型。

一个最基本的文本框和普通的网页文本框用法相同，示例如下。

```
< label for  = " name" > name：</label >
< input type = " text" name = " name" id = " name" value = " "/ >
```

这是最基本的文本框，除此之外还有其他文本框类型。下面依次介绍不同类型的文本框及其定义语句。

（1）密码类型文本框

```
< label for  = " password" > password </label >
< input type = " password" name = " password" id = " password" value = " "/ >
```

（2）文本类型文本框

```
< label for  = " content" > content：</label >
< textarea cols = "40"  rows = "4" name = " content" id = " content" > </textarea >
```

（3）number 类型文本框

```
< label for  = " number" > password </label >
< input type = " number" name = " number" id = " number" value = " "/ >
```

（4）tel 类型文本框

```
< label for  = " tel" > password </label >
< input type = " tel" name = " tel" id = " tel" value = " "/ >
```

（5）email 类型文本框

```
< label for  = " email" > password </label >
< input type = " email" name = " email" id = " email" value = " "/ >
```

（6）url 类型文本框

```
< label for  = " url" > password </label >
< input type = " url" name = " url" id = " url" value = " "/ >
```

在前面的章节已提到，HTML5 规范新增的表单元素在桌面浏览器上的显示效果和普通的文本框效果基本一致，唯一的区别在于移动设备上的键盘会根据不同的文本框类型而不同。由于 jQuery Mobile 是基于 HTML5 和 CSS3 构建的 Web 应用框架，因此其所支持的 HTML5 新表单类型同样也是根据文本框类型显示相应的键盘。

2. 搜索类型输入框

HTML5 标准新增的搜索类型文本框可以用在 jQuery Mobile 表单组件中 search 类型的文本框内，在 jQuery Mobile 下会增加一个搜索的图标情景，同时将文本框的四角修饰成圆角效果，以区别于普通类型的文本框。

使用 jQuery Mobile 的 search 类型文本框非常简单，代码如下。

```
< label for  = " search" > 搜索 </label >
< input type = " search" name = " search" id = " search" value = " "/ >
```

【例8-16】 列出了普通文本框和搜索文本框两种类型的区别。

【例8-16】 搜索文本框和普通文本框。

```
1     < div data – role = " page" >
2         < header data – role = " header" >
3             < h2 > 表单视图 </h2 > </header >
4         < div data – role = " content" >
5             < label for = " text" > 普通文本框 </label >
6             < input type = " text" name = " text" id = " text value = " " / >
7             < label for = " search" > 搜索文本框 </label >
8            < input type = " search" name = " search" id = " search" value = " " / >
9         </div >
10        < footer data – role = " footer" > </footer >
11    </div >
```

代码运行效果如图8-26所示。

3. Slider 类型

jQuery Mobile 允许添加一个 range 类型的范围选择型空间。该类型可以通过定义 value、min 和 max 等属性来确定可选择的范围及初始默认值。

Slider 类型示例如下。

```
1   < div data – role = " page" >
2       < header data – role = " header" >
3           < h2 > 表单视图 </h2 > </header >
4       < div data – role = " fieldcontain" >
5           < label for = " slider" > slider </label >
6           < input type = " range" name = " slider" id = " slider" value = "2" min = "0" max = "10"/ >
7       </div >
8       < footer data – role = " footer" > </footer >
9   </div >
```

从该例子中可以看出，jQuery Mobile 针对 Slider 类型的 input 元素，优化了其显示效果风格。它不仅提供一个普通的文本输入框，还在文本框右侧动态生成一个可以拖动的滑动条。当用户触摸滑动条时，左侧的文本框就会动态更新数值。代码运行效果如图8-27所示。

图 8-26   搜索文本框和普通文本框的区别

图 8-27   Slider 类型示例效果

4. Toggle 类型

range 类型的 input 元素属于 jQuery Mobile 表单组件中的一种范围选择器。现在介绍表单中的另一种范围选择器——Toggle，它使用 select 元素并结合 range 类型，能实现具有开关效果的 toggle switches 组件，如【例 8-17】所示。

【例 8-17】 Toggle 示例。

```
1    < div data − role = " page" >
2        < header data − role = " header" >
3            < h2 > 表单视图 </h2 > </header >
4        < div data − role = " fieldcontain" >
5            < label for = " slider" >
6                < h4 > toggle switches：</h4 > </label >
7            < select name = " slider"  id = " slider"  data − role = " slider" >
8                < option value = " off" > 关闭 </option >
9                < option value = " on" > 开启 </option >
10            </ select >
11        </ div >
12        < footer data − role = " footer" > </footer >
13    </ div >
```

运行效果如图 8-28 所示。

5. 单选按钮类型

在传统的桌面端 Web 网页中，默认的单选按钮在一般情况下就是一个小圆圈，用户可以通过单击小圆圈来选择选项。

而在触摸设备上，单选效果并没有太多改变，因此，要实现单选效果，需要把与按钮关联的 lable 元素改变成可以单击或触摸的区域，并增加由 jQuery Mobile 提供的图标来模拟桌面端的小圆圈效果。

创建一组选择年龄范围的单选按钮，代码如【例 8-18】所示。

图 8-28　Toggle 示例效果

【例 8-18】 年龄单选按钮组示例。

```
1    < div data − role = " header" >
2    < h2 > 视图列表 </h2 >
3    </ div >
4    < div data − role = " content" >
5        < fieldset data − role = " controlgroup" >
6            < legend > 请选择你的年龄范围：</legend >
7            < input type = " radio"  name = " radio − 1"  id = " radio − 1"  value = " any"  checked = " checked" >
8            < label for = " radio − 1" > 不限 </label >
9            < input type = " radio"  name = " radio − 1"  id = " radio − 2"  value = " 16 − 22" >
10            < label for = " radio − 2" > 16 − 22 </label >
11            < input type = " radio"  name = " radio − 1"  id = " radio − 3"  value = " 23 − 30"   / >
12            < label for = " radio − 3" > 23 − 30 </label >
13            < input type = " radio"  name = " radio − 1"  id = " radio − 4"  value = " 31 − 40"   / >
14            < label for = " radio − 4" > 31 − 40 </label >
```

```
15          < input type = "radio" name = "radio – 1" id = "radio – 5" value = "40"  / >
16          < label for = "radio – 5" >40 岁以上 </label >
17      </fieldset >
18  </div >
19  < div data – role = "footer" > </div >
```

运行效果如图 8-29 所示。

创建一组单选按钮的操作步骤如下。

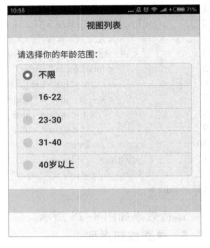

1）首先为 input 元素定义 radio 的 type 类型和 label 元素，并把 label 元素的 for 属性设置为 input 元素的 id 属性。

2）单选按钮中的 label 元素用于显示选项的文本内容，同时官方推荐把一组单选按钮元素放在 fieldset 元素内，同时定义 legend 元素表示单选按钮的名称。

3）最后设置 fieldset 元素的 data – role 属性值为 controlgroup，表示该元素内是一组单选按钮。

【例 8 – 18】展示了如何使用表单的单选按钮组件，从中可以看到，单选按钮的排列是垂直的，jQuery Mobile 还提供了水平排列的单选按钮布局，只需在 fieldset 元素中设置 data – type 属性值为 horizontal，就可以实现水平排列单选按钮，代码如下。

图 8-29　年龄单选按钮组示例效果

```
1  < fieldset data – role = "controlgroup" data – type = "horizontal" >
2      < legend >我关注的：</legend >
3      < input type = "radio" name = "radio – 1" id = "radio – 1" value = "微信" checked = "checked" >
4      < label for = "radio – 1" > 微信 </label >
5      < input type = "radio" name = "radio – 1" id = "radio – 2" value = "QQ" >
6      < label for = "radio – 2" > QQ </label >
7      < input type = "radio" name = "radio – 1" id = "radio – 3" value = "微博"  / >
8      < label for = "radio – 3" > 微博 </label >
9  </fieldset >
```

其运行效果如图 8-30 所示。

6. 复选框类型

除了单选表单，jQuery Mobile 还提供了复选框，并且复选框与单选按钮在语法方面是相同的，唯一不同的是复选框 input 元素中的 type 属性值为 checkbox，而不是 radio。新建一个复选框，如【例 8-19】所示。

【例 8-19】垂直方向的复选框。

图 8-30　水平方向单选按钮效果

```
1  < fieldset data – role = "controlgroup" >
2          < legend >选择你的兴趣爱好：</legend >
3          < input type = "checkbox" name = "check – 1" id = "check – 1" value = "音乐" checked = "checked" >
4          < label for = "check – 1" > 音乐 </label >
5          < input type = "checkbox" name = "check – 1" id = "check – 2" value = "游泳" >
```

```
6        < label for = "check - 2" >游泳 </label >
7            < input type = "checkbox" name = "check - 1" id = "check - 3" value = "电影"  / >
8        < label for = "check - 3" >电影 </label >
9            < input type = "checkbox" name = "check - 1" id = "check - 4" value = "读书"  / >
10       < label for = "check - 4" >读书 </label >
11       < input type = "checkbox" name = "check - 1" id = "check - 5" value = "电竞"  / >
12       < label for = "check - 5" >电竞 </label >
13   </fieldset>
```

代码运行效果如图8-31所示。

从外观上看,复选框也改变了label样式,还添加了一个小勾图标以便其外观具有复选的效果。同单选相似,复选框也可以水平排列,只需将fieldset元素的data - type属性值定义为horizontal即可,代码如下。

```
1  < fieldset data - role = "controlgroup"  data - type = "horizontal" >
2                  < legend >选择你的兴趣爱好:</legend >
3  < input type = "checkbox" name = "check - 1" id = "check - 1" value = "音乐" checked = "checked" >
4                  < label for = "check - 1" >音乐 </label >
5              < input type = "checkbox" name = "check - 1" id = "check - 2" value = "游泳" >
6                  < label for = "check - 2" >游泳 </label >
7              < input type = "checkbox" name = "check - 1" id = "check - 3" value = "电影"  / >
8                  < label for = "check - 3" >电影 </label >
9                  </fieldset >
```

运行效果如图8-32所示。

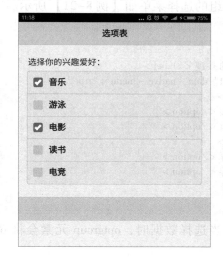

图8-31 垂直方向复选框示例效果

图8-32 水平方向复选框示例效果

7. 下拉选择菜单

在移动设备上,Web下拉选择菜单组件非常特殊,它不像传统桌面应用那样直接使用鼠标去选择下拉列表框中相应的数据,而是在触屏的设备上采用弹出层的方式来选择数据。jQuery Mobile为了更好地显示下拉选择菜单,使用了select元素在触屏设备上的显示样式。

先来建立一个基本的选择菜单,如【例8-20】所示。

【例8-20】创建选择菜单。

```
1   < div data – role = "controlgroup" >
2       < label for = "select" class = "select" > 请选择你的兴趣 </label >
3       < select name = "select" id = "select" >
4           < option value = "音乐" > 音乐 </option >
5           < option value = "体育" > 体育 </option >
6           < option value = "旅游" > 旅游 </option >
7       </select >
8   </div >
```

创建选择菜单的操作步骤如下。

1）定义 select 元素及 option 元素列表，同时设置 label 元素的 for 属性为 select 元素的 id 属性值。

2）定义 label 元素的文本内容作为选项的名称。

3）定义 div 元素并设置 data – role 属性值为 fieldcontain，并把 select 元素和 label 元素嵌套在该 div 元素内。

其运行效果如图 8-33 所示。

当代码运行在移动端时可以看到，select 下拉元素被改造成一种类似按钮的样式。如果 option 没有指定默认选项，option 元素的内容会被填充到选择菜单文本框内。

图 8-33　选择菜单示例效果

jQuery Mobile 还提供了一种对选择菜单的数据项进行分组的方法，只要在 select 元素内指定 optgroup 元素并设定其 label 属性，jQuery Mobile 会自动创建一个分隔符的分组标题，label 属性就是该分隔符的标题文本。具有数据项分组的选择菜单如【例 8-21】所示。

【例 8-21】　创建数据项分组的选择菜单。

```
1    < div data – role = "controlgroup" >
2            < label for = "select" > 请选择你的兴趣 </label >
3            < select name = "select" id = "select" data – native – menu = "true" >
4                < optgroup label = "娱乐类" / >
5                < option value = "电影" > 电影 </option >
6                < option value = "音乐" > 音乐 </option >
7                < optgroup label = "文体类" / >
8                < option value = "体育" > 体育 </option >
9                < option value = "旅游" > 旅游 </option >
10               </select >
11           </div >
```

代码运行在移动端时的效果如图 8-34 所示。当选择数据时，optgroup 元素会将 option 数据进行分组并显示一个不可选择的选项。

在上述代码中，将 data – native – menu 属性设置为 true 时，表示选择菜单显示的数据项采用平台内置的选择器；将 data – native – menu 属性设置为 false 时，选择菜单就不采用平台内置的选择器，而是使用 jQuery Mobile 自定义的弹出浮动层窗口。

以上介绍的下拉选择菜单都是单选，在桌面端的 Web 应用中，多选下拉菜单功能是常用的功能之一，由于传统的 Web 多选下拉菜单只能采用鼠标单击，对手机触控模式不再适用，所以 jQuery Mobile 优化后定义多选功能的选择菜单是在 select 元素中指定 multiple 属性，这样就可实现多选功能，如【例 8-22】所示。

【例8-22】 多选菜单自定义选择层。

```
1   < div data - role = "controlgroup" >
2       < label for = "select" > 请选择你的兴趣 </label >
3       < select name = "select" id = "select" data - native - menu = "true" multiple >
4           < option value = "电影" >电影 </option >
5           < option value = "音乐" >音乐 </option >
6           < option value = "体育" >体育 </option >
7           < option value = "旅游" >旅游 </option >
8       </select >
9   </div >
```

其运行结果如图8-35所示。

图8-34 数据项分组的选择菜单效果   图8-35 多选菜单自定义选择层效果

8.3.2 实现的工具和方法

jQuery Mobile 为开发者提供了许多常用的工具和函数，这些函数和工具可以针对不同的应用进行设置，如改变加载时的动画效果、绝对地址和相对地址的切换，以及 loading 文本内容的设置。本节将学习常用的函数和工具的使用方法。

1. 页面视图辅助工具

jQuery Mobile 在一个 Web 页面中只能显示一个视图，不同视图之间要通过动画效果进行切换，可以通过编程的方式改变过渡的动画效果。

（1）$. mobile. changePage

该函数的主要功能是在单击切换到下一个视图或提交表单时，自定义改变动画效果。changePage 函数语法如下。

```
$. mobile. changePage( to, options) ;
```

参数 to 是必选参数，其传递的参数类型包括字符串和对象。当参数传递的是一个字符串时，该字符串是一个相对或绝对的 URL 地址；当参数传递的是对象时，该对象并不是由 window. getElementById 读取的原生 Object 对象，而实际上是由 jQuery 框架读取的一个 jQuery 对象。

参数 options 是可选参数，它传递一个 JSON 数据格式对象，该对象可以定义的参数属性如表8-3所示。

表 8-3　changePage 的 options 参数属性

属 性 名	类 型	说 明
transition	字符串	页面切换时的动画效果。一般为 $.mobile.defaultPageTransition 中设置的默认值
reverse	布尔值	反向 transition 属性指定的动画效果，默认值为 false，即不采用
role	字符串	设置需要切换的视图对应的 data-role 的值，默认为 undefined
pageContainer	jQuery collection	指定视图对应的 DOM 元素节点，该属性是由 jQuery 获取对应元素的 jQuery 对象数组
type	字符串	指定 URL 的请求类型，该属性在参数 to 使用 URL 字符串时才会生效
data	字符串或对象	该参数是一个字符串或 JSON 对象，主要作用是使用 AJAX 请求页面时，相关参数会传递到对应的 URL 地址中。与 type 属性相似，在参数 to 使用 URL 字符串时才会生效，默认值是 undefined
reloadPage	布尔值	强制重新加载一个页面，默认值是 false
changeHash	布尔值	更新 location 的 Hash 值，默认值是 true

下面通过简单的示例来说明如何使用 changePage 函数来实现视图切换时的动画效果、提交表单等操作。

【例 8-23】 实现视图切换时的动画效果。

```
1   <! DOCTYPE html >
2   < html >
3   < head >
4       < meta charset = "UTF - 8" >
5       < title > </title >
6       < link rel = "stylesheet" href = "../css/jQuery. mobile - 1.4.5. min. css" >
7       < script type = "text/javascript" src = "../js/jQuery. js" > </script >
8       < script type = "text/javascript" src = "../js/jQuery. mobile - 1.4.5. min. js" > </script >
9       < script >
10          $.mobile. changePage( "../examples/firstview. html", {
11              transition: "pop",
12          });
13      </script >
14  </head >
15  < body >
16  < div data - role = "page" id = "firstpage" >
17          < div data - role = "header" > < h2 > header </h2 > </div >
18          < div data - role = "content" >
19              使用 jQuery Mobile 创建一个新页面
20              < a href = "#secondpage" > 单击切换 </a >
21          </div >
22          < div data - role = "footer" > < h2 > footer </h2 > </div >
23  </div >
24  < div data - role = "page" id = "secondpage" >
25          < div data - role = "header" > < h2 > header </h2 > </div >
26          < div data - role = "content" >
27              使用 jQuery Mobile 创建另一个新页面
28          </div >
29          < div data - role = "footer" > < h2 > footer </h2 > </div >
30  </div >
```

```
31    </body >
32    </html >
```

上述代码可实现视图切换时的动画效果，在代码第 10 行，首先通过路径确定需要切换的界面，代码第 11 行用于定义切换动画效果为 pop。

在表单视图中填好表单元素数据后，可以使用 JavaScript 代码对表单执行数据提交操作，代码如下。

```
$. mobile. changePage("submit. php",{
        type = "post";
        data $("form#add"). serialize();
    });
```

（2）$. mobile. loadPage

该函数的主要作用是加载外部页面，并插入当前页面的 DOM 元素内。该函数语法格式如下。

```
$. mobile. loadPage( url, options);
```

其中参数 url 是一个必选参数，主要传递一个绝对或相对 URL 地址。参数 options 是可选参数，它传递的是一个 JSON 数据格式对象，该对象可以定义的参数属性如表 8-4 所示。

表 8-4   loadPage 函数的 options 参数属性

属 性 名	类 型	说 明
role	字符串	设置需要切换的视图对应的 data – role 的值。默认值是 undefined
pageContainer	jQuery collection	指定视图对应的 DOM 元素节点，该属性是由 jQuery 获取对应元素的 jQuery 对象数组
type	字符串	指定 URL 的请求类型
data	字符串或对象	该参数是一个字符串或 JSON 对象，主要作用是使用 AJAX 请求页面时，相关参数会传递到对应的 URL 地址中。与 type 属性相似，在参数 to 使用 URL 字符串时才会生效，默认值是 undefined
reloadPage	布尔值	强制重新加载一个页面，默认值是 false
loadMsDelay	数值	设置显示加载提示前的延迟时间，默认值是 50 ms

loadPage 函数和 changePage 函数的使用方法基本类似。下面说明如何使用 loadPage 函数，代码如下。

```
$. mobile. loadPage("result. php",{
        type = "get";
        data $("form#search"). serialize();
    });
```

2. 数据存储

最新版本的 jQuery 提供了 3 个方法（data、removeData、hasData）用于在元素上操作各种数据的存取。jQuery Mobile 则根据移动设备的特性重写了上述 3 个方法，以增强移动设备的 Web 浏览器的功能。

（1）jqmData()方法

该方法在元素上绑定任一数据。语法和 jQuery 的 data( ) 方法一样，格式如下。

$. mobile. jqmData(element,key,value) ;

上述代码中的 element 参数用于指定需要绑定数据的元素；key 参数用于指定需要绑定数据的属性名；value 参数用于指定绑定的数据。

（2）jqmRemoveData( ) 方法

该方法用于移除绑定在元素上的 data 数据，语法和 jQuery 的 hasData( ) 方法一样，格式如下。

$. mobile. jqmRemoveData(name) ;

name 参数是可选参数，指定需要移除哪个 data 属性。如果不传入参数，则移除元素上的所有数据。

（3）jqmHasData( ) 方法

该方法用于判断元素上是否存在绑定的数据，语法和 jQuery 的 hasData( ) 方法一样，格式如下。

$. mobile. jqmHasData(element) ;

element 参数是一个进行数据检查的 DOM 元素。

3. 地址路径辅助工具

在基于 jQuery Mobile 的移动 Web 应用程序中，由于大部分页面或视图都是通过 AJAX 请求完成的，通常需要和 URL 打交道，因此 jQuery Mobile 为开发人员提供了一系列方法，可以方便地处理各种 URL 地址的需求。

表 8-5 所示为地址路径辅助工具方法集。

表8-5 地址路径辅助工具方法集

函　数	说　明
$. mobile. path. parseUrl	解析 URL 地址，并返回一个各种 URL 参数值的对象
$. mobile. path. makePathAbsolute	将相对路径转换成绝对路径
$. mobile. path. makeUrlAbsolute	将相对 URL 地址转换成绝对 URL 地址
$. mobile. path. isSameDomain	比较两个 URL 地址的域是否相同
$. mobile. path. isRelativeUrl	判断 URL 地址是否是相对地址
$. mobile. path. isAbsoluteUrl	判断 URL 地址是否是绝对地址

下面讲解如何使用由 jQuery Mobile 内置提供的几个地址路径使用方法。

（1）解析 URL 地址

$. mobile. path. parseUrl 函数可解析一个 URL 地址，并返回一个含有所有参数值的对象，这些参数值能够让人们很轻易地访问 URL 地址上的参数属性。parseUrl 函数的语法格式如下。

$. mobile. path. parseUrl(url)

其中 url 参数是一个相对或绝对 URL 地址，这是必须传入的参数。parseUrl 函数返回一个对象，对象包含丰富的属性，如表 8-6 所示。

表 8-6 parseUrl 函数返回的 object 对象的属性

属 性	说 明
hash	返回 URL 地址上#号后面所有字符的内容
host	返回包含 URL 的主机名和端口号
hostname	返回只包含 URL 的主机名
href	返回整个 URL 地址
pathname	返回文件或目录的关联路径
port	返回请求 URL 地址的端口号
protocal	返回请求 URL 地址的协议
search	返回 URL 地址中? 后面的请求参数
authority	返回由用户名、密码、主机名和端口号组成的地址
directory	返回请求 URL 地址的目录路径
domain	返回 protocol 下一个 authority 组成的路径
filename	返回请求的 URL 文件名
hrefOfHash	返回不包含 hash 值的 URL 路径
hrefOfSearch	返回不包含请求参数和 hash 值的 URL 路径
password	返回请求 URL 中的密码
username	返回请求 URL 中的用户名

parseUrl 函数的功能是分析 URL 地址并输出实用数据，因此它既适用于各种移动设备上的 Web 应用程序，也适用于任何 Web 网站或 Web 应用软件。

（2）判断路径类型

jQuery Mobile 提供了一对用于判断 URL 地址是相对路径还是绝对路径的函数工具，分别是 isRelativeUrl 和 isAbsoluteUrl 函数。$. mobile. path. isRelativeUrl 函数用于判断传入的 URL 地址是否属于相对路径，当 URL 地址属于相对路径时该函数返回 true，否则返回 fals-de。$. mobile. path. isAbsoluteUrl 函数用于判断传入的 URL 地址是否属于绝对路径，当 URL 地址属于绝对路径时，该函数返回 true，否则返回 false。

下面通过一个示例来说明使用这两个函数。首先编写一个完整的 HTTP 请求 URL 地址进行判断。

```
$. mobile. path. isRelativeUrl( "htp://www. example. com/page/");
$. mobile. path. isAbsoluteUrl( "http://www. example. com/page/");
```

上述代码表示使用一个完整 URL 地址时，isRelativeUrl 函数返回 false，isAbsoluteUrl 函数则返回 true。

再使用其他代码进行判断。

```
$. mobile. path. isRelativeUrl("htp://www. example. com/a/first. html");
$. mobile. path. isRelativeUrl("/page/second. html");
$. mobile. path. isRelativeUrl("third. html");
```

从上述代码可以看到，不管是以斜杠开头的路径还是单独的文件，isRelativeUrl 函数的返回值都是 true，而 isAbsoluteUrl 函数的返回值则是 false，代码如下。

```
$. mobile. path. isAbsoluteUrl("htp://www. example. com/a/first. html");
$. mobile. path. isAbsoluteUrl("/page/second. html");
$. mobile. path. isAbsoluteUrl("third. html");
```

（3）域的判断

jQuery Mobile 还提供了一个很实用的方法：isSameDomain。该函数的主要作用是判断两个 URL 地址是否具有相同的请求协议和域。如果两者都相同，则返回 true，否则返回 false。该函数的语法格式如下。

```
$. mobile. path. iSameDomainl(url1,lul2);
```

举例如下。

```
var same =$. mobile. path. isSameDomain("http://example. com/a/index. html","http://
example. com/a/ab/c/first,html");
var same =$. mobile. path. isSameDomain("file://example. com/a/index. html","http://
example. com/a/ab/c/first,html");
```

可以看出只有当两个 URL 地址的请求和域名相同时，才会返回 true。

4. loading 显示/隐藏

jQuery Mobile 提供了两种方法，使得开发者在编写 JavaScript 业务逻辑时可以随意地控制 loading 提示框。

显示 loading 对话框的方法如下。

```
$. mobile. showPageLoadingMsg();
```

隐藏对话框的方法如下。

```
$. mobile. hidePageLoadingMsg();
```

这两种方法的使用都很简单，当需要 loading 提示框时，只需调用上述方法就可以随意控制 loading 的显示或隐藏。由于这两种方法没有任何参数可以传递，因此无法在显示提示框时自定义其提示内容，只能通过全局参数 $. mobile. loadingMesage 来设置提示文本内容。

8.3.3 Event 事件

jQuery Mobile 提供了丰富的事件处理机制，并且根据不同的移动设备整合各种事件，使得开发者不必解决不同设备之间的时间处理差异。这些事件会根据当前移动设备的特性来识别使用哪种类型的事件，如触摸、鼠标等，因此不管是移动 Web 还是桌面浏览器，都可以根据实际情况使用不同的事件类型。

1. 页面加载类型

在编写移动 Web 应用程序时，可以使用 jQuery 提供的 $(document). ready()方法初始化相关功能。但是，jQuery Mobile 的机制使每个视图或页面的内容都是通过 AJAX 请求加载的，这样每次显示一个新视图或页面时就无法触发 $(document).ready() 方法。

在这种情况下，jQuery Mobile 同时还提供了 pagebeforecreate 事件，该事件的触发顺序在 pagecreate 事件之前，即在框架初始化之前触发。

2. 其他事件类型

根据 jQuery Mobile 提供的针对移动设备的事件函数，可以将事件函数分为以下几类。

（1）touch 事件

第一种事件是 touch 事件，目前 jQuery Mobile 只提供了最基本的触摸事件，分别介绍如下。

1）Tap：快速触摸屏幕并且离开，类似一次完整的单击操作。这种事件类型是最常用的 touch 事件，如【例 8-24】所示。

【例 8-24】轻触事件。

```
1   <!DOCTYPE html>
2   <html>
3   <head>
4     <meta charset = "UTF-8">
5     <title></title>
6     <link rel = "stylesheet" href = "../css/jQuery.mobile-1.4.5.min.css">
7     <script type = "text/javascript" src = "../js/jQuery.js"></script>
8     <script type = "text/javascript" src = "../js/jQuery.mobile-1.4.5.min.js"></script>
9   <script>
10  $(document).on("pageinit","#pageone",function(){
11    $("p").on("tap",function(){
12      $(this).hide();
13    });
14  });
15  </script>
16  </head>
17  <body>
18  <div data-role = "page" id = "pageone">
19    <div data-role = "header">
20      <h1>tap 事件</h1>
21    </div>
22    <div data-role = "content">
23      <p>敲击我,我会消失。</p>
24      <p>敲击我,我也会消失。</p>
25    </div>
26    <div data-role = "footer">
27      <h1>页脚文本</h1>
28    </div>
29  </div>
30  </body>
31  </html>
```

其运行结果如图 8-36 所示，当轻触屏幕时，会触发事件。

2）Taphold：触屏事件并且保持一段时间，如【例 8-25】所示。

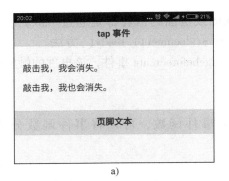
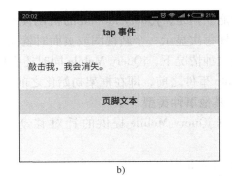

a)   b)

图 8-36　轻触后效果图

【例 8-25】 taphold 事件。

```
1   <script>
2   $(document).on("pageinit","#pageone",function(){
3     $("p").on("taphold",function(){
4       $(this).hide();
5     });
6   });
7   </script>
8   </head>
9   <body>
10  <div data-role="page" id="pageone">
11    <div data-role="header">
12      <h1>taphold 事件</h1>
13    </div>
14    <div data-role="content">
15      <p>如果您敲击并保持一秒钟,我会消失。</p>
16      <p>敲击并保持住,我会消失。</p>
17      <p>敲击并保持住,我也会消失。</p>
18    </div>
19    <div data-role="footer">
20      <h1>页脚文本</h1>
21    </div>
22  </div>
23  </body>
24  </html>
```

运行结果如图 8-37 所示,当触摸屏幕 1 s 以上,将自动执行 taphold 事件。在【例 8-25】中、当触发 taphold 事件后,将自动隐藏当前语句。

3）Swipe:在 1 s 内水平移动 30 像素以上时触发,如【例 8-26】所示。

【例 8-26】 swipe 事件。

```
1   <script>
2   $(document).on("pageinit","#pageone",function(){
3     $("p").on("swipe",function(){
4       $("span").text("Swipe 事件已触发!");
5     });
6   });
7   </script>
```

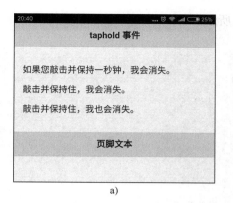 

a)   b)

图 8-37　taphold 事件示例效果图

```
8    </head>
9    <body>
10   <div data-role="page" id="pageone">
11     <div data-role="header">
12       <h1>swipe 事件</h1>
13     </div>
14     <div data-role="content">
15       <p>在下面的文本或方框上滑动。</p>
16       <p style="border:1px solid black;height:200px;width:200px;"></p>
17       <p><span style="color:red"></span></p>
18     </div>
19     <div data-role="footer">
20       <h1></h1>
21     </div>
22   </div>
```

图 8-38 所示为 swipe 事件的运行结果，代码 2 ~ 4 行是 swipe 事件的关键语句，当在文本框内滑动后，触发 swipe 事件，若弹出红色的语句，表明事件触发成功。

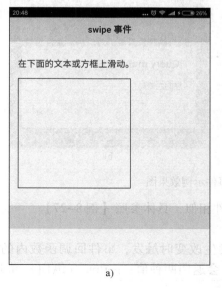 

a)   b)

图 8-38　swipe 事件示例效果图

4）Swipeleft：向左侧滑动，如【例8-27】所示。

【例8-27】swipeleft事件。

```
1   < script >
2   $( document). on( "pageinit" ,"#pageone" ,function( ) {
3    $( "p" ). on( "swipeleft" ,function( ) {
4       alert( "您向左滑动!" );
5     } );
6   } );
7   </script >
8   </head >
9   < body >
10  < div data - role = "page"  id = "pageone" >
11     < div data - role = "header" >
12        < h1 > swipeleft 事件 </h1 >
13     </div >
14     < div data - role = "content" >
15        < p style = "border:1px solid black;margin:5px;" > 向左滑动 - 不要超出边框! </p >
16     </div >
17     < div data - role = "footer" >
18        < h1 > 页脚文本 </h1 >
19     </div >
20  </div >
```

图8-39所示为swipeleft事件的运行结果。当触发swipeleft事件时，会弹出对话框提示向左滑动成功。第4行语句alert( )为一个对话框。

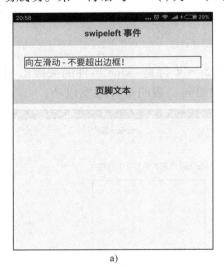
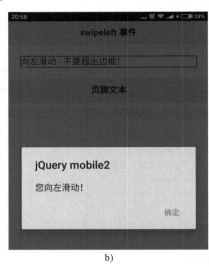

图8-39　Swipeleft 事件示例效果图

5）Swiperight：向右侧滑动，与向左滑动事件相似，具体参照【例8-27】。

（2）方向改变事件

orientationchange 事件函数在移动设备方向发生改变时触发，事件回调函数内的第二个参数返回一个用于识别当前方向的值。该参数只会返回两种值：portrait （纵向）和 ladscape （横向）。

需要注意的是，并不是所有浏览器都支持 orientationchange 事件，因此在移动应用开发过程中，如无实际必要，一般不会定义该事件函数，如【例 8-28】所示。

【例 8-28】 方向改变事件。

```
1   < script >
2   $( document). on( "pageinit" ,function( event) {
3    $( window). on( "orientationchange" ,function( event) {
4       alert( "方法改变为:" + event. orientation);
5    });
6   });
7   </script >
8   </head >
9   < body >
10  < div data - role = "page" >
11    < div data - role = "header" >
12      < h1 > orientationchange 事件 </h1 >
13    </div >
14    < div data - role = "content" >
15      < p >请试着旋转您的设备！ </p >
16    </div >
17    < div data - role = "footer" >
18      < h1 > </h1 >
19    </div >
20  </div >
```

使用 orientationchange 事件时应当注意把它添加到 window 对象中，callback 函数可以设置一个参数，即 event 对象，它会返回移动设备的方向：portrait（设备被握持的方向是垂直的）或 landscape（设备被握持的方向是水平的），其运行结果如图 8-40 所示。

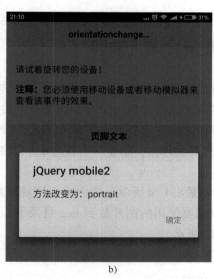

图 8-40　方向改变事件示例效果图

（3）滚动事件

jQuery Mobile 目前所支持的滚动事件有两个：scrollstart 和 scrollend 事件。下面逐个分析

269

这两个事件。

1) scrollstart：开始滚动触发该事件，在滚动屏幕时弹出对话框。

```
< script >
$( document). on( " pageinit" ," #pageone" ,function( ) {
 $( document). on( " scrollstart" ,function( ) {
    alert( "开始滚动!" );
 });
});
</script >
```

2) Scrollend：当滚动结束时触发事件。

（4）隐藏/显示事件

在基于 jQuery Mobile 的移动 Web 应用中，一个页面存在多个不同视图或页面，但每次只会显示其中一个。当显示其中一个视图时，其余的视图会被隐藏，而每次视图之间的切换都会触发视图的隐藏/显示事件。

隐藏/显示事件共有以下 4 类事件函数。

1) pagebeforeshow：当视图通过动画效果开始显示在屏幕后触发。

2) Pagebeforehide：当视图通过动画效果开始隐藏之前触发事件。

3) pageshow：当视图通过动画效果显示在屏幕后触发事件。

4) Pagehide：当视图通过动画效果隐藏后触发事件。

可以看到，每切换一次页面，4 类事件函数都会被触发，例如，从 1 视图切换到 2 视图，先触发 1 视图的 pagebeforeshow 事件和 2 视图的 pagebeforehide 事件，当 2 视图完成切换动画效果后完整地显示在屏幕中时，会触发 1 视图的 pagehide 事件和 2 视图的 pageshow 事件。

8.4　案例：唱片购买

通过前几节的学习相信读者已经大概学会了 jQuery Mobile 的使用。下面通过一个 jQuery Mobile 案例来加深之前的学习，这是一个关于唱片购买的小案例。

在开始之前先来梳理一下基本的操作步骤。

1) 打开编译器，新建一个名为 anli 的项目（这里使用的编译器是 HBuilder），如图 8 – 41 所示。

2) 根据 8.1 节所学习的内容引用或下载 jQuery Mobile 库文件，并将它们复制到项目中来。可以把要使用的图片放到 img 目录下，然后在 index. html 中编写程序。完整的源码目录如图 8-42 所示。

【例 8-29】唱片购买案例。

```
1  < ! DOCTYPE >
2  < html >
3   < head >
4   < meta charset = " UTF – 8 " >
5   < meta name = " viewport" content = " initial – scale = 1. 0, maximum – scale = 1. 0, user – scalable = no" / >
```

图 8-41　项目 anli 的建立

图 8-42　唱片实例的源码目录

```
6    < link rel = " stylesheet"  href = " css/jQuery. mobile – 1. 4. 5. min. css"  / >
7    < script src = " js/jQuery. js" > </script >
8    < script src = " js/jQuery. mobile – 1. 4. 5. min. js" > </script >
9    </head >
10   < body >
11    < div data – role = " page"  id = " pageone" >
12      < div data – role = " header"  data – position = " fixed"  data – theme = " a" >
13          < h1 >唱片 </h1 >
14      </div >
15      < div data – role = " content" >
16        < ul data – role = " listview"  data – split – icon = " gear" >
17          < li >
18              < a href = " #" >
19                  < img src = " img/album – bb. jpg" >
20                  < h2 >Broken Bells </h2 >
21              </a >
22              < a href = " #purchase"  data – rel = " popup"  data – position – to = " window"  > </a >
23          </li >
24          < li >
25              < a href = " #" >
26                  < img src = " img/album – hc. jpg" >
27                  < h2 >Warning </h2 >
28              </a >
29              < a href = " #purchase"  data – rel = " popup"  data – position – to = " window"  > </a >
30          </li >
31          < li >
32              < a href = " #" >
33                  < img src = " img/album – p. jpg" >
34                  < h2 >Wolfgang Amadeus Phoenix </h2 >
35              </a >
36              < a href = " #purchase"  data – rel = " popup"  data – position – to = " window"  > </a >
37          </li >
```

```
38      < li >
39              < a href = "#" >
40                      < img src = "img/album - ok. jpg" >
41                      < h3 > Of The Blue Colour Of The Sky </h3 >
42          </a >
43              < a href = "#purchase" data - rel = "popup" data - position - to = "window" > </a >
44      </li >
45      < li >
46              < a href = "#" >
47                      < img src = "img/album - ws. jpg" >
48                      < h3 > Elephant </h3 >
49          </a >
50              < a href = "#purchase" data - rel = "popup"  data - position - to = "window" > </a >
51      </li >
52      < li >
53          < a href = "#" >
54                      < img src = "img/album - rh. jpg" >
55                      < h3 > Kid A </h3 >
56      </a >
57          < a href = "#purchase"       data - rel = "popup" data - position - to = "window" > </a >
58      </li >
59      < li >
60          < a href = "#" >
61                      < img src = "img/album - xx. jpg" >
62                          < h3 > XX </h3 >
63                  </a >
64                  < a   href = "#purchase" data - rel = "popup" data - position - to = "window" > </a >
65                  </li >
66                  < li >
67                      < a href = "#" >
68                          < img src = "img/album - mg. jpg" >
69                          < h3 > Congratulations </h3 >
70                  </a >
71                      < a href = "#purchase"   data - rel = "popup" data - position - to = "window" > </a >
72                  </li >
73          </ul >
74          < div data - role = "popup" id = "purchase" class = "ui - content" >
75                  < h3 >购买 </h3 >
76                  < p >您确认购买此物品吗？ </p >
77                  < a href = "#" data - role = "button" >购买 $10. 99 </a >
78                  < a href = "#" data - role = "button" data - rel = "back" >取消 </a >
79          </div >
80  </div >
81  < div data - role = "footer" data - position = "fixed" data - theme = "a" >
82          < div data - role = "navbar" >
83                  < ul >
84                      < li > < a href = "#pageone" data - transition = "fade" >唱片 </a > </li >
85                      < li > < a href = "#pagetwo"   data - transition = "flip" >通信录 </a > </li >
86                      < li > < a href = "#pagethree" data - transition = "turn" >个人信息 </a > </li >
87                  </ul >
```

```
88                    </div>
89               </div>
90          </div>
91          < div data - role = " page"  id = " pagetwo" >
92             < div data - role = " header"  data - position = " fixed"  data - theme = " a" >
93                        < h1 > 通信录 </h1 >
94             </div >
95             < div data - role = " content" >
96                  < ul data - role = " listview"  data - filter = " true"  data - filter - placeholder = " Search friends..."  >
97                         < li data - role = " list - divider" > A </li >
98                         < li > < a href = " #" > Adam Kinkaid </a > </li >
99                         < li > < a href = " #" > Alex Wickerham </a > </li >
100                        < li > < a href = " #" > Avery Johnson </a > </li >
101                        < li data - role = " list - divider" > B </li >
102                        < li > < a href = " #" > Bob Cabot </a > </li >
103                        < li data - role = " list - divider" > C </li >
104                        < li > < a href = " #" > Caleb Booth </a > </li >
105                        < li > < a href = " #" > Christopher Adams </a > </li >
106                        < li > < a href = " #" > Culver James </a > </li >
107                        < li data - role = " list - divider" > D </li >
108                        < li > < a href = " #" > David Walsh </a > </li >
109                        < li > < a href = " #" > Drake Alfred </a > </li >
110                  </ul >
111            </div >
112            < div data - role = " footer"  data - position = " fixed"  data - theme = " a" >
113                   < div data - role = " navbar" >
114                        < ul >
115                          < li > < a href = " #pageone"  data - transition = " fade" >唱片 </a > </li >
116                          < li > < a href = " #pagetwo"  data - transition = " flip" >通信录 </a > </li >
117                          < li > < a href = " #pagethree"  data - transition = " turn" >个人信息 </a > </li >
118                        </ul >
119                   </div >
120            </div >
121       </div >
122       < div data - role = " page"  id = " pagethree" >
123            < div data - role = " header"  data - position = " fixed"  data - theme = " a" >
124                        < h1 >个人信息 </h1 >
125            </div >
126            < div data - role = " content" >
127                   < form action = " "  method = " post"  data - transition = " none" >
128                        < div data - role = " fieldcontain" >
129                             < label for = " name" >姓名: </label >
130                             < input type = " text"  name = " name"  id = " name"  value = " "  required/ >
131                        </div >
132                        < div data - role = " fieldcontain" >
133                             < label for = " email" >电子邮件: </label >
134                             < input type = " text"  name = " email"  id = " email"  value = " "  required >
135                        </div >
136                        < div data - role = " fieldcontain" >
137                             < label for = " comments" >个人简介: </label >
138                             < textarea      name = " comments"      id = " comments" > </textarea >
139                        </div >
```

```
140                < div data - role = "fieldcontain" >
141                    < label for = "contacted" > </label >
142                    < select name = "contacted"  id = "contacted"  data - role = "slider" >
143                        < option value = "no" > No </option >
144                        < option value = "yes" > Yes </option >
145                    </select >
146                </div >
147                < input type = "submit" value = "提交" data - theme = "a" / >
148            </form >
149        </div >
150        < div data - role = "footer"  data - position = "fixed"  data - theme = "a" >
151            < div data - role = "navbar" >
152                < ul >
153                    < li > < a href = "#pageone" data - transition = "fade" >唱片 </a > </li >
154                    < li > < a href = "#pagetwo" data - transition = "flip" >通信录 </a > </li >
155                    < li > < a href = "#pagethree" data - transition = "turn" >个人信息 </a > </li >
156                </ul >
157            </div >
158        </div >
159    </div >
160 </body >
161 </html >
```

下面讲解【例 8-29】中代码的实现过程。

- 第 3 ～ 9 行的 < head > 部分就是代码的编解码方式和 jQuery Mobile 库文件的引用，其中 jQuery 的 JS 文件一定要在 jQuery Mobile 的 JS 文件的上方。

- 第 11 ～ 90 行是第一个页面定义它的 id = "pageone" ，如图 8-43 和图 8-44 所示。在第 12 ～ 14 行用 data - role = "header" 来定义页面的页眉，用 data - position = "fixed" 将页眉固定在页面视图上。然后第 15 ～ 80 行就是页面视图的主要部分，使用 data - role = "listview" 定义一个列表视图，用 data - split - icon = "gear" 将箭头形的图标改成齿轮

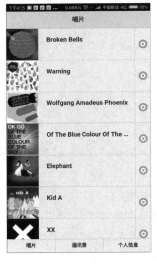

图 8-43　唱片页面

图 8-44　唱片购买

形以美观；在第 74 ～ 79 行就是单击齿轮跳出的弹窗。这里使用 class = " ui – content" 改变一下弹窗的外形，最后就是页脚了，页脚和页眉一样用 data – position 属性将其定位在页面上，用 data – theme 设定其主题。

- 第 91 ～ 121 行是第二个页面。这里定义 id = " pagetwo"，如图 8–45 所示，这是一个常见的通信录，第二个页面的页眉和页脚与第一个页面完全相同，所以这里主要说一下它的主体部分，它的主体就是一个通信录加入 data – filter = " ture"，给这个列表一个搜索框，便于查找联系人；data – filter – placeholder 可以更改搜索框内的默认文字。

- 最后的代码是第三个页面。定义了 id = " pagethree"，第三个页面的页眉与页脚与前两个页面完全相同，如图 8–46 所示，这里主要是一些个人信息。使用 form 标签来书写一个表单，使用 < form > 元素时必须有一个 method 和一个 action 属性，其中 method 属性是规定如何发送表单数据（表单数据发送到 action 属性所规定的页面），action 属性规定当提交表单时向何处发送表单数据。用 data – role = " fieldcontain" 来包装 label 和 input。采用 < select > 元素来实现切换开关。

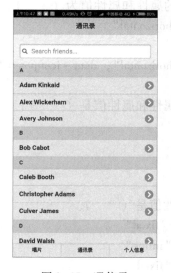
图 8-45　通信录

图 8-46　个人信息

本章小结

　　本章主要介绍了 jQuery Mobile 移动开发框架，首先介绍了本框架下载、安装、配置，第一个 Hello World 程序实现，本框架 UI 设计的主要组件、属性设置，并且做了具体示例进行说明和详细讲解；接下来介绍了本框架的组件动态响应事件，通过利用 Ajax 提交表单，并在表单页和结果页之间创建一个平滑的过渡效果，通过 form 表单定义 action 和 method 属性将表单提交到服务器的方式进行事件响应；最后通过一个具体案例说明如何应用 jQuery Mobile 框架进行移动应用的开发。

实践与练习

1. 选择题

1）使用 jQuery Mobile 时要引用的 3 个文件分别是（　　　）。

    A. jQuery 的 JS 文件，jQuery Mobile 的 CSS 和 JS 文件

    B. jQuery 的 CSS 和 JS 文件，jQuery Mobile 的 JS 文件

    C. jQuery 的 CSS 和 JS 文件，jQuery Mobile 的 CSS 文件

    D. jQuery 的 CSS，jQuery Mobile 的 JS 和 CSS 文件

2）在引用 jQuery 和 jQuery Mobile 的库文件时，正确的顺序是（　　　）。

    A. 先 jQuery Mobile.js，后 jQuery.js

    B. 先 jQuery Mobile.css，后 jQuery.js，最后 jQuery Mobile.js

    C. 先 jQuery Mobile.css，后 jQuery Mobile.js，最后 jQuery.js

    D. 以上全不对

3）要定义一个没有文字的横向分组列表，需要的属性和属性值为（　　　）。

    A. data－role＝"controlgroup"，data－type＝"horizontal"

    B. data－role＝"controlgroup"

    C. data－role＝"controlgroup"，data－type＝"horizontal"，data－iconpos＝"notext"

    D. 以上全不对

4）要定义一个带有搜索过滤器的列表，需要的属性和属性值是（　　　）。

    A. data－filter＝"true"

    B. data－role＝"listview"

    C. data－filter＝"flase"

    D. data－split－icon＝"gear"

5）在定义全屏模式工具栏时，需要的属性和属性值是（　　　）。

    A. data－fullscreen＝"flase" 和 data－position＝"fixed"

    B. data－fullscreen＝"true" 和 data－position＝"inline"

    C. data－fullscreen＝"true" 和 data－position＝"fixed"

    D. data－fullscreen＝"flase" 和 data－position＝"inline"

6）下面的事件中，敲击后保持一秒钟不动后触发的是（　　　）

    A. swipe 事件　　　　B. 隐藏/显示事件　　　　C. 滚动事件　　　　D. taphold 事件

7）下面代码中第几行有错误？（　　　）

```
1.  < div data － role ＝ "controlgroup" >
2.      < label for ＝ "select" > 请选择你的兴趣 </label >
3.          < select name ＝ "select" id ＝ "select" data － native － menu ＝ "true" >
4.              < input    label ＝ "娱乐类"/ >
5.                  < option value ＝ "电影" > 电影 </option >
6.                  < option value ＝ "音乐" > 音乐 </option >
7.              < input    label ＝ "文体类"/ >
8.                  < option value ＝ "体育" > 体育 </option >
9.                  < option value ＝ "旅游" > 旅游 </option >
```

```
10.                    </select>
11.    </div>
```

　　　A. 第 5，6 行　　　　　B. 第 8，9 行　　　　C. 第 3 行　　　　D. 第 4，7 行

2. 填空题

1）按正确的顺序填写使用 jQuery Mobile 时要引用的 3 个文件_____、_____、
_____。

2）在进行页面切换时，要使第二个页面以对话框的形式弹出，则在第一个页面的超链接中要添加_____属性。

3）在按钮的分组中，要使按钮以水平方向排列要使用_____属性，该属性的两个值分别是_____、_____。

4）要在列表上方添加一个列表搜索过滤器，要在该列表的 < ul > 中添加一句_____。

5）除了使用 data – rel 属性可以设置视图的后退功能外，还可以对视图 div 元素制定_____属性和_____属性来设置默认后退的功能。

6）jQuery Mobile 提示 loading 对话框的方法是供若干种为移动浏览定制的事件_____、
_____、_____、_____。

7）隐藏 loading 对话框的方法是_____。

3. 简答题

1）请写出 5 种不同的触摸事件，并写出它们的触发条件。

2）请写出 data – rel = back? 与 data – direction = ? reverse? 的区别。

3）为什么 < script > 标签中没有 type = "text/javascript" 属性？

4）请写出 inline、fixed 和 fullscreen 的区别。

实验指导

　　根据之前学习的 jQuery Mobile 知识进行简单的编程，灵活使用列表按钮和动态事件等知识。学会灵活地进行 jQuery Mobile 布局，本次实验比正文中的示例更有难度，但都是之前学习的知识点。

　　实验目的和要求

- 掌握 jQuery Mobile 并灵活使用。
- 学会灵活使用 jQuery Mobile 进行布局。
- 学会灵活使用按钮、列表和各种事件。

实验 1　基于 jQuery Mobile 的简单的记事本

　　记事本在日常生活中使用十分广泛，本次实验将利用所学知识制作一个基于 jQuery Mobile 的简单的记事本。

　　1. 任务描述

本次实验要求必须含有记事本的基本功能，如新建、返回等。

　　2. 任务要求

1）必须含有新建和返回按钮。

2）必须能新建记事本且能输入内容。

3）进入新建记事本后可以返回主页面。

3. 知识点提示

本任务主要用到以下知识点。

1）列表的简单应用。

2）利用超链接进行页面之间的切换。

3）按钮的建立、按钮位置的安放，以及对按钮外形的简单设置。

4. 操作步骤提示

1）打开 IDE 创建一个新的项目。

2）引用实验要使用的 JS 和 CSS 文件。

3）开始进行编程，尽量满足灵活布局的要求。

4）保存所编写的程序，并在真机上正确运行。

实验 2 基于 jQuery Mobile 的全键盘界面

现在许多人都喜欢看小说，因此出现了许多形形色色的小说阅读器。本次实验要求实现一个简单的小说阅读器。

1. 任务描述

编写程序实现简单的小说阅读器功能。

2. 任务要求

1）单击书名可以阅读。

2）进行阅读后可以返回主页面。

3）进行合理的布局，使页面整体更加美观。

📖 说明：如果是在 CPU 多核的主机上，多个线程是可以同时运行的。实际应用中的用户号一般是由系统自动生成的，以后大家可以尝试通过程序自动生成用户号。

---

3. 知识点提示

本任务主要用到以下知识点。

1）列表的简单应用。

2）利用超链接进行页面之间的切换。

3）按钮的建立、放置和外形的简单设置。

4. 操作步骤提示

实现方式不限，在此以控制台应用程序为例简单提示一下操作步骤。

1）打开 IDE 创建一个新的项目。

2）引用实验要使用的 JS 和 CSS 文件。

3）开始进行编程，尽量满足美观布局的要求。

4）保存所编写的程序，并在真机上正确运行。

第9章 HBuilder 开发工具

在本书的第 2 章中，介绍了 HBuilder 的下载安装及基本功能。本章主要介绍 HBuilder 的具体应用，以及如何使用 HBuilder 开发具体的项目。当然，要想熟练掌握本章内容，前面的基础知识是必不可少的。在 HBuilder 新发布的版本中，解决了 HBuilder 存在的问题，例如，代码提示设置 ALT + 数字选择不及时生效的问题；Windows 下窗口最大化后最小化再还原窗口时异常卡顿的问题等。及时发现问题，及时解决问题，这是版本升级的主要目的，当然，在功能方面也在不断创新。

9.1 移动开发工具概述

HBuilder 的设计目标是给成熟的程序员一个高效的开发平台。在提高开发效率方面，主要是通过追求无鼠标操作来实现的，不论是代码块的快捷设定，还是操作功能的快捷设定，都融入了效率第一的设计理念。"不为敲字母而花费时间，不为大小写拼错而调错半天，把精力花在思考上，想清楚后落笔如飞"，这是数字天堂设计 HBuilder 的总纲。为了支撑这个总纲，除了整体风格上的精细设计外，在功能设计上也突破了技术方面的多个难题，包括语法库、语法结构模型和 AST 语法分析引擎等。以下为常用功能简介。

1. 使用提示数字，快速输入

在编辑输入时，输入每个字符都会有联动提示，如果要输入的内容在联动提示面板中出现，这时选择相应的数字就可以完成对应的输入了。例如，在文本编辑过程中，想输入 < video > 标签，当输入 < v 时就会出现如图 9-1 所示的提示。

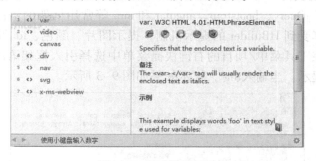

图 9-1　联动提示面板

这时输入数字 2，就会完成整个 < video > < /video > 标签的输入了。关于代码块的介绍，可以参考第 2 章的相关内容。

2. 全时提示

HBuilder 不仅提示全面的语法，非语法的各种候选输入也都能提示，包括图片、链接、颜色、字体、脚本、样式、URL、ID、class、自定义 JS 对象和方法等。例如，在输入 img src = 后激活代码助手，可以看到本工程所有图片列表；输入 < sc 可以看到本工程所有 js 列表；在 js 的 document. getElementById(id) 中提示本工程已经定义的 ID 列表；在 CSS 的 color：后可以列出本工程所有使用过的颜色。

3. 支持 Emmet

Emmet 是一个实现代码补完功能的插件，例如，在编辑 HTML 文档时，如果输入一个"！"号，然后按〈Tab〉键，就会出现相应的代码段，如图 9-2 所示。

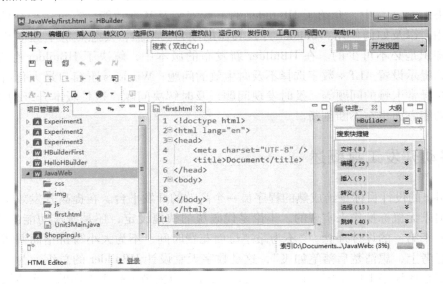

图 9-2　Emmet 代码补完

这样就完成了一整段代码的输入，如果输入 div#id1，按〈Tab〉键，系统将自动生成 < div id = "id1" > </div > 整个标签对，熟练使用 Emmet 插件的功能，对代码的快速输入很有帮助。关于 Emmet 的详细语法规则，可以查阅其官方网站 www. emmet. io。

4. 对框架语法的支持

HBuilder 内嵌了 jQuery、bootstrap、angular 和 mui 等常用框架的语法提示库，并且这些框架语法一样可以享受到 HBuilder 的提示机制，提示图片、颜色、id 和 class 等。如果要使用框架语法，需要在工具菜单/项目的右键快捷菜单中选择引入框架语法提示的子项，为该项目选择框架语法提示。当输入$时，提示效果如图 9-3 所示。

图 9-3　框架语法提示

除了上述功能外，HBuilder 还支持边看边改模式，就是一边写代码，一边看效果；支持 JSDoc。

9.2　实现第一个 Hello World 程序

在熟练掌握了 HBuilder 的功能后，现在可以创建项目了。在 HBuilder 系统中，可以创建的项目有移动 App 项目和 Web 项目，当然也可以创建目录和相应的文件。假设现在的演示项目如图 9-4 所示。

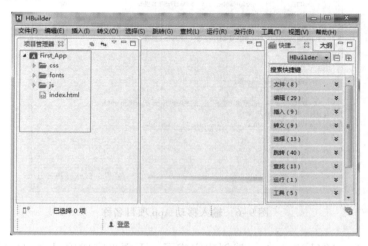

图 9-4　Hello World 演示项目

项目名称为 First_App，项目内有目录 css、fonts、js 和 HTML 文档 index.html。下面以此项目为模板，创建一个移动 App 项目。创建 Web 项目的过程与它类似。

启动 HBuilder，选择"文件"→"新建"→"移动 App"命令，如图 9-5 所示。

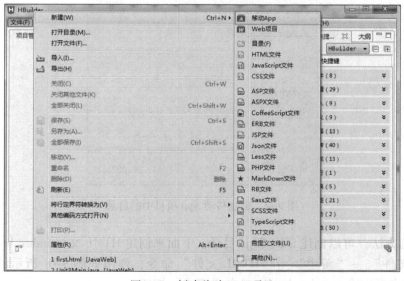

图 9-5　创建移动 App 项目

弹出如图 9-6 所示的对话框，在"应用名称"文本框中输入 First_App，单击"完成"按钮。

图 9-6　输入移动 App 项目名称

至此，移动 App 项目 First_App 就创建完成了。下面来完成项目内的相应目录及文件。

选择"文件"→"新建"→"目录"命令，弹出如图 9-7 所示的对话框，在"文件夹名"文本框中输入 css。

图 9-7　创建移动 App 项目中的目录

用同样的方法，可以创建 fonts 和 js 目录。下面来创建 HTML 文档 index. html。

选择"文件"→"新建"→"HTML 文件"命令，弹出如图 9-8 所示的对话框，在"文件名"文本框中输入 index. html，单击"完成"按钮。

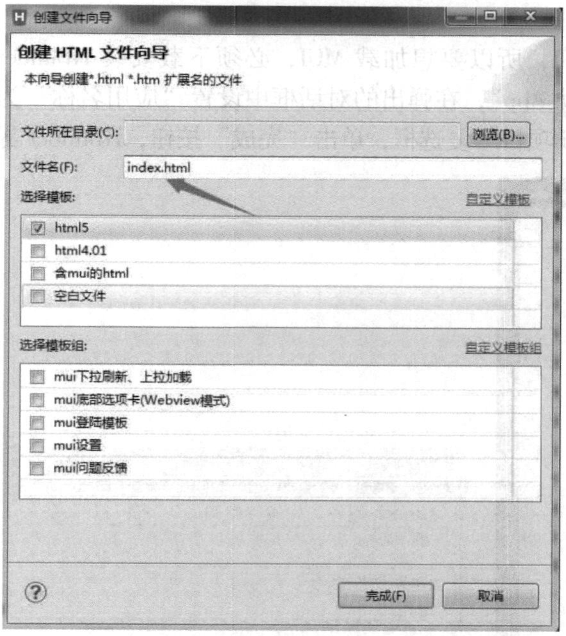

图 9-8 创建移动 App 项目中的 HTML 文档

系统会出现以下代码段。

```
<! DOCTYPE html >
< html >
    < head >
        < meta charset = " UTF - 8" >
        < title > </title >
    </head >
    < body >
    </body >
</html >
```

在 < body > 和 </body > 体内加入 < p > Hello World! </p > ，在浏览器上模拟运行 in-
dex. html 文档，"Hello World!" 就会出现在浏览器的模拟器上了。

9.3 MUI 框架实现

1. MUI 简介

DCloud 推出了开源的 MUI 框架（http://dcloudio. github. io/mui/），它是一个高性能的
手机端框架。它的定位是接近原生体验的移动 App 的 UI 框架。MUI 具有以下几个特点。

- 体积小，只有不到 100 KB。
- 直接使用 class 编写，性能远高于 data 方式。
- 通过代码块的编写方式降低了开发者编码的复杂度，在 HBuilder 中按〈M〉键，代码提
  示会列出所有控件，如 mList、mButton 等。
- MUI 的风格样式非常接近原生样式，如图 9-9 所示。

2. MUI 加载

HBuilder 集成了 MUI，所以要想加载 MUI，必须下载安装 HBuilder。启动 HBuilder，选择"文件"→"新建"→"移动 App"，在弹出的对话框中设置"应用名称"为 Mui_App，在"选择模板"选项组中选择"mui 项目"复选框，单击"完成"按钮，HBuilder 界面如图 9-10 所示。

图 9-9　MUI 的风格样式

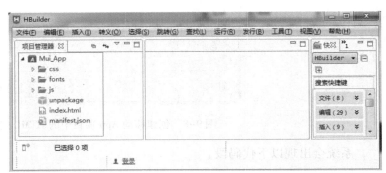

图 9-10　MUI 项目

在项目管理器中出现了相应的目录结构及文件，分别介绍如下。

- css 文件夹：存放样式表文件，它的内部有两个文件，mui. css 和 mui. min. css，这两个文件的内容是一样的，只是 mui. min. css 为压缩版，打包时用它。
- fonts 文件夹：存放相应的字体文件。
- js 文件夹：存放 JS 文件，它的内部也有两个文件，mui. js 和 mui. min. js，这两个文件的内容也是一样的，mui. min. js 为压缩版，也是打包时用的。
- unpackage：是一个开发调试用的包，在项目打包时不包含它。
- index. html：是框架的入口文件。
- manifest. jso：是项目配置文件。

打开 index. html 文件，代码如下。

```html
<! DOCTYPE html >
<html >
<head >
    <meta charset = "UTF - 8" >
    <meta name = "viewport" content = "width = device - width, initial - scale = 1, minimum - scale = 1, maximum - scale = 1, user - scalable = no" />
    <title > </title >
    <script src = "js/mui. min. js" > </script >
    <link href = "css/mui. min. css" rel = "stylesheet"/>
    <script type = "text/javascript" charset = "UTF - 8" >
```

284

```
                    mui. init( ) ;
              </script >
         </head >
         < body >
              Hello World!
         </body >
         </html >
```

meta 标签内容在前面章节中已经介绍过了，mui. init( )为 MUI 框架入口文件加载方法，正确执行它，MUI 框架就加载成功了。

9.3.1　主要的 UI 组件

1. 折叠面板（accordion）

可以在折叠面板中放置任何内容，折叠面板默认收缩，若希望某个面板默认展开，只需要在包含 . mui – collapse 类的 li 结点上增加 . mui – active 类即可，其效果如图 9 – 11 所示。

图 9-11　折叠面板效果

其代码结构如下。

```
< ul class = " mui – table – view" >
    < li class = " mui – table – view – cell mui – collapse" >
        < a class = " mui – navigate – right" href = "#" > 面板 1 </a >
            < div class = " mui – collapse – content" >
             < p > 面板 1 子内容 </p >
            </div >
    </li >
</ul >
```

2. 弹出菜单（popover）

MUI 框架内置了弹出菜单插件，弹出菜单的显示内容不限，但必须包裹在一个包含 . mui – popover 类的 div 中，其代码结构如下。

```
< div id = " popover" class = " mui – popover" >
    < ul class = " mui – table – view" >
    < li class = " mui – table – view – cell" > < a href = " #" > Item1 </a > </li >
    < li class = " mui – table – view – cell" > < a href = " #" > Item2 </a > </li >
    < li class = " mui – table – view – cell" > < a href = " #" > Item3 </a > </li >
    < li class = " mui – table – view – cell" > < a href = " #" > Item4 </a > </li >
    < li class = " mui – table – view – cell" > < a href = " #" > Item5 </a > </li >
    </ul >
</div >
```

要显示或隐藏菜单，MUI 推荐使用锚点方式，代码结构如下。

```
< a href = " #popover" id = " openPopover" class = " mui – btn mui – btn – primary mui – btn –
block" >
打开弹出菜单 </a >
```

单击定义的按钮，即可显示弹出菜单，再次单击弹出菜单之外的其他区域，即可关闭弹出菜单。

3. 操作表（actionsheet）

操作表一般从底部弹出，显示一系列可供用户选择的操作按钮。操作表是在弹出菜单控件基础上演变而来的，实际上就是一个固定从底部弹出的 popover，因此 DOM 结构和弹出菜单类似，只需在包含 . mui – popover 类的结点上增加 . mui – popover – bottom 和 . mui – popover – action 类即可。其代码结构如下。

```
< div id = " sheet1" class = " mui – popover mui – popover – bottom mui – popover – action " >
  <! – – 可选择菜单 – –>
  < ul class = " mui – table – view" >
    < li class = " mui – table – view – cell" >
      < a href = "#" >菜单 1 </a>
    </li>
    < li class = " mui – table – view – cell" >
      < a href = "#" >菜单 2 </a>
    </li>
  </ul>
  <! – – 取消菜单 – –>
  < ul class = " mui – table – view" >
    < li class = " mui – table – view – cell" >
      < a href = " #sheet1" > < b >取消 </b> </a>
    </li>
  </ul>
</div>
```

和弹出菜单一样，可以使用锚点方式进行显示和隐藏操作。

4. 按钮（buttons）

MUI 的默认按钮为灰色，另外还提供了蓝色（blue）、绿色（green）、黄色（yellow）、红色（red）和紫色（purple）5 种色系的按钮；5 种色系对应 5 种场景，分别为 primary、success、warning、danger 和 royal。使用 . mui – btn 类即可生成一个默认按钮，继续添加 . mui – btn – 颜色值或 . mui – btn – 场景可生成对应色系的按钮，例如，通过 . mui – btn – blue 或 . mui – btn – primary 均可生成蓝色按钮。其代码结构如下。

```
< button type = " button"  class = " mui – btn" >默认 </button>
< button type = " button"  class = " mui – btn mui – btn – primary" >蓝色 </button>
< button type = " button"  class = " mui – btn mui – btn – success" >绿色 </button>
< button type = " button"  class = " mui – btn mui – btn – warning" >黄色 </button>
< button type = " button"  class = " mui – btn mui – btn – danger" >红色 </button>
< button type = " button"  class = " mui – btn mui – btn – royal" >紫色 </button>
```

若希望创建无底色、有边框的按钮，仅需增加 . mui – btn – outlined 类即可。

5. 卡片视图（cardview）

卡片视图通常用于展现一段完整独立的信息，如一篇文章的预览图、作者信息和点赞数量等，使用 mui – card 类可生成一个卡片容器。卡片视图主要由页眉、内容区和页脚 3 部分组成，其代码结构如下。

```
< div class = " mui – card" >
  <! – –页眉,放置标题 –>
  < div class = " mui – card – header" >页眉 </div>
  <! – –内容区 –>
```

```
    < div class = "mui – card – content" > 内容区 </div >
    <! -- 页脚,放置补充信息或支持的操作 -->
    < div class = "mui – card – footer" > 页脚 </div >
 </div >
```

在卡片视图中, 页眉及内容区均支持放置图片, 如果在页眉放置图片的话, 需要在
. mui – card – header 结点上增加. mui – card – media 类, 然后设置一张图片作为背景图即可,
其代码结构如下。

```
< div class = "mui – card – header
mui – card – media" style = "height:40vw;background – image:url(. ./images/cbd. jpg)" > </div >
```

卡片视图效果如图 9-12 所示。

图 9-12　卡片视图效果

6. 轮播组件 (slide)

轮播组件是 MUI 提供的一个核心组件, 在该核心组件基础上衍生出了图片轮播、可拖
动式图文表格、可拖动式选项卡和左右滑动 9 宫格等组件, 这些组件有较多的共同点。首
先, Dom 构造基本相同, 其代码结构如下。

```
< div class = "mui – slider" >
 < div class = "mui – slider – group" >
   <! --第一个内容区容器 -->
   < div class = "mui – slider – item" >
     <! -- 具体内容 -->
   </div >
   <! --第二个内容区 -->
   < div class = "mui – slider – item" >
     <! -- 具体内容 -->
   </div >
 </div >
</div >
```

当拖动切换显示内容时, 会触发 slide 事件, 通过该事件的 detail. slideNumber 参数可以
获得当前显示项的索引 (第一项索引为 0, 第二项为 1, 以此类推)。利用该事件, 可在显
示内容切换时, 动态处理一些业务逻辑。

为了提高页面加载速度, 当页面加载时, 仅显示第一个选项卡的内容, 第二个和第三个
选项卡内容为空。当切换到第二个或第三个选项卡时, 再动态获取相应内容进行显示。JS

代码结构如下。

```
//子选项卡是否显示标志
var item2Show = false,item3Show = false;
//绑定监听函数
document. querySelector('. mui – slider'). addEventListener('slide', function(event) {
    if (event. detail. slideNumber = = = 1&&! item2Show) {
        //切换到第二个选项卡
        //根据具体业务,动态获得第二个选项卡的内容;
        var content = ....
        //显示内容
        document. getElementById("item2"). innerHTML = content;
        //改变标志位,下次直接显示
        item2Show = true;
    } else if (event. detail. slideNumber = = = 2&&! item3Show) {
        //切换到第三个选项卡
        //根据具体业务,动态获得第三个选项卡的内容;
        var content = ....
        //显示内容
        document. getElementById("item3"). innerHTML = content;
        //改变标志位,下次直接显示
        item3Show = true;
    }
});
```

图片轮播、可拖动式图文表格等均可按照同样的方式监听内容变化。

7. 图片轮播 (gallery)

图片轮播继承自 slide 插件,默认情况下不支持循环播放。DOM 结构如下。

```
< div class = "mui – slider" >
  < div class = "mui – slider – group" >
    < div class = "mui – slider – item" > < a href = "#" > < img src = "1. jpg" / > < /a > < /div >
    < div class = "mui – slider – item" > < a href = "#" > < img src = "2. jpg" / > < /a > < /div >
    < div class = "mui – slider – item" > < a href = "#" > < img src = "3. jpg" / > < /a > < /div >
    < div class = "mui – slider – item" > < a href = "#" > < img src = "4. jpg" / > < /a > < /div >
  < /div >
< /div >
```

假设当前图片轮播中有 1、2、3、4 共 4 张图片,从第 1 张图片起,向左滑动依次切换图片,当切换到第 4 张图片时,继续向左滑动,接下来会有两种效果。

● 支持循环:左滑,直接切换到第 1 张图片。

● 不支持循环:左滑,无反应,继续显示第 4 张图片;用户若要显示第 1 张图片,必须连续向右滑动切换到第 1 张图片。

同样当显示第 1 张图片时,继续右滑是否显示第 4 张图片,这个问题的实现需要通过. mui – slider – loop 类及 DOM 结点来控制。若要支持循环,则需要在. mui – slider – group 结点上增加. mui – slider – loop 类,同时需要重复增加 2 张图片,图片顺序变为:4、1、2、3、4、1,其代码结构如下。

```
< div class = "mui – slider" >
  < div class = "mui – slider – group mui – slider – loop" >
```

```
    <!--支持循环,需要重复图片结点-->
    <div class="mui-slider-item mui-slider-item-duplicate"><a href="#"><img src
="4.jpg"/></a></div>
    <div class="mui-slider-item"><a href="#"><img src="1.jpg"/></a></div>
    <div class="mui-slider-item"><a href="#"><img src="2.jpg"/></a></div>
    <div class="mui-slider-item"><a href="#"><img src="3.jpg"/></a></div>
    <div class="mui-slider-item"><a href="#"><img src="4.jpg"/></a></div>
    <!--支持循环,需要重复图片结点-->
    <div class="mui-slider-item mui-slider-item-duplicate"><a href="#"><img src
="1.jpg"/></a></div>
    </div>
</div>
```

MUI 框架内置了图片轮播插件,通过该插件封装了 JS 的 API,用户可以设定是否自动轮播及轮播周期,其代码结构如下。

```
//获得 slider 插件对象
var gallery = mui('.mui-slider');
gallery.slider({
    interval:5000                    //自动轮播周期,若为 0 则不自动播放,默认为 0
});
```

如果希望图片轮播但不要自动播放,而是用户手动滑动才能切换,只需将 interval 参数设为 0 即可。

8. 列表(list)

列表是一个常用的 UI 控件,MUI 封装的列表组件比较简单,只需在 ul 结点上添加 .mui-table-view 类、在 li 结点上添加 .mui-table-view-cell 类即可,其代码结构如下:

```
<ul class="mui-table-view">
    <li class="mui-table-view-cell">Item 1</li>
    <li class="mui-table-view-cell">Item 2</li>
    <li class="mui-table-view-cell">Item 3</li>
</ul>
```

在 UI 控件中还有其他内容,在需要时可以查看其官方文档,地址为 http://dev.dcloud.net.cn/mui/ui/。

9.3.2 窗口管理

1. init()方法

MUI 框架将很多功能配置都集中在 mui.init()方法中,要使用某项功能,只需在 mui.init()方法中完成对应参数配置即可。目前支持在 mui.init()方法中配置的功能包括创建子页面、关闭页面、手势事件配置、预加载、下拉刷新、上拉加载和设置系统状态栏背景颜色等。MUI 需要在页面加载时初始化很多基础控件,如监听返回键等。因此,一定要在每个页面中调用它。下面代码列出了所有可配置项。

```
mui.init({
//子页面
    subpages:[{
        //具体内容
```

```
          } ],
    //预加载
      preloadPages:[
          //具体内容
          ],
    //下拉刷新、上拉加载
      pullRefresh : {
          //具体内容
          },
    //手势配置
      gestureConfig: {
          //具体内容
          },
    //侧滑关闭
      swipeBack:true,                //Boolean(默认 false)启用右滑关闭功能
    //监听 Android 手机的 back、menu 按键
      keyEventBind: {
          backbutton: false,         //Boolean(默认 true)关闭 back 按键监听
          menubutton: false          //Boolean(默认 true)关闭 menu 按键监听
          },
    //处理窗口关闭前的业务
      beforeback: function( ) {
          //具体内容
          },
    //设置状态栏颜色
      statusBarBackground: '#9defbcg',    //设置状态栏颜色,仅 iOS 可用
      preloadLimit:5                 //预加载窗口数量限制
 })
```

2. 页面初始化

在 App 开发过程中,若要使用 HTML5 + 扩展中的 API,必须等 plusready 事件发生后才能正常使用,MUI 将该事件封装成了 mui. plusReady( )方法,涉及 HTML5 + 的 API 建议都写在 mui. plusReady 方法中。下面代码为打印当前页面 URL 的示例。

```
mui. plusReady( function( ) {
        console. log(" 当前页面 URL:" + plus. webview. currentWebview( ). getURL( ) );
 } );
```

3. 创建子页面

在项目开发过程中,经常遇到卡头卡尾的页面,此时若使用局部滚动,在 Android 手机上会出现滚动不流畅的问题。MUI 的解决思路是:将需要滚动的区域通过单独的 webview 实现,完全使用原生滚动。具体做法则是将目标页面分解为主页面和内容页面,主页面显示卡头卡尾区域,如顶部导航、底部选项卡等,内容页面显示具体需要滚动的内容,然后在主页面中调用 mui. init 方法初始化内容页面。其代码结构如下。

```
mui. init( {
      subpages:[ {
        url:your - subpage - url,   //子页面的 HTML 地址,支持本地地址和网络地址
        id:your - subpage - id,     //子页面标志
        styles: {
```

```
            top:subpage - top - position,            //子页面顶部位置
            bottom:subpage - bottom - position,      //子页面底部位置
            width:subpage - width,                   //子页面宽度,默认为100%
            height:subpage - height,                 //子页面高度,默认为100%
            …
        },
        extras:{ }                                   //额外扩展参数
    }]
});
```

其中,styles 表示窗口属性,height 和 width 两个属性的默认值均为100% 。

4. 预加载

所谓预加载技术,就是在用户尚未触发页面跳转时,提前创建目标页面,这样当用户跳转时就可以立即进行页面切换,以节省创建新页面的时间,提升 App 的使用体验。MUI 提供了两种方式实现页面预加载。一种是通过 mui. init( )方法中的 preloadPages 参数进行配置,其代码结构如下。

```
mui. init({
    preloadPages:[
        {
            url:prelaod - page - url,
            id:preload - page - id,
            styles:{ },                  //窗口参数
            extras:{ },                  //自定义扩展参数
            subpages:[{ },{ }]           //预加载页面的子页面
        }
    ],
    preloadLimit:5                       //预加载窗口数量限制(一旦超出,先进先出),默认不限制
});
```

这种方案使用简单、可预加载多个页面,但不会返回预加载每个页面的引用。若要获得对应 webview 的引用,还需要通过 plus. webview. getWebviewById 方式获得。另外,因为 mui. init 是异步执行,执行完 mui. init 方法后立即获得对应 webview 的引用,可能会失败。

另一种方法是通过 mui. preload( )方法实现,其代码结构如下。

```
var page = mui. preload({
    url:new - page - url,
    id:new - page - id,              //默认使用当前页面的 URL 作为 id
    styles:{ },                      //窗口参数
    extras:{ }                       //自定义扩展参数
});
```

通过 mui. preload( )方法预加载,可立即返回对应 webview 的引用,但一次仅能预加载一个页面,若需加载多个 webview,则需多次调用 mui. preload( )方法。

上面这两种方案各有优点,在使用时需根据具体业务场景灵活选择它们。

9.3.3 事件管理

1. 事件绑定

除了可以使用 addEventListener ( )方法监听某个特定元素上的事件外,也可以使

用. on( )方法实现批量元素的事件绑定。其代码结构如下。

```
. on( event,selector,handler);
```

其中各参数的含义如下。

- event：需要监听的事件名称，如 tap，它的类型为 String。
- selector：选择器，它的类型为 String。
- handler：事件触发时的回调函数，通过回调中的 event 参数可以获得事件详情。

例如单击新闻列表，获取当前列表项的 id，并将该 id 传给新闻详情页面，然后打开新闻详情页面，其代码结构如下。

```
mui(". mui – table – view"). on('tap','. mui – table – view – cell',function(){
    //获取 id
    var id = this. getAttribute("id");
    //传值给详情页面,通知加载新数据
    mui. fire(detail,'getDetail',{id:id});
    //打开新闻详情
    mui. openWindow({
        id:'detail',
        url:'detail. html'
    });
})
```

2. 事件取消

使用 on( )方法绑定事件后，若希望取消绑定，则可以使用 off( )方法。off( )方法根据传入参数的不同，有不同的实现逻辑。其代码结构如下。

```
. off( event,selector,handler);
```

其中各参数的含义如下。

- event：指需要取消绑定的事件名称，如 tap，它的类型为 String。如果省略，则代表所有事件。
- selector：指选择器，它的类型为 String。
- handler：指之前绑定到该元素上的事件函数，不支持匿名函数。

如果想取消对应选择器上特定事件所执行的特定回调函数，其代码结构如下。

```
//单击 li 时,执行 foo_1 函数
mui("#list"). on("tap","li",foo_1);
//单击 li 时,执行 foo_2 函数
mui("#list"). on("tap","li",foo_2);
function foo_1(){
    console. log("foo_1 execute");
}
function foo_2(){
    console. log("foo_2 execute");
}
//单击 li 时,不再执行 foo_1 函数,但会继续执行 foo_2 函数
mui("#list"). off("tap","li",foo_1);
```

3. 事件触发

使用 mui. trigger( )方法可以动态触发特定 DOM 元素上的事件。其代码结构如下。

```
trigger(element,event,data);
```

其中各参数的含义如下。

- element：指触发事件的 DOM 元素，其类型为 Element。
- event：指将触发的事件名称，如 tap、swipeleft 等，其类型为 String。
- data：指需要传递给事件的业务参数，其类型为 Object。

自动触发按钮的单击事件，其代码结构如下。

```
var btn = document. getElementById("submit");
//监听单击事件
btn. addEventListener("tap",function () {
    console. log("tap event trigger");
});
//触发 submit 按钮的单击事件
mui. trigger(btn,'tap');
```

4. 自定义事件

在 App 开发中，经常会遇到页面间传值的需求，如从新闻列表页进入详情页，需要将新闻 id 传递过去。HTML5 + 规范设计了 evalJS 方法来解决该问题，但是 evalJS 方法仅接收字符串参数，涉及多个参数时，需要开发人员手动拼字符串。为简化开发，MUI 框架在 evalJS 方法的基础上封装了自定义事件，通过自定义事件，用户可以轻松实现多 webview 间的数据传递。可以通过监听自定义事件和触发自定义事件来执行相应的代码。

添加自定义事件监听操作和标准 JS 事件监听类似，可直接通过 window 对象添加，其代码结构如下。

```
window. addEventListener('customEvent',function(event) {
    //通过 event. detail 可获得传递过来的参数内容
    …
});
```

通过 mui. fire( )方法可触发目标窗口的自定义事件，其代码结构如下。

```
. fire(target,event,data);
```

其中各参数的含义如下。

- target：指需要传值的目标 webview，其类型为 WebviewObject。
- event：指自定义事件名称，其类型为 String。
- data：指 json 格式的数据，其类型为 JSON。

5. AJAX

在 MUI 框架中，封装了基于 HTML5 + 的 XMLHttpRequest 对象，在此对象中有 AJAX 函数，支持 GET、POST 请求方式，支持返回 json、xml、html、text 和 script 数据类型。MUI 提供了 mui. ajax( )方法，其中最常用的方法有 mui. get( )、mui. getJSON( )和 mui. post( )。

mui. ajax( )方法的格式如下。

```
mui. ajax(url,settings);
```

其中各参数的含义如下。

- url：指请求发送的目标地址，其类型为 String，可省略。
- settings：指 key/value 模式的 json 对象，用来配置 AJAX 请求参数。
  settings 支持的详细参数如下。
- async：发送同步请求，类型为 Boolean。
- crossDomain：强制使用 HTML5 + 跨域，类型为 Boolean。
- data：发送到服务器的业务数据，类型为 String 或 PlainObject。
- dataType：预期服务器返回的数据类型，如果不指定，MUI 将自动根据 HTTP 包的 MIME 头信息自动判断，它支持的数据类型可选值有 xml、html、script、json 和 text。
- error：请求失败时触发的回调函数，该函数可接收的 3 个参数为 xhr（xhr 实例对象）、type（错误描述）和 errorThrown（可捕获的异常对象）。
- success：请求成功时触发的回调函数，该函数可以接收的 3 个参数为 data（服务器返回的响应数据，类型可以是 json、xml 和 String）、textStatus（状态描述，默认值为 success）和 xhr（xhr 实例对象）。
- type：请求方式，目前仅支持 GET 和 POST。

9.3.4　刷新加载

1. 下拉刷新

为实现下拉刷新功能，大多 HTML5 框架都是通过 DIV 模拟下拉回弹动画。在低端 Android 手机上，DIV 动画经常出现卡顿现象（特别是图文列表的情况），MUI 通过双 webview 解决了 DIV 的拖动流畅度问题。在拖动时，拖动的不是 DIV，而是一个完整的 webview（子 webview），回弹动画使用原生动画。在 iOS 平台，HTML5 的动画已经比较流畅，故依然使用它。两个平台实现虽有差异，但 MUI 经过封装，可使用一套代码实现下拉刷新。主页面内容比较简单，只需创建子页面即可，其代码结构如下。

```
mui. init( {
    subpages: [ {
        url:pullrefresh - subpage - url,        //下拉刷新内容页面地址
        id:pullrefresh - subpage - id,          //内容页面标志
        styles: {
            top:subpage - top - position,       //内容页面顶部位置,需根据实际页面布局计算,
                                                 //  若使用标准 MUI 导航,顶部默认为 48px
            …                                   //其他参数定义
        }
    } ]
} );
```

iOS 平台的下拉刷新使用的是 MUI 封装的区域滚动组件，为保证两个平台的 DOM 结构一致，内容页面需要统一按照下面的 DOM 结构构建，其代码结构如下。

```
<! -- 下拉刷新容器 -- >
< div id = " refreshContainer" class = " mui - content mui - scroll - wrApper" >
    < div class = " mui - scroll" >
```

```
        <!--数据列表-->
        <ul class = "mui-table-view mui-table-view-chevron">
        </ul>
    </div>
</div>
```

其次，通过 mui. init 方法中的 pullRefresh 参数配置下拉刷新的各项参数，其代码结构如下。

```
mui. init({
  pullRefresh:{
    container:"#refreshContainer",      //下拉刷新容器标识,querySelector 能定位的 CSS 选择器均
                                          可,如 id、.class 等
    down:{
      height:50,                        //可选,默认为 50,触发下拉刷新拖动距离
      auto:true,                        //可选,默认为 false,自动下拉刷新一次
      contentdown:"下拉可以刷新",       //可选,在下拉可刷新状态时,下拉刷新控件上显示的标题内容
      contentover:"释放立即刷新",       //可选,在释放可刷新状态时,下拉刷新控件上显示的标题内容
      contentrefresh:"正在刷新...",     //可选,正在刷新状态时,下拉刷新控件上显示的标题内容
      callback:pullfresh-function       //必选,刷新函数,根据具体业务来编写,如通过 AJAX 从服
                                          务器获取新数据;
    }
  }
});
```

在下拉刷新过程中，当获取新数据后，需要执行 endPulldownToRefresh( )方法，该方法的作用是关闭“正在刷新”的雪花进度提示，内容区域回滚到顶部位置，其代码结构如下。

```
function pullfresh-function() {
    //业务逻辑代码,如通过 AJAX 从服务器获取新数据
    ...
    //注意,加载完新数据后,必须执行如下代码,若为 AJAX 请求,则需将如下代码放置在处理
完 AJAX 响应数据之后
    mui('#refreshContainer'). pullRefresh( ). endPulldownToRefresh( );
}
```

2. 上拉加载

MUI 的上拉加载和下拉刷新类似，都属于 pullRefresh 插件，其使用过程如下。

- 页面滚动到底，显示“正在加载...”提示。
- 执行加载业务数据逻辑。
- 加载完毕，隐藏“正在加载”提示。

上拉加载初始化方法类似下拉刷新，可通过 mui. init 方法中的 pullRefresh 参数配置上拉加载的各项参数，其代码结构如下。

```
mui. init({
  pullRefresh:{
    container:refreshContainer,         //待刷新区域标识,querySelector 能定位的 CSS 选择器均
                                          可,如 id、.class 等
    up:{
      height:50,                        //可选,默认为 50,触发上拉加载拖动距离
      auto:true,                        //可选,默认为 false,自动上拉加载一次
      contentrefresh:"正在加载...",     //可选,正在加载状态时,上拉加载控件上显示的标题内容
```

```
            contentnomore:'没有更多数据了',    //可选,请求完毕若没有更多数据时显示的提醒内容
            callback;pullfresh – function        //必选,刷新函数,根据具体业务来编写,如通过 AJAX
                                                 从服务器获取新数据
        }
    }
});
```

加载完新数据后，需要执行 endPullupToRefresh( )方法，结束雪花进度条的"正在加载…"过程，其代码结构如下。

```
function pullfresh – function( ) {
    //业务逻辑代码,比如通过 AJAX 从服务器获取新数据
    …
    //注意:
    //1. 加载完新数据后,必须执行如下代码,true 表示没有更多数据了
    //2. 若为 AJAX 请求,则需将如下代码放置在处理完 AJAX 响应数据之后
    this. endPullupToRefresh( true|false) ;
}
```

9.4 设计自己的 HBuild 程序

根据前面所学的知识，设计一个自己的 App。App 开发制作有两种模式，一种是 App 定制开发，另一种是模板 App 制作。App 定制开发就是根据客户的功能需求而独立开发，只要是客户想要实现的功能模块，都是可以开发的，完成一整套的串联功能，形成一个完整的源生 App，开发周期比较长。而模板 App 制作就是固定的功能，是一个模型，不是源生 App，其内部的逻辑关系是不能修改的，但是可以删减页面和功能。两种模式有较大差别，所以开发制作的流程完全不一样。定制开发所用的时间长，成本高。模板开发所用的时间短，成本低。下面按照定制开发的流程设计一个自己的 App。这个 App 的名称为"沈阳快游"，主要用于为外地来沈阳旅游的人们服务，使他们快速了解景点，提示即时信息，设计自己的旅游线路。

9.4.1 需求分析

要设计一个软件，涉及人力、财力和物力成本，那么这个软件设计完成后，它是否能够给客户带来很好的收益，这个过程要经过详细的、科学的分析，需求分析报告就是用来解决这个问题的。需求分析是软件开发的第一个计划，有一个合理的、可行的需求分析报告，软件设计才会有一个良好的开端。下面就为"沈阳快游"设计一个需求分析报告。

1. 产品状况

现如今，旅游是人们休闲娱乐的主要方式，各个城市都在大力开发自己的旅游资源。沈阳作为辽宁省的省会城市及所处东北地区核心位置，必然是一个旅游热点城市，沈阳拥有丰富的旅游资源，如何能够快速地向游客介绍这些旅游资源，让游客根据自己的实际情况选择相应的景点和线路，是摆在相关部门面前的一个必答题。根据现在智能手机的普及率和相关技术的成熟度，设计一款相应功能的 App，是一个不错的选择。

2. 产品功能

- 热门景点介绍。
- 酒店介绍。
- 商场介绍。
- 美食介绍。
- 所有景点介绍。

9.4.2 App 设计

1. 首页设计

首页面效果如图 9-13 所示。

首页面的文件名为 index. html, 其代码如下。

图 9-13 首页设计效果

```
< !DOCTYPE html >
< html >
< head >
    < meta charset = " UTF - 8" >
    < meta name = " viewport" content = " width = device - width, initial - scale = 1,
        minimum - scale = 1, maximum - scale = 1, user - scalable = no"/ >
    < script src = " js/mui. min. js" > </script >
    < link href = " css/mui. min. css" rel = " stylesheet"/ >
    < script type = " text/javascript" charset = " UTF - 8" >
            mui. init( ) ;
    </script >
    < ! -- 图文表格样式 -- >
    < style >
        h5 {
                padding - top:8px;
                padding - bottom:8px;
                text - indent:12px;
        }
. mui - table - view. mui - grid - view . mui - table - view - cell . mui - media - body {
                font - size:15px;
                margin - top:8px;
                color:#333;
        }
    </style >
</head >
< body >
    < ! -- 头部说明: -- >
    < header class = " mui - bar mui - bar - nav" >
        < a class = " mui - action - back mui - icon mui - icon - left - nav mui - pull - left" > </a >
        < h1 class = " mui - title" >沈阳快游 </h1 >
    </header >
    < div class = " mui - content" >
```

```html
<!--图片轮播-->
<div id="slider" class="mui-slider">
    <div class="mui-slider-group mui-slider-loop">
        <!--循环轮播:第一个结点是最后一张轮播-->
        <div class="mui-slider-item mui-slider-item-duplicate">
            <a href="tab-webview-main.html"><img src="images/shenyang4.jpg"></a>
        </div>
        <!--第一张图片-->
        <div class="mui-slider-item">
            <a href="tab-webview-main.html"><img src="images/shenyang1.jpg"></a>
        </div>
        <!--第二张图片-->
        <div class="mui-slider-item">
            <a href="tab-webview-main.html"><img src="images/shenyang2.jpg"></a>
        </div>
        <!--第三张图片-->
        <div class="mui-slider-item">
            <a href="tab-webview-main.html"><img src="images/shenyang3.jpg"></a>
        </div>
        <!--第四张图片-->
        <div class="mui-slider-item">
            <a href="tab-webview-main.html"><img src="images/shenyang4.jpg"></a>
        </div>
        <!--循环轮播:最后一个结点是第一张轮播图片-->
        <div class="mui-slider-item mui-slider-item-duplicate">
            <a href="tab-webview-main.html"><img src="images/shenyang1.jpg"></a>
        </div>
    </div>
    <!--跟随图片的位置显示点-->
    <div class="mui-slider-indicator">
        <div class="mui-indicator mui-active"></div>
        <div class="mui-indicator"></div>
        <div class="mui-indicator"></div>
        <div class="mui-indicator"></div>
    </div>
</div>
<!--图文表格-->
<div class="mui-content" style="background-color:#fff">
    <h5 style="background-color:#efeff4">沈阳美景</h5>
    <ul class="mui-table-view mui-grid-view">
        <li class="mui-table-view-cell mui-media mui-col-xs-6">
            <a href="tab-webview-main.html">
                <img class="mui-media-object" src="images/shenyang5.jpg">
                <div class="mui-media-body">最美北塔</div></a></li>
        <li class="mui-table-view-cell mui-media mui-col-xs-6">
            <a href="tab-webview-main.html">
```

```
                                    < img class = " mui – media – object" src = " images/shenyang6. jpg" >
                                    < div class = " mui – media – body" > 沈阳老城就是美 </div > </a >
            </li >
                        < li class = " mui – table – view – cell mui – media mui – col – xs –6" >
                            < a href = " tab – webview – main. html" >
                                < img class = " mui – media – object" src = " images/shenyang7. jpg" >
                                    < div class = " mui – media – body" > 好美的冲浪 – 方特 </div > </a >
            </li >
                        < li class = " mui – table – view – cell mui – media mui – col – xs –6" >
                            < a href = " tab – webview – main. html" >
                                    < img class = " mui – media – object" src = " images/shenyang8. jpg" >
                                    < div class = " mui – media – body" > 发现王国 – 好好好! </div > </a >
            </li >
                        </ul >
                    </div >
                </div >
            </body >
            </html >
```

在图片轮播区域共有 4 张图片，放在项目文件夹 images 中。在轮播时，选择首尾循环轮播，在图片下方添加了显示轮播图片位置的对应显示点。在轮播区域下面用图文表格样式显示更多图片信息。在首页中，每个图片都加了一个链接，指向了本 App 的主页面。

2. 主页面设计

主页面采用 UI 中的底部选项卡（tab bar – webview）页面，文件名为 tab – webview – main. html，界面效果如图 9–14 所示。

图 9–14　主页面设计效果

整个主页面由一个主结构文件和 4 个子文件构成，下面分别介绍这 5 个文件。主结构文件的名称为 tab – webview – main. html，其代码结构如下。

```html
<!DOCTYPE html>
<html>
    <head>
        <meta charset="UTF-8">
        <title>Hello MUI</title>
        <meta name="viewport"
content="width=device-width,initial-scale=1,maximum-scale=1,user-scalable=no">
        <meta name="Apple-mobile-web-App-capable" content="yes">
        <meta name="Apple-mobile-web-App-status-bar-style" content="black">
        <link rel="stylesheet" href="css/mui.min.css">
        <style>
            html,      body {
                    background-color:#efeff4;
            }
        </style>
    </head>
    <body>
        <header class="mui-bar mui-bar-nav">
            <h1 id="title" class="mui-title">主页</h1>
        </header>
        <nav class="mui-bar mui-bar-tab">
            //底部选项卡开始
            <a id="defaultTab" class="mui-tab-item
            mui-active" href="tab-webview-subpage-about.html">
                <span class="mui-icon mui-icon-image"></span>
                <span class="mui-tab-label">说明</span>
            </a>
            <a class="mui-tab-item" href="tab-webview-subpage-chat.html">
                <span class="mui-icon mui-icon-weixin"></span>
                <span class="mui-tab-label">景点</span>
            </a>
            <a class="mui-tab-item" href="tab-webview-subpage-contact.html">
                <span class="mui-icon mui-icon-spinner mui-spin"></span>
                <span class="mui-tab-label">酒店</span>
            </a>
            <a class="mui-tab-item" href="tab-webview-subpage-setting.html">
                <span class="mui-icon mui-icon-flag"></span>
                <span class="mui-tab-label">购物</span>
            </a>
        </nav>
        <script src="js/mui.min.js"></script>
        <script type="text/javascript" charset="UTF-8">
            //mui初始化
            mui.init();
            var subpages = ['tab-webview-subpage-about.html','tab-webview-subpage-
chat.html','tab-webview-subpage-contact.html','tab-webview-subpage-setting.html'];
            var subpage_style = {
                top:'45px',
                bottom:'51px'
            };
            var aniShow = {};
```

```
                //创建子页面,首个选项卡页面显示,其他均隐藏
    mui. plusReady( function( ) {
        var self = plus. webview. currentWebview( ) ;
        for ( var i = 0;i < 4;i + + ) {
            var temp = {};
            var sub = plus. webview. create( subpages[ i] ,subpages[ i] ,subpage_style) ;
            if ( i > 0) {
                sub. hide( ) ;
            }else{
                temp[ subpages[ i] ] = "true" ;
                mui. extend( aniShow,temp) ;
            }
            self. Append( sub) ;
        }
    }) ;
    //当前激活选项
    var activeTab = subpages[ 0] ;
    var title = document. getElementById( "title" ) ;
    //选项卡单击事件
    mui( '. mui – bar – tab' ). on( 'tap' ,'a' ,function( e) {
        var targetTab = this. getAttribute( 'href' ) ;
        if ( targetTab = = activeTab) {
            return;
        }
        //更换标题
        title. innerHTML = this. querySelector( '. mui – tab – label' ). innerHTML;
        //显示目标选项卡
        //若为 iOS 平台或非首次显示,则直接显示
        if( mui. os. ios| | aniShow[ targetTab] ) {
            plus. webview. show( targetTab) ;
        }else{
            //否则,使用 fade – in 动画,且保存变量
            var temp = {};
            temp[ targetTab] = "true" ;
            mui. extend( aniShow,temp) ;
            plus. webview. show( targetTab,"fade – in" ,300) ;
        }
        //隐藏当前
        plus. webview. hide( activeTab) ;
        //更改当前活跃的选项卡
        activeTab = targetTab;
    }) ;
    //自定义事件,模拟单击"首页选项卡"
    document. addEventListener( 'gohome' ,function( ) {
        var defaultTab = document. getElementById( "defaultTab" ) ;
        //模拟首页单击
        mui. trigger( defaultTab,'tap' ) ;
        //切换选项卡高亮
        var current = document. querySelector( ". mui – bar – tab > . mui – tab – item. mui –
active" ) ;
        if ( defaultTab ! = = current) {
```

```
                current. classList. remove('mui – active');
                defaultTab. classList. add('mui – active');
            }
        });
    </script>
    </body>
</html>
```

在选项卡的主结构文件中，主要完成了选项卡网页的布局、选项卡子页面的链接和选项卡的切换。在文件代码中做了清晰的注释。

3. 子页面设计

在选项卡主页面中有 4 个子页面，分别是 tab – webview – subpage – about. html、tab – webview – subpage – chat. html、tab – webview – subpage – contact. html 和 tab – webview – subpage – setting. html。下面分别介绍这 4 个文件。

1）文件 tab – webview – subpage – about. html，其代码结构如下。

```
< !DOCTYPE html >
< html >
    < head >
        < meta charset = "UTF – 8" >
        < title > Hello MUI </title >
        < meta name = "viewport" content = "width = device – width, initial – scale = 1,
        maximum – scale = 1, user – scalable = no" >
        < meta name = "Apple – mobile – web – App – capable" content = "yes" >
        < meta name = "Apple – mobile – web – App – status – bar – style" content = "black" >
        < link rel = "stylesheet" href = "css/mui. min. css" >
        < style >
            html, body {
                background – color:#efeff4;
            }
            . title {
                margin:20px 15px 10px;
                color:#6d6d72;
                font – size:15px;
            }
        </style >
    </head >
    < body >
        < div class = "mui – content" >
            < div class = "title" >
                < p >沈阳快游 APP 上线了!!! </p >
                < p >沈阳快游是专为周边地区的游客到沈阳短期旅游而准备的,这些游客一
般都是时间比较紧,有限的时间内,想多走一些景点,对时间效率有很高要求的,沈阳快游的特点
就是便捷。</p >
                < p >在沈阳快游中,有好多商家及景点的信息,这些信息都是准确的,对游客
是负责任的。</p >
            </div >
        </div >
```

302

```
        </body >
        < script src = " js/mui. min. js" > </script >
    </html >
```

这个页面的主要功能是介绍"沈阳快游"App 的设计理念和主要功能。具体内容以文字说明为主。

2）文件 tab – webview – subpage – chat. html，显示效果如图 9–15 所示。

图 9–15　景点子页面效果

其代码结构如下。

```
< !DOCTYPE html >
< html >
    < head >
        < meta charset = " UTF – 8" >
        < title > Hello MUI </title >
        < meta name = " viewport" content = " width = device – width, initial – scale = 1,
    maximum – scale = 1, user – scalable = no" >
        < meta name = " Apple – mobile – web – App – capable" content = " yes" >
        < meta name = " Apple – mobile – web – App – status – bar – style" content = " black" >
        < link  rel = " stylesheet" href = " css/mui. min. css" >
        < style >
            html, body {
                background – color: #efeff4;
            }
```

```
                    . title {
                        padding:20px 15px 10px;
                        color:#6d6d72;
                        font - size:15px;
                        background - color:#fff;
                    }
                </style >
            </head >
            <body >
                < div id = "pullrefresh" class = "mui - content mui - scroll - wrApper" >
                    < div class = "mui - scroll" >
                        < ul class = "mui - table - view mui - table - view - chevron" >
                            < li class = "mui - table - view - cell" >
                                < img class = "mui - media - object mui - pull - left" src = "images/
                                shenyang10. jpg" >
                                < div class = "mui - media - body" >
                                    沈阳浑河
                                    < p class ='mui - ellipsis' >电话:13900000000   公交:315 路,
                                    317 路 </p >
                                </div >
                            </li >
                            //此处省略 18 条 li 子项内容
                            < li class = "mui - table - view - cell" >
                                < img class = "mui - media - object mui - pull - left" src = "images/
shenyang10. jpg" >
                                < div class = "mui - media - body" >沈阳浑河 < p class ='mui - ellip-
sis' >电话:13900000000   公交:315 路,317 路 </p > </div >
                            </li >
                        </ul >
                    </div >
                </div >
                < script src = "js/mui. min. js" > </script >
                < script >
                    //列表加载
                    mui. init({
                        swipeBack:false,
                        pullRefresh:{
                            container:'#pullrefresh',
                            down:{
                                callback:pulldownRefresh
                            },
                            up:{
                                contentrefresh:'正在加载...',
                                callback:pullupRefresh
                            }
                        }
                    });
                    //下拉刷新功能函数
                    function pulldownRefresh() {
                        setTimeout(function() {
                            var table = document. body. querySelector('. mui - table - view');
```

304

```
                    var cells = document. body. querySelectorAll('. mui – table – view – cell');
                    for (var i = cells. length, len = i + 3 ; i < len ; i ++ ) {
                        var li = document. createElement('li');
                        li. className ='mui – table – view – cell';
                        li. innerHTML ='< img class = "mui – media – object mui – pull – left"
        src = " images/shenyang10. jpg" >' +'< div class = "mui – media – body" >沈阳浑河 < p class = "mui
        – ellipsis" >电话:13900000000   公交:315 路,317 路 </p > </div >';
                            //下拉刷新,新记录插到最前面;
                            table. insertBefore(li, table. firstChild);
                        }
                        mui('#pullrefresh'). pullRefresh(). endPulldownToRefresh();//refresh completed
                    },1000);
                }
                var count = 0;
                //上拉加载功能函数
                function pullupRefresh() {
                    setTimeout(function() {
                        mui('#pullrefresh'). pullRefresh(). endPullupToRefresh(( ++ count > 2));
                        //参数为 true 代表没有更多数据了
                        var table = document. body. querySelector('. mui – table – view');
                        var cells = document. body. querySelectorAll('. mui – table – view – cell');
                        for (var i = cells. length, len = i + 20 ; i < len ; i ++ ) {
                            var li = document. createElement('li');
                            li. className ='mui – table – view – cell';
                            li. innerHTML ='< img class = "mui – media – object mui – pull – left" src =
                            " images/shenyang10. jpg" >' +'< div class = "mui – media – body" >沈
        阳浑河
                            <p class = "mui – ellipsis" >电话:13900000000   公交:315 路,317 路
                            </p > </div >';
                            table. AppendChild(li);
                        }
                    },1000);
                }
            </script >
        </body >
    </html >
```

在这个文件中,主体结构采用了图文列表(media list)样式,文件中有 20 条记录,在 JS 文件中,写入了列表加载功能、下拉刷新功能和上拉加载功能。当然,在列表区域也可以换成其他内容。

3)文件 tab – webview – subpage – contact. html 和 tab – webview – subpage – setting. html, 这两个文件内容类似,在这里以 tab – webview – subpage – contact. html 为代表进行介绍,显示效果如图 9–16 所示。

其代码结构如下。

图 9-16 酒店子页面效果

```html
< !DOCTYPE html >
< html >
    < head >
        < meta charset = "UTF - 8" >
        < title > Hello MUI < /title >
        < meta name = "viewport" content = "width = device - width , initial - scale = 1 ,
maximum - scale = 1 , user - scalable = no" >
        < meta name = "Apple - mobile - web - App - capable" content = "yes" >
        < meta name = "Apple - mobile - web - App - status - bar - style" content = "black" >
        < link rel = "stylesheet" href = "css/mui. min. css" >
        < style >
            html , body {
                background - color:#efeff4 ;
            }
            . title {
                margin:20px 15px 10px ;
                color:#6d6d72 ;
                font - size:15px ;
            }
            . oa - contact - cell. mui - table . mui - table - cell {
                padding:11px 0 ;
                vertical - align:middle ;
            }
            . oa - contact - cell {
                position:relative ;
                margin: - 11px 0 ;
            }
            . oa - contact - avatar {
                width:75px ;
            }
            . oa - contact - avatar img {
                border - radius:50% ;
            }
            . oa - contact - content {
```

```
                    width:100%;
            }
            .oa - contact - name {
                    margin - right:20px;
            }
            .oa - contact - name,oa - contact - position {
                    float:left;
            }
        </style>
    </head>
    <body>
        <div class = "mui - content">
            <div class = "title">
                在酒店信息中注明了星级、地址和电话,按照信息联系就可以了。
            </div>
            <ul class = "mui - table - view mui - table - view - striped mui - table - view - con-
densed">
                <li class = "mui - table - view - cell">
                    <div class = "mui - slider - cell">
                        <div class = "oa - contact - cell mui - table">
                            <div class = "oa - contact - avatar mui - table - cell">
                                <img class = "mui - media - object mui - pull - left" src = "
                                images/jiudian. jpg" />
                            </div>
                            <div class = "oa - contact - content mui - table - cell">
                                <div class = "mui - clearfix">
                                    <h4 class = "oa - contact - name"> 沈阳万鑫 </h4>
                                    <span class = "oa - contact - position mui - h6"> 五星级
                                    </span>
                                </div>
                                <p class = "oa - contact - email mui - h6">
                                    地址:和平南大街 67 号        电话:13900000000
                                </p>
                            </div>
                        </div>
                    </div>
                </li>
                //此处省略了 5 条 li 内容
            </ul>
        </div>
    </body>
    <script src = "../js/mui. min. js"> </script>
</html>
```

在这个文件中，主要以列表的样式为主要内容，当然，在相应区域内也可以换成其他内容。

9.5 案例：使用 AJAX 实现 App 与服务器之间的交互

App 端（客户端）与服务器端的交互主要是通过客户端向服务器端发出请求，服务器端进行数据运算后返回最终结果，结果可以是多种格式的数据，如 text 文本格式、xml 格式和 json 格式等。在这里以 json 格式为例实现数据交互，客户端文件内容如下。

```html
<!doctype html>
<html>
    <head>
        <meta charset = "UTF-8">
        <title></title>
        <meta name = "viewport" content = "width = device-width,initial-scale = 1,
minimum-scale = 1,maximum-scale = 1,user-scalable = no"/>
        <link href = "css/mui.min.css" rel = "stylesheet"/>
    </head>
    <body>
        <div class = "content">
            <button type = "button" id = "btn1">获取服务器端数据</button>
        </div>
        <script src = "js/mui.min.js"></script>
        <script type = "text/javascript">
            mui.init();
            //页面初始化判定
            mui.plusReady(function(){
                //绑定按钮事件
                document.getElementById('btn1').addEventListener('tap',function(){
                    //连接远程服务器端
                    mui.ajax({
                        url:'http://www.synu.edu.cn/index.php',
                        type:'GET',
                        success:function(data){
                            mui.toast(data);
                        },
                        error:function(xhr,type,errorThrown){
                            mui.toast(type);
                        }
                    });
                });
            });
        </script>
    </body>
</html>
```

当单击按钮时，客户端会向服务器端发送一个请求，这时服务器端接收到数据，处理后返回给客户端。在这里，服务端的处理语言是 PHP，当然，也可以用其他语言架设服务器。

本章小结

本章主要介绍了 HBuilder 移动开发工具，在掌握第 2 章知识的基础上，以实例来体现 HBuilder 的具体功能。本章还介绍了 MUI 框架的功能，通过使用 MUI 框架来设计 App，在设计过程中，详细介绍了 MUI 框架中各个组件的功能，实现了组件在 App 中的应用。通过调试、运行 App，进一步掌握 MUI 框架的功能。

实践与练习

1. 填空题

1）HBuilder 的设计理念是_____。

2）Emmet 的功能是_____。

3）HBuilder 内嵌了_____、_____、_____和_____
_____等常用的框架语法提示库。

4）在 HBuilder 平台上新建移动 App，可选择的模板有_____、
_____、_____、_____和_____。

5）MUI 框架的入口方法是_____。

2. 选择题

1）HBuilder 是一款_____软件。

 A. 解释程序 B. 编译程序 C. 压缩程序 D. 开发程序（IDE）

2）HBuilder 是_____公司的产品。

 A. 微软   B. 谷歌   C. 苹果   D. 数字天堂

3）在折叠面板组件中，li 标签内的 class 的值可以是_____。

 A. mui – table – view – cell mui – collapse

 B. mui – btn mui – btn – primary

 C. mui – card – header

 D. mui – navigate – right

4）通过代码块的编写方式，可以降低开发者编码的复杂度。在 HBuilder 中，输入_____
_____字母，系统会提示所有 UI 组件。

 A. k   B. z   C. m   D. a

5）在 MUI 框架上，选项卡组件里默认的 webview 模式中共有_____个选
项卡。

 A. 3   B. 4   C. 5   D. 6

3. 简答题

1）写出折叠面板的 DOM 结构？

2）写出事件绑定方法 . on( ) 中各个参数的意义？

3）举例说明 AJAX 的用法。

实验指导

通过对 HBuilder 开发工具的学习及 MUI 框架的应用，可以开发定制 App。在开发过程中，先要确定需求分析，组合选择 MUI 的相应组件，编写对应的源生 JS 程序，然后认真调试，这样就可以完成自己的 App 了。

实验目的和要求

● 掌握 HBuilder 的下载安装方法。

- 熟悉 HBuilder 的特性。
- 掌握 MUI 和使用方法。
- 掌握设计开发定制 App 的流程。

实验 1　掌握 MUI 框架的实现及其相应组件的功能

MUI 的特点是体积小，轻量级，只为移动 App 而存在，界面风格源生化。为了提高性能和用户体验，MUI 不建议使用类似 jQuery 这样的框架，因为手机上只有 webkit 浏览器，根本就不需要 jQuery 这种封装框架来操作 DOM。HBuilder 提供了代码块来简化开发，输入 dg、dq，直接生成 document. getElementById（" "）、document. querySelectorAll（" "），十分方便，而且执行效率高，没有浏览器兼容的问题。

题目 1　熟悉 MUI 的加载实现

1. 任务描述

在 HBuilder 平台下，创建一个移动 App 新项目。在创建过程中加载 MUI 框架，当然也可以手动加载，在框架加载完成后，利用 MUI 的组件功能创建一个简单的 App。

2. 任务要求

1）创建一个移动项目，在创建过程中选择相应的模板。

2）完成相应布局，加载相应组件。

3）在手机上完成调试。

3. 知识点提示

本任务主要用到以下知识点。

1）MUI 的加载流程及其入口方法的使用。

2）相应组件的布局。

3）在手机上调试的方法。

4. 操作步骤提示

实现方式不限，在此以一个简单的 App 的创建和运行为例简单提示一下操作步骤。

1）创建一个移动 App，并选择 MUI 模板。

2）加载几个简单组件，打开 HBuilder 的"边改边看模式"，实时掌握界面效果。

3）用手机进行测试。

题目 2　熟悉 MUI 组件功能及实现方法

1. 任务描述

在 MUI 中，提供了丰富的 UI 组件，各个组件功能不同，代码各异，各个组件是最终构成 App 的基本单位，所以必须熟练掌握它们，对组件的固有样式可以完成相应的调整。

2. 任务要求

1）熟练演示 MUI 的各个组件，掌握其性能特点。

2）把组件放到项目中，调整组件在项目中的表现样式。

3）在手机上进行调试。

3. 知识点提示

本任务主要用到以下知识点。

1）MUI 中组件的基本功能。

2）组件样式的微调。

3）多个组件的组合使用。

4. 操作步骤提示

实现方式不限，在此以设计一个 MUI 项目为例简单提示一下操作步骤。

1）打开 HBuilder，加载 MUI，创建移动项目。

2）设计相应功能，灵活使用组件。

3）调整 UI 界面及功能。

4）在手机上实际运行。

实验 2　设计 App，完善用户体验

一个功能完善的 App，一定是一个思路清晰、功能完善、界面美观、用户体验好的项目。如果熟练掌握了 MUI 的功能，是可以完成这样的项目的。在完成项目的过程中，不但要熟练使用 UI 组件，而且还要对窗口管理、事件管理、AJAX 和刷新加载等功能模块熟练掌握。

题目 1　熟悉窗口管理的相应功能

1. 任务描述

在 App 设计过程中，一定会涉及页面的初始化、页面的创建，以及页面转换过程中参数的传递等功能，在这些功能实现的基础上还要加强用户体验，反应速度是影响用户体验的重要参数。这些在项目设计过程中都要认真考虑。

2. 任务要求

1）掌握窗口管理的基本功能。

2）了解窗口事件的流程。

3）完成相应代码的编写调试。

3. 知识点提示

本任务主要用到以下知识点。

1）创建子页面的过程。

2）打开新页面的过程。

3）编写相应的代码。

4. 操作步骤提示

实现方式不限，在此以一个包含窗口操作功能的 MUI 项目为例简单提示一下操作步骤。

1）创建两个实验窗口。

2）完成相应代码的编写与调试。

3）在浏览器和手机上分别运行。

题目 2　熟练使用事件的功能

1. 任务描述

在 MUI 项目设计过程中，灵活使用事件是非常重要的，它既能完善程序功能，又可以增强用户友好度。事件编码的主体是脚本语言。熟练掌握 JS 对开发而言是至关重要的。

2. 任务要求

1）熟练掌握绑定事件的过程及应用。

2）熟练掌握触发事件的过程及应用。

3）掌握手势事件和自定义事件。

3. 知识点提示

本任务主要用到以下知识点。

1）在事件绑定中 . on（）方法的使用。

2）在事件触发过程中 mui. trigger（）方法的使用。

3）自定义事件的使用。

4）完成相应的测试。

4. 操作步骤提示

1）熟悉事件的功能及编码。

2）设计相应的 App，把事件功能加载进去。

3）在浏览器及手机上进行调试。

第10章 综合实例——C2C交易平台前端设计

C2C 实际是电子商务的专业用语，C 指消费者（Customer），C2C 即消费者间，因为英文中 2 的发音同 to，所以 C to C 简写为 C2C。C2C 即个人与个人之间的电子商务，比如一个消费者有一台计算机，通过网络进行交易，把它出售给另外一个消费者，此种交易类型就称为 C2C 电子商务。本章用一个二手直卖网的实例来帮助读者理解和掌握 HTML5，特别是移动端的制作。

10.1 需求分析

为了开发真正满足用户需求的软件产品，首先必须知道用户的需求。需求分析是系统开发过程中最重要的环节。开发的需求阶段首先是了解和澄清用户的需求，然后严格定义被开发的软件系统的需求规格说明书。只有通过软件需求分析，才能把软件功能和性能的总体概念描述为具体的软件需求规格说明，从而奠定软件开发的基础。

10.2 系统功能模块设计

目标系统应该达到以下几点要求。

1）时间经济性。优化逻辑设计与物理设计，使系统运行效率更高，反映速度更快，减少用户等待时间。

2）可靠性。能连续准确地处理业务，有较强的容错能力。

3）可理解性。用户容易理解和使用该系统。

4）可维护性和适应性。系统应易于修改、易于扩充、易于维护，能够适应业务不断发展变化的需要。

5）可用性。目标系统功能齐全，能够完全满足业务需求。

对软件需求的深入理解是软件开发工作获得成功的前提条件，不论把设计和编码工作做得如何出色，不能真正满足用户需求的程序只会令用户失望，给开发者带来烦恼。虽然在可行性研究阶段已经粗略了解了用户的需求，甚至还提出了一些可行的方案，但是不能够代替需求分析，不能够遗漏任何一个微小细节。需求分析是一项艰巨复杂的工作。在双方交流信息的过程中很容易出现误解或遗漏，也可能存在二义性。因此，必须严格审查、验证需求分析的结果。

本系统实现的功能如下，如图 10-1 所示。

1）用户模块（用户注册、用户登录、个人信息管理、交易信息）。

2）商品模块（商品推荐、商品列表、商品详情、商品申请）。

3）交易模块（交易状态列表、交易状态修改）。

无论哪个网站，都要有它自己的设计规则。C2C 交易平台也一样，其主要设计规则如下。

1）简单性：在实现平台功能的同时，尽量让平台操作简单易懂，这对于一个网站来说是非常重要的。

2）针对性：该平台是个人对个人的网上交易平台的定向开发设计，所以具有很强的针对性。

3）实用性：该网上二手平台能够完成基本的网上浏览商品、商品详情、网上出售商品、联系卖家，以及申请商品上架等，具有良好的实用性。

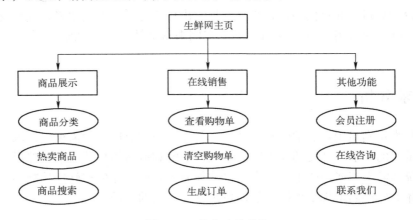

图 10-1　前台功能模块

10.3　开发环境

本案例使用 HBuilder 开发，它是用 Java 编写的，基于 Eclipse，兼容 Eclipse 插件。速度快是 HBuilder 的最大优势。

由于智能手机的普及，大家更喜欢用手机上网浏览网页，移动端的设计就显得尤为重要。本案例的移动端设计使用 jQuery Mobile（导入方法见 10.4.2 节）。

10.4　前端 UI 设计

10.4.1　材料准备

1. 网站前期素材准备

1）相关网站 logo 准备。

2）网站整体风格和主色调定位。

2. 归纳各级标题

1）确定导航栏标题。

2）每个导航主模块需要按类型提供多张相关图片，分类要明确。

3. 首页准备

根据信息总结出需要在首页展示的模块，如 banner 横幅广告、网站介绍、新闻动态和联系我们等。

4. 登录页材料准备

根据客户需求设计登录注册功能。

登录页面设计的 8 个准则分别如下。

（1）友好性

一个友好的页面会让用户的脚步滞留，让他来慢慢选择自己需要的商品。

另外，页面中的"搜索""相关页面推荐"和"评论"等功能，在某种程度上也是挽留用户的措施。

（2）简洁性

主题清晰，信息简短，用语明确。

（3）一致性

链接源看到的是什么，登录页呈现的就应该是什么；用户从站外广告单击鞋子进入的页面如果是一件裙子，他们肯定会特别失望，从而对这个网站产生不良印象。

（4）连贯性

体验用户操作，图片文字的排版放置要适应用户的操作习惯。

（5）吸引性

在登录页面上，要有明显引导用户做"下一步"动作的提示功能，这对于电子商务网站尤为重要。为用户做好指引，以减缓他们的浮躁心理。

（6）平等性

迅速建立信任，合理使用信任图标，例如，在购物结算页面使用信用卡支付时，添加一把小锁图标，会让用户感觉到支付系统的安全性。这会提高用户对网站的信任度。

（7）突出性

突出产品、关键文本和按钮。

（8）公平性

对待跳出用户应予以理解，不能强买强卖；有时用户会因其他事物影响，暂时不理睬你的页面或是跳出，千万不要在此时给他强制的提示，如弹窗或者其他阻拦行为，可能会影响网站的品牌形象。

5. 二级、三级页面材料准备

二级页面就是在一级页面上的链接，以此类推。当然，一级页面是指网站主页的链接页面。动态两级页面就是指在动态网页中，网页里面会再出现很多的链接，单击每个链接所打开的页面就是二级页面，故称为动态二级页。

6. 网站的帮助页面材料准备

1）人工客服。

2）联系方式提供。

3）服务时间说明。

为了更熟悉地运用 jQuery Mobile，本章示例主要展示移动端效果网页，如图 10-2 所示。

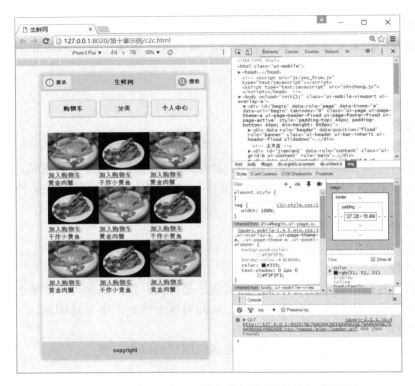

图 10-2　在 Google Chrome 设备模拟功能下的网页效果图

对于移动端的开发，推荐大家使用 Google Chrome 或者带有谷歌浏览器内核的浏览器，因为 Google 浏览器的审查元素功能可以非常方便、快捷地修改主流屏幕尺寸，如 iPhone、Galaxy 等手机屏，非常利于开发者开发。图 10-3 所示为 Google Chrome 的开发者工具。

图 10-3　Google Chrome 的开发者工具

10.4.2　项目准备

1. 建立项目文件夹

1）用 HBuilder 新建一个 Web 项目文件夹。

2）在项目文件夹下分别新建 css（层叠样式表文件夹）、images（图片文件夹）和 js 文件夹。

3）分别将相应内容保存到对应文件夹中。

注：在整套页面中各类命名必须是英文，包括文件名。

2. 严格按照效果图对网页进行排版

1）声明 HTML5 文档结构定义类型 <！DOCTYPE html >。

2）统一使用 UTF – 8 编码。

3）从 jQuerymobile.com 官网下载 jQuery Mobile 库，分别将 .css 文件和 .js 文件放到项

目对应文件夹下，并在 HTML 页用 < link > 引入 . css 文件，用 < script   src = " " > 引入 . js 文件。

```
< link rel = " stylesheet" href = " css/jQuery. mobile – 1. 4. 5. min. css" >
< script src = " js/jQuery. mobile – 1. 4. 5. min. js" > </script >
```

4）明确规划好各个模块，结构之间不能有交叉，先搭建结构，再写样式。

5）书写每个标签要有始有终，单标签（< img >、< input > 或 < link > 等）除外。

6）每个结构的命名要规范（用英文字母命名，不要用汉字命名）。

7）在适当位置添加注释（作者、时间或模块标注）。

```
< !DOCTYPE html >
< html >
< head >
      < meta charset = " UTF – 8" >
      < meta name = " viewport" content = " width = device – width , initial – scale = 1 ,
    user – scalable = no" >
      < title >生鲜网 </title >
   < ! –– 引入 jQuery mobile 样式文件 –– >
      < link rel = " stylesheet" href = " css/jQuery. mobile – 1. 4. 5. min. css" >
      < link rel = " stylesheet" href = " css/c2c – style. css" >
   < ! –– 引入 jQuery mobile js 文件 –– >
      < script src = " js/jQuery – 2. 1. 1. js" > </script >
      < script src = " js/jQuery. mobile – 1. 4. 5. min. js" > </script >
</head >
```

3. CSS 样式制定

1）初始化样式，包括 body、a 和 img 等。

2）相同样式的结构，最好用相同的类名，以免代码冗余。

3）适当添加注释，增加代码的可维护性。

4. JS 效果添加

1）统一使用 jQuery 框架，js 尽量放在页面底部。

2）注意书写格式，以便修改。

3）每段语句都要以【;】结尾。

注：静态页面是实际存在的，无须经过服务器的编译，会直接加载到客户浏览器上显示。

10.4.3 移动端设计

本章示例网页的框架采用的是 jQuery Mobile 框架，当然还可用其他框架实现，如用 HBuilder 的 MUI 框架或者 Twitter 的 Bootstrap 框架来实现快速移动端开发。

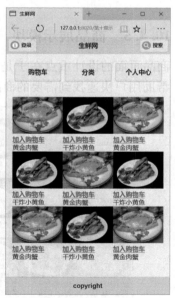

图 10-4　移动端网站首页

如果不想使用框架的默认样式，而是自主创新，就可利用媒介查询 @ media 自行编写。图 10-4 所示为移动端网站首页。

10.4.4 流程设计

本节介绍此 C2C 购物网的简易流程。游客可进入网站任意浏览商品，如要购买或者加入购物车，则登录账号后进行操作。若没有账号则需要注册，注册时可选择注册会员，会员有一定的权限，登录账号后，即可提交订单，完成购买。购物流程图如图 10-5 所示。

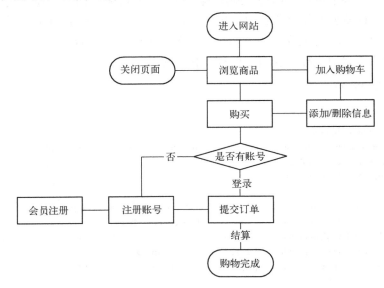

图 10-5　购物流程图

10.4.5 商品展示模块

商品页面的设计重点在于是否能直观地显示商品信息，让用户一目了然。提供分类查询，帮助用户快速找到需要的商品。设计效果如图 10-6 和图 10-7 所示。

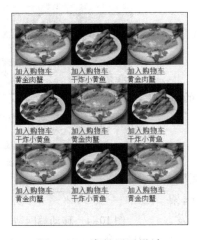

图 10-6　商品展示设计

图 10-7　分类功能设计

商品展示设计的主要代码如下。

318

```
< div data - role = "content" class = "ui - grid - b" >
        < div class = "ui - block - a" >
                < img src = "imgs/黄金肉蟹 . jpg" >
                < a href = "" >加入购物车 </a > < br >
                < span >黄金肉蟹 </span >
        </div >
        < div class = "ui - block - b" >
                < img src = "imgs/干炸小黄鱼 . jpg" >
                < a href = "" >加入购物车 </a > < br >
                < span >干炸小黄鱼 </span >
        </div >
        < div class = "ui - block - c" >
                < img src = "imgs/黄金肉蟹 . jpg" >
                < a href = "" >加入购物车 </a > < br >
                < span >黄金肉蟹 </span >
        </div >
        < div class = "ui - block - a" >
                < img src = "imgs/干炸小黄鱼 . jpg" >
                < a href = "" >加入购物车 </a > < br >
                < span >干炸小黄鱼 </span >
        </div >
        < div class = "ui - block - b" >
                < img src = "imgs/黄金肉蟹 . jpg" >
                < a href = "" >加入购物车 </a > < br >
                < span >黄金肉蟹 </span >
        </div >
        < div class = "ui - block - c" >
                < img src = "imgs/干炸小黄鱼 . jpg" >
                < a href = "" >加入购物车 </a > < br >
                < span >干炸小黄鱼 </span >
        </div >
        < div class = "ui - block - a" >
                < img src = "imgs/黄金肉蟹 . jpg" >
                < a href = "" >加入购物车 </a > < br >
                < span >黄金肉蟹 </span >
        </div >
        < div class = "ui - block - b" >
                < img src = "imgs/干炸小黄鱼 . jpg" >
                < a href = "" >加入购物车 </a > < br >
                < span >干炸小黄鱼 </span >
        </div >
        < div class = "ui - block - c" >
                < img src = "imgs/黄金肉蟹 . jpg" >
                < a href = "" >加入购物车 </a > < br >
                < span >黄金肉蟹 </span >
        </div >
</div >
```

对商品展示设的主要代码分析如下。

- 运用到了 jQuery Mobile 的网格。jQuery Mobile 提供了一套基于 CSS 的列布局方案。不过，一般不推荐在移动设备上使用列布局，这是由于移动设备的屏幕宽度所限。

- 但有时需要定位更小的元素，如按钮或导航栏，就像在表格中那样并排。这时，列布局就恰如其分。
- 网格中的列是等宽的（总宽是100%），无边框、背景、外边距或内边距。

分类查找也是一个购物网站必不可少的功能，可以节省用户的时间主要代码如下。

```
< div class = " ui – block – b " >
    < fieldset data – role = " fieldcontain " style = " padding:0 " >
        < select >
            < option > 分类 </ option >
            < option > 水果 </ option >
            < option > 海鲜 </ option >
            < option > 肉类 </ option >
            < option > 干货 </ option >
            < option > 蔬菜 </ option >
        </ select >
    </ fieldset >
</ div >
```

除了分类查询，按字查找也很必要，单击"搜索"按钮展开搜索框或者直接将搜索框放在头部，如图10-8所示。这里不再赘述。

10.4.6　购物车设计

图10-8　搜索按钮位置

购物车作为购物网站中一个必不可少的功能，它的页面视觉效果和页面优化将成为不可缺少的一部分。本节结合示例网站的网页设计、布局和功能来阐述购物车的设计。购物车飞入效果如图10-9所示（以PC端为例）。

本例的购物车设计位置固定在商品页面左侧，并主要实现下列功能。

1）购物车的添加和删除。

2）购物车结算。

3）生成订单页。

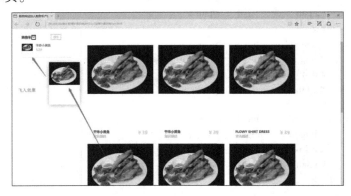

图10-9　PC端购物车飞入效果

1. 购物车增加删除商品功能的实现

图10-10所示为购物车商品的删除操作。实现购物车增加、删除商品功能的jQuery主要代码如下。

图 10-10　购物车商品的删除

```javascript
< script src = "js/jQuery - 2. 1. 1. js" type = "text/javascript" > </script >
< script src ='js/stopExecutionOnTimeout. js? t = 1' > </script >
< script type = "text/javascript" >
    $('. add_to_cart'). click(function ( ) {
        var productCard =$( this). parent( );
        var position = productCard. offset( );
        var productImage =$( productCard). find('img'). get(0). src;
        var productName =$( productCard). find('. product_name'). get(0). innerHTML;
        $('body'). Append(' < div class = "floating - cart" > </div >');
        var cart =$('div. floating - cart');
        productCard. clone( ). AppendTo( cart);
        $( cart). css({
            'top':position. top +'px',
            'left':position. left +'px'
        }). fadeIn('slow'). addClass('moveToCart');
        setTimeout(function ( ) {
            $('body'). addClass('MakeFloatingCart');
        },800);
        setTimeout(function ( ) {
            $('div. floating - cart'). remove( );
            $('body'). removeClass('MakeFloatingCart');
            var cartItem =' < div class = \'cart - item\' > < div class = \'img - wrap\' > < img src = \"
+ productImage +'\'alt = \'\'/> </div > < span >' + productName +' </span > < strong >39 </strong
> < div class = \'cart - item - border\' > </div > < div class = \'delete - item\' > </div > </div >';
            $('#cart . empty'). hide( );
            $('#cart'). Append(cartItem);
            $('#checkout'). fadeIn(500);
            $('#cart . cart - item'). last( ). addClass('flash'). find('. delete - item'). click(func-
tion ( ) {
                $(this). parent( ). fadeOut(300,function ( ) {
                    $(this). remove( );
                    if ($('#cart . cart - item'). size( ) ==0) {
```

```
                    $('#cart . empty'). fadeIn(500);
                    $('#checkout'). fadeOut(500);
                }
            });
        });
        setTimeout(function () {
            $('#cart . cart – item'). last(). removeClass('flash');
        },10);
    },1000);
});
</script>
```

对实现购物车增加、删除商品功能的主要代码的分析如下。

- stopExecutionOnTimeout. js 是飞入效果所在的 JS 库，可在网上下载完整代码。
- 为类名为 add_to_cart 的 button 添加一个 click 事件，使单击时触发并执行函数体内的功能。
- 关键字 var 用于定义变量，. parent() 方法允许用户能够在 DOM 树中搜索到这些元素的父级元素，有序地向上匹配元素；. offset() 方法用来获取当前元素坐标；. get(0). src 用于获取索引值为 0 的元素的 src 地址；setTimeout() 方法用于在指定的毫秒数后调用函数或计算表达式；. fadeIn() 方法通过淡入的方式显示匹配元素。

2. 购物车结算设计

本节将制作一个鼠标拖拽商品到指定区域结算价格的效果（参考第 3 章），主要代码如下。

```
<script>
function addEvent(element,event,delegate) {
    if (typeof(window. event) ! ='undefined'&& element. attachEvent)
        element. attachEvent('on' + event,delegate);
    else
        element. addEventListener(event,delegate,false);  }
addEvent(document,'readystatechange',function() {
if ( document. readyState ! == "complete")
return true;
var items = document. querySelectorAll("section. products ul li");
var cart = document. querySelectorAll("#cart ul")[0];
function updateCart() {
    var total = 0. 0;
    var cart_items = document. querySelectorAll("#cart ul li")
for (var i = 0;i < cart_items. length;i ++) {
    var cart_item = cart_items[i];
    var quantity = cart_item. getAttribute('data – quantity');
    var price = cart_item. getAttribute('data – price');
    var sub_total = parseFloat(quantity  *  parseFloat(price));
    cart_item. querySelectorAll("span. sub –total")[0]. innerHTML = " =" +  sub_total. toFixed(2);
    total + = sub_total;  }
    document. querySelectorAll("#cart span. total")[0]. innerHTML = total. toFixed(2);  }
function addCartItem(item,id) {
```

```javascript
            var clone = item. cloneNode( true) ;
            clone. setAttribute('data - id', id) ;
            clone. setAttribute('data - quantity', 1) ;
            clone. removeAttribute('id') ;
            var fragment = document. createElement('span') ;
            fragment. setAttribute('class', 'quantity') ;
            fragment. innerHTML ='x 1' ;
            clone. AppendChild( fragment) ;
            fragment = document. createElement('span') ;
            fragment. setAttribute('class', 'sub - total') ;
            clone. AppendChild( fragment) ;
            cart. AppendChild( clone) ;    }
    function updateCartItem( item) {
            var quantity = item. getAttribute('data - quantity') ;
            quantity = parseInt( quantity) + 1
            item. setAttribute('data - quantity', quantity) ;
            var span = item. querySelectorAll('span. quantity') ;
            span[0]. innerHTML ='x ' + quantity;    }
    function onDrop( event) {
            if( event. preventDefault) event. preventDefault( ) ;
            if ( event. stopPropagation) event. stopPropagation( ) ;
            else event. cancelBubble = true;
            var id = event. dataTransfer. getData( "Text") ;
            var item = document. getElementById( id) ;
            var exists = document. querySelectorAll( "#cart ul li[ data - id ='" + id + "']") ;
            if( exists. length > 0) {
                    pdateCartItem( exists[0]) ;    }
    else {
                    addCartItem( item, id) ;    }
    updateCart( ) ;
            return false;    }
    function onDragOver( event) {
    if( event. preventDefault) event. preventDefault( ) ;
            if ( event. stopPropagation) event. stopPropagation( ) ;
    else event. cancelBubble = true;
            return false;    }
    addEvent( cart, 'drop', onDrop) ;
    addEvent( cart, 'dragover', onDragOver) ;
    function onDrag( event) {
    event. dataTransfer. effectAllowed = "move" ;
    event. dataTransfer. dropEffect = "move" ;
    var target = event. target || event. srcElement;
    var success = event. dataTransfer. setData('Text', target. id) ;    }
    for ( var i =0; i < items. length; i ++) {
    var item = items[ i] ;
        item. setAttribute( "draggable", "true") ;
    addEvent( item, 'dragstart', onDrag) ;    } ;
    } ) ;
    </script >
```

- document.querySelectorAll( )是 HTML5 中引入的新方法，它的使用方式与 jQuery 的选择器相同。它是 HTML5 源生的方法，所以不需要添加 jQuery 引用。
- Event 对象代表事件的状态，如事件在其中发生的元素、键盘按键的状态、鼠标的位置和鼠标按钮的状态等。事件通常与函数结合使用，函数不会在事件发生前被执行。

示例还给用户提供了商品按质量计算价格的功能，方便用户按斤计算价格，如图 10-11 所示。相应功能的主要代码如下。

图 10-11　生鲜按质量计算

```javascript
function zhuanhuan( )
{

    $( "#a" + (j-1)). css( "display","none");
    $( "#b" + (j-1)). css( "display","none");


    var p1 = document. getElementById('xin1'). value;    //物品的名称
    var p2 = parseInt( document. getElementById('xin2'). value);    //一件物品的价钱
    var p3 = parseInt( document. getElementById('xin3'). value);    //物品质量
    var xxx = document. getElementById('x'). value;
    var zhiliang =$( "#zhiliang"). val( );
    //判断输入值是否为空
    if( p3 == 0)
    {
        alert( xxx);
        return;
    }
    if($( "#xiala"). val( ) == "null")
    {
        alert( zhiliang);
        return;
    }
    document. getElementById('steps' + j). style. display ='';
    $( "#br" + j). css( "display","block");
    $( "#br" + j + 1). css( "display","block");


    var p4 = String( document. getElementById('xiala'). value);

    var p5;
    //添加算法
    if( p4 == "1")
    {
        p5 = p2/( p3 * 0.5);
        document. getElementById('pq' + i +'1'). value = p1 + "            " + p5. toFixed(3);
```

```
                    array1[i] = p2;
                    array2[i] = p1;
                }
            var p6;
            if( p4 == "2" )
                {
                    p6 = p2/(p3/20);
                    document. getElementById('pq' + i +'1'). value = p1 +"        " + p6. toFixed(3);
                    array1[i] = p2;
                    array2[i] = p1;
                }
            var p7;
            if( p4 == "3" )
                {
                    p7 = p2/(p3/1000);
                    document. getElementById('pq' + i +'1'). value = p1 +"        " + p7. toFixed(3);
                    array1[i] = p2;
                    array2[i] = p1;
                }
            var p8;
            if( p5 == "4" )
                {
                    p8 = p2/p3;
                    document. getElementById('pq' + i +'1'). value = p1 +"        " + p8. toFixed(3);
                    array1[i] = p2;
                    array2[i] = p1;
                }

            i ++;
            j ++;
             //输出值
                document. getElementById('xin1'). value = "";
                document. getElementById('xin2'). value = "";
                document. getElementById('xin3'). value = "";
        }
```

- 给确认转换按钮添加单击事件， < button id = "bt1" onclick = "zhuanhuan();" > 确认转换 </button > 。
- var 分别定义 3 个局部变量为物品的名称、一件物品的价钱和物品质量 。if 语句用于判断输入值，如果为空，弹出警告框 alert；如果不为空，则继续向下运行数学计算代码。简单来说，这个功能就相当于一个简易计算器。

10. 4. 7 登录模块

登录页是进入网站的入口，是否有足够的魅力让用户在登录过程中可以准确区分所要填写的信息，是否准确找到按钮等，这些元素的视觉层级与交互关系直接影响着整个页面的体验。

图 10-12 所示为 QQ 空间登录页。一般的登录页都会包含下列几个重要元素：logo、登录框、广告图、帮助和底部。Logo 体现了产品的品牌，且与登录框构成了最简单的登录页

面，随着用户体验的提升，登录页也出现了各种风格。

为了体现 jQuery Mobile 框架自带的原始样式，本章示例采用简洁的登录设计，如图 10-13 所示。在首页设置"登录"按钮，单击它将弹出登录页面，注册页也采用相同模式。

图 10-12　腾讯 QQ 空间登录页　　　　　图 10-13　jQuery Mobile 源生风格登录页

登录页主要代码如下。

```
< div id = "login" data - role = "page" >
< div data - role = "content" >
    < form >
        < div data - role = "fieldcontain" >
        < label for = "lname" > 账号 </label >
        < input type = "text" name = "lname" id = "lname" >
        < label for = "fname" > 密码 </label >
        < input type = "password" name = "fname" id = "fname" >
        </div >
        < div data - role = "fieldcontain" >
        < label for = "switch" > 记住密码 </label >
        < select name = "switch" id = "switch" data - role = "slider" >
            < option value = "on" > On </option >
            < option value = "off" > Off </option >
        </select >
        < a href = "" > 没有账号？注册 </a >
        </div >
        < input type = "submit" data - inline = "true" value = "提交" >
    </form >
</div >
</div >
```

上述代码中的 id = "login"，给此功能页"起个名字"，为了使按钮能指向到它，代码如下。

```
< a href = "#login" data - role = "button" data - icon = "info" >登录 </a >
```

同时，在此页设计一个会员注册链接 < a href = "#vip" > 成为会员 </a >，单击它可链接到 id 为 vip 的页面去，如图 10-14 所示。

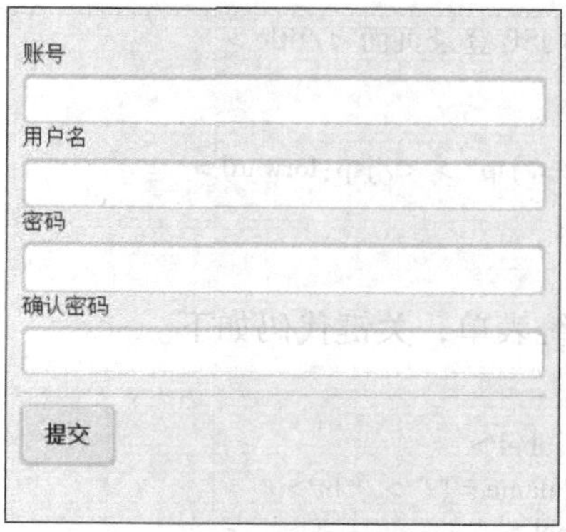

图 10-14　会员注册页

会员注册页的主要代码如下。

```
< div data – role = "page" id = "vip" data – theme = "a" >
    < div data – role = "content" >
        < form >
            < div data – role = "fieldcontain" >
                < label for = "lname" >账号 </label >
                < input type = "text" name = "lname" id = "lname" >
                < label for = "fname" >用户名 </label >
                < input type = "text" name = "fname" id = "fname" >
                < label for = "fname" >密码 </label >
                < input type = "password" name = "fname" id = "fname" >
                < label for = "fname" >确认密码 </label >
                < input type = "password" name = "fname" id = "fname" >
            </div >
            < input type = "submit" data – inline = "true" value = "提交" >
        </form >
    </div >
</div >
```

　　如果想在网站的首页就设置登录功能,应该使用 Java Web 项目中包含的 index. jsp 页面,即首页,在运行一个项目时,会自动运行 index. jsp。为了程序的规范性,通常不会在 index. jsp 页面中添加任何业务逻辑,而是通过 < jsp:forward > 标签将请求转发至相应的页面。

　　1) 在 index. jsp 页面中通过 < jsp:forward > 标签将请求转发至 enter. jsp 页面,关键代码如下。

```
< % @  page language = "java" contentType = "text/html; charest = UTF – 8" pageEncoding = "UTF –
8" % >
< % @  page import = "java. util. Date" % >
< % @  page import = "java. text. SimpleDateFormat" % >
< html >
< head >
    < meta http – equiv = "Content – Type" content = "text/html; charset = UTF – 8" >
```

```
    <title>一个简单的 JSP 登录页面</title>
</head>
<body>
<jsp:forward page = "enter.jsp"></jsp:forward>
</body>
</html>
```

2）在 enter.jsp 中定义系统表单，关键代码如下。

```
<form class = "layout">
    <label>用户名</label>
    <input type = "text" name = ""><br>
    <label>密码</label>
    <input type = "password" name = ""    maxlength = "11"><br>
    <button class = "btn btn - primary col - sm - 5">登录</button>
    <button type = "reset" class = "btn col - sm - offset - 2 col - sm - 5">重置</button>
</form>
```

在浏览器地址栏中输入 http://localhost:8080（默认 8080 端口）即可看到效果。

登录密码使用 MD5 加密法与原始注册密码进行校对，以保证用户密码的安全性。同时需要记录下用户登录的次数。主要代码如下。

```
protected void imbtnSubmit_Click(object sender, EventArgs e)
    {
        ltlMess.Text = "";
        string user = Common.UrnHtml(Txtuid.Text.Trim());
            string pwd = FormsAuthentication.HashPasswordForStoringInConfigFile(Txtpwd.Text,"
MD5");
        string sql = string.Empty, sqlupdate = string.Empty;
        if(rblType.SelectedValue == "member")
            {
            sql = "select * from Manager where ManagerUser ='" + user + "'and ManagerPwd ='"
+ pwd + "'";
            sqlupdate = "update Manager set LoginCount = LoginCount + 1 where ManagerUser ='" +
user + "'and ManagerPwd ='" + pwd + "'";
            }
        else if(rblType.SelectedValue == "company")
            {
            sql = "select * from Company where CompanyName ='" + user + "'and LoginPwd ='" +
Txtpwd.Text + "'";
            sqlupdate = "update Company set hits = hits + 1 where CompanyName ='" + user + "'and
LoginPwd ='" + Txtpwd.Text + "'";
            }
        SqlDataReader dr = DB.getDataReader(sql);
        if(dr.Read())
            {
            //更新登录次数
            SqlConnection cnupdate = DB.OpenConnection();
            SqlCommand cmdupdate = new SqlCommand(sqlupdate, cnupdate);
            cmdupdate.ExecuteNonQuery();
```

```
                    cnupdate. Close( ) ;
                    cnupdate. Dispose( ) ;
                    //Cookie 记录用户登录信息
                    HttpCookie cookies ;
                    cookies = new HttpCookie( "loginuser" ) ;
                    cookies. Values. Add( "Manager" , HttpUtility. UrlEncode( Txtuid. Text. Trim( ) ) ) ;
                    cookies. Values. Add( "Type" , rblType. SelectedValue ) ;
                    if ( rblType. SelectedValue = = "member" )
                    cookies. Values. Add( "MemberId" , dr[ "managerid" ]. ToString( ) ) ;
                    Response. Cookies. Set( cookies ) ;
                    dr. Close( ) ;
                    dr. Dispose( ) ;
                    Response. Redirect( "MainFrame. aspx" ) ;
                }
            else
                {
                    dr. Close( ) ;
                    dr. Dispose( ) ;
                    ltlMess. Text = "登录账号密码错误!" ;
                }
            }
```

注册页参考上述代码。

10.4.8 订单功能模块

订单是客户通知商家在该站点所购买的商品及送货地址的媒介，也是商家获取客户订货信息的媒介。

订单网页需要根据网站的具体情况来设计。本例中提供的订单页面是参考了其他同类型网站的订单内容来设计的，功能相对较简单，如图 10-15 所示。订单网页是网上购物的最后一个环节，确认订单后，交易即完成。

图 10-15   订单页面

订单页面的主体代码如下。

```html
<div id="page">
    <div id="content" class="grid-c">
    <div id="address" class="address" style="margin-top:20px;">
    <form name="addrForm" id="addrForm" action="#">
        <h3>确认收货地址
            <span class="manage-address">
                <a href="" target="_blank" title="管理我的收货地址" class="J_MakePoint">管理收货地址</a>
            </span>
        </h3>
        <ul id="address-list" class="address-list">
        <li>

            <span>寄送至</span>
            <div>
                <input name="address" class="J_MakePoint" type="radio" value="674944241" id="addrId_674944241" ah:params="id=674944241^^stationId=0^^address=辽宁省 沈阳市 沈阳师范大学（某某 收)" checked="checked">
                <label for="addrId_674944241" class="user-address">
                    辽宁省 沈阳市 沈阳师范大学（某某 收）<em>12345678901</em>
                </label>
                <em class="tip" style="display:none">默认地址</em>
                <a href="#" style="display:none">设置为默认收货地址</a>
            </div>
        </li>
        <li>

            <span>寄送至</span>
            <div>

                <input name="address" class="J_MakePoint" type="radio" value="594209677"
                id="addrId_594209677">
                <label for="addrId_594209677" class="user-address">
                    辽宁省 沈阳市 沈阳师范大学（某某 收)   <em>17896542351</em>
</label><em class="tip" style="display:none">默认地址</em>
                <a class="J_DefaultHandle set-default J_MakePoint" style="display:none" href="#">设置为默认收货地址</a>
            </div>
        </li>
        </ul>
        <ul id="J_MoreAddress" class="address-list hidden">
        </ul>
        <div class="address-bar">
            <a href="#" class="new J_MakePoint" id="J_NewAddressBtn">使用新地址</a>
        </div>
    </form>
    </div>
</div>
```

已买货物展示的代码如下。

```
< form id = "J_Form" name = "J_Form" action = "" method = "post" >
< div >
    < h3 >确认订单信息 </h3 >
    < table cellspacing = "0" cellpadding = "0" class = "order - table" id = "J_OrderTable" sum-
mary = "统一下单订单信息区域" >
        < caption style = "display:none" >统一下单订单信息区域 </caption >
        < thead >
            < tr >
            < th class = "s - title" >店铺宝贝 < hr/ > </th >
            < th class = "s - price" >单价(元) < hr/ > </th >
            < th class = "s - amount" >数量 < hr/ > </th >
            < th class = "s - agio" >优惠方式(元) < hr/ > </th >
            < th class = "s - total" >小计(元) < hr/ > </th >
            </tr >
        </thead >
        < tbody class = "J_Shop" >
        < tr class = "first" > < td colspan = "5" > </td > </tr >
        < tr class = "shop blue - line" >
        < td colspan = "3" >
        店铺: < a class = "J_ShopName" href = "#" target = "_blank" title = "生鲜网" >生鲜网 </a >
        < span class = "seller" >卖家: < a href = "#" target = "_blank" class = "J_MakePoint"
>二手网 </a > </span >
        </td >
        </tr >
        < tr class = "item" >
        < td class = "s - title" >
        < a href = "#" target = "_blank" title = "海鲜干" class = "J_MakePoint" >
        < img src = "images/干炸小黄鱼 . png" class = "itempic" > < span >干炸小黄鱼 </
span > </a >

        < div class = "props" >
        < span >产地:大连 </span >
        < span >海水鱼 </span >
        </div >
        < a title = "消费者保障服务,卖家承诺商品如实描述" href = "#" target = "_blank" >
          < img src = "images/pp. png"/ >
        </a >
        < div >
            < span style = "color:gray;" >卖家承诺72 小时内发货 </span >
        </div >
    </td >
    < td class = "s - price" >
        < span class ='price' >
        < em >63. 00 </em >
        </span >
    </td >

    < td class = "s - agio" >
        < div class = "J_Promotion promotion" >无优惠 </div >
```

```
          </td >
          < td class = "s - total" >
            < span class ='price' >
              < em >63. 00 </em >
            </span >
          </td >
        </tr >
        < tr class = "item - service" >
          < td colspan = "5" class = "servicearea" style = "display:none" > </td >
        </tr >
        < tr class = "blue - line" style = "height:2px;" > < td colspan = "5" > </td > </tr >
        < tr class = "other other - line" >
        < td colspan = "5" >
          < ul class = "dib - wrap" >
            < li class = "dib user - info" >
          < ul class = "wrap" >
          < li >
            < div class = "field gbook" >
            < label class = "label" >给卖家留言: </label >
            < textarea style = "width:350px;height:80px;" title = "选填:对本次交易的补充说明
(建议填写已经和卖家达成一致的说明)" > </textarea >
            </div >
          </li >
          </ul >
          </li >
          < li class = "dib extra - info" >
        < div class = "shoparea" >
          < ul class = "dib - wrap" >
            < li class = "dib title" >店铺优惠: </li >
            < li class = "dib sel" > < div > </div > </li >
            < li class = "dib fee" >
            < span class ='price' >
              < em >0. 00 </em >
            </span >
          </li >
          </ul >
        </div >
```

确认信息后准备结算, 代码如下。

```
          < div class = "farearea" >
          < ul class = "dib - wrap J_farearea" >
          < li class = "dib title" >运送方式: </li >
          < li class = "dib sel" >
            < select class = "J_Fare" >
              < option value = "2" >
              快递 15. 00 元
              </option >
              < option value = "7" >
              EMS 25. 00 元
              </option >
              < option value = "1" >
```

```
                            平邮 15.00 元
                        </option >
                    </select >
                        < em class = "J_FareFree" style = "display:none" >免邮费</em >
                    </li >
                < li class = "dib fee" >
                < span class ='price' >
                < em >30.00 </em >
                    </span >
                    </li >
            </ul >
            </div >
            < div class = "extra - area" >
            < ul class = "dib - wrap" >
            < li class = "dib title" >发货时间:</li >
            < li class = "dib content" >卖家承诺订单在买家付款后,24 小时内 < a href = "#" >发货
</a > </li >
                </ul >
                </div >
            </li >
            </ul >
            </td >
            </tr >

            < tr class = "shop - total blue - line" >
                < td colspan = "5" >店铺合计( < span class = "J_Exclude" style = "display:none" >不</
span >含运费 < span class = "J_ServiceText" style = "display:none" >,服务费</span >):
                    < span class ='price g_price' >
                    < span >&yen; </span > < em >630.00 </em >
                    </span >
                </td >
            </tr >
        </tbody >
        < tfoot >
    < tr >
    < td colspan = "5" >

    < div class = "order - go" >
    < div class = "J_AddressConfirm address - confirm" >
        < div class = "kd - popup pop - back" style = "margin - bottom:40px;" >
        < div class = "box" >
        < div class = "bd" >
        < div class = "point - in" >
        < em class = "t" >实付款:</em >
        < span class ='price g_price' >
        < span >&yen; </span > < em class = "style - large - bold - red"   id = "J_ActualFee" >630.00
</em >
        </span >
        </div >

        < ul >
```

```
            < li >
                < em > 寄送至: </ em >
                < span id = "J_AddrConfirm" style = "word – break:break – all;" >
                辽宁省 沈阳市 沈阳师范大学（某某 收）
                </ span >
            </ li >
            < li > < em > 收货人: </ em > < span id = "J_AddrNameConfirm" > 某某某 12345678901 </
span > </ li >
            </ ul >
                </ div >
            </ div >
                < a href = "#" class = "back J_MakePoint" target = "_top" > 返回购物车 </ a >
                < a id = "J_Go" class = "btn – go" tabindex = "0" title = "单击此按钮,提交订单。" > 提
交订单 < b class = "dpl – button" > </ b > </ a >
                </ div >
        </ div >

            < div class = "J_confirmError confirm – error" >
            < div class = "msg J_shopPointError" style = "display:none;" > < p class = "error" > 积分点数
必须为大于 0 的整数 </ p > </ div >
            </ div >
            < div class = "msg" style = "clear:both;" >
            < p class = "tips naked" style = "float:right;padding – right:0" > 若价格变动,请在提交订单后
联系卖家改价,并查看已买到的宝贝 </ p >
            </ div >
            </ div >
            </ td >
            </ tr >
            </ tfoot >
        </ table >
        </ div >
        </ form >
        </ div >
```

- 订单页面的主体代码，使用的是外联样式，呈现了地址修改、地址选择、订单货物展示和价格展示等必要的基础功能，样式可自由改写。
- 在使用 thead、tbody 和 tfoot 元素时应该注意，它们是一套元素，一用全用，顺序不变，而且要在 table 中使用这些标签，它们不会影响表格外观。

10.4.9 联系功能模块

购物过程中，买家想对商品有一个更细致的了解，联系卖家必不可少，在网站没有专用聊天 App 的情况下，可以借助 QQ 推广（http://shang. qq. com/v3/widget. html）。进入 QQ 官网，登录卖家 QQ，就会获取一段代码，将这段代码复制到页面所设计的位置上，卖家即可通过 QQ 与买家交谈，如图 10-16 所示。

与此同时，也可在商品信息中加入卖家文本信息。

图 10-16　网页插入 QQ 聊天功能

本章小结

　　本章主要对 C2C 网上交易的设计策略、平台存在的实在意义，以及平台的前端页面实现做了系统的描述，并给出了部分代码。主要涉及的技术有 HTML、CSS、JavaScript、jQuery 和 Bootstrap 等。

　　整个页面在编写代码之前，首先应了解需求，收集资料，做出效果图，然后搭建基本框架布局。为了更好地适应各种尺寸屏幕的分辨率，尽可能不要给元素定高像素。注释一定要清晰明确，命名也一定要规范，要正确地使用语义化标签。

　　关于网站的后台开发，本章只做了基本的介绍，有兴趣的同学可以查阅相关资料。

实践与练习

　　模仿本章综合案例，设计一个服装销售网站。

参 考 文 献

［1］Jennifer Kyrnin. HTML5 移动应用开发入门经典［M］. 林星，译. 北京：人民邮电出版社，2013.

［2］布洛克. Java EE7 &HTML5 应用开发——构建和部署同时支持桌面和移动设备的动态、高性能企业级应用［M］. 秦婧，译. 北京：清华大学出版社，2015.

［3］常新峰，王金柱. 构建移动网站与 APP：HTML5 移动开发入门与实战［M］. 北京：清华大学出版社，2017.

［4］埃斯特尔·韦尔，Estelle Weyl. HTML5 移动开发［M］. 范圣刚，陈宗斌，译. 北京：人民邮电出版社，2016.

［5］唐俊开. HTML5 移动 Web 开发指南［M］. 北京：电子工业出版社，2012.

［6］石川. HTML5 移动 Web 开发实战［M］. 北京：人民邮电出版社，2013.

［7］弗里曼. HTML5 权威指南［M］. 谢延晟，牛化成，刘美英，译. 北京：人民邮电出版社，2014.

［8］刘欢. HTML5 基础知识、核心技术与前沿案例［M］. 北京：人民邮电出版社，2016.

［9］明日科技. HTML5 从入门到精通［M］. 北京：清华大学出版社，2012.

［10］克洛泽. HTML5 实战［M］. 张怀勇，译. 北京：人民邮电出版社，2015.

［11］麦克唐纳. HTML5 秘籍［M］. 李松峰，朱巍，刘帅，译. 2 版. 北京：人民邮电出版社，2015.

［12］福尔顿，富尔顿. HTML5 canvas 开发详解［M］. 任旻，罗泽鑫，译. 2 版. 北京：人民邮电出版社，2014.